해양과 지구 환경

디아스포라(DIASPORA)는 독자 여러분의 책에 관한 아이디어와 원고 투고를 기다리고 있습니다. 디아스포라는 전파과학사의 임프린트로 종교(기독교), 경제·경영서, 일반 문학 등 다양한 장르의 국내 저자와 해외 번역서를 준비하고 있습니다. 출간을 고민하고 계신 분들은 이메일 chonpa2@hanmail.net로 간단한 개요와 취지, 연락처 등을 적어 보내주세요.

해양과 지구 환경

초판 1쇄 발행 2003년 02월 25일
개정 1쇄 발행 2025년 03월 25일

지은이 스도우 히데오
옮긴이 고유봉
발행인 손동민
디자인 오주희

펴낸곳 전파과학사
출판등록 1956년 7월 23일 제 10-89호
주　소 서울시 서대문구 증가로18, 204호
전　화 02-333-8877(8855)
팩　스 02-334-8092
이메일 chonpa2@hanmail.net
공식 블로그 http://blog.naver.com/siencia

ISBN 978-89-7044-699-8 (03450)

해양과 지구 환경

스도우 히데오 지음 | **고유봉** 옮김

전파과학사

머리말

지구 표면의 71%는 해양입니다. 약 60억에 이르는 우리들 인류는 그 나머지 29%에서 생활하고 있지만 극히 한정된 지역에 집중하고 있습니다. 인구 밀도 100인(1km^{2}당) 이상의 곳은 거의 해안으로부터 100km 이내의 지역 또는 큰 강 유역입니다. 하천도 바다로 연결되어 있음을 생각하면 인간의 생활이 얼마나 바다와 밀착하고 있는지를 알 수 있습니다. 인간과 해양의 관계는 아마도 인류의 탄생과 함께 시작되었을 것입니다. 인구의 증가와 함께 바다가 좁아지고, 해양의 이용이 고도화되는 것은 당연하다고 할 수 있습니다.

한편, 46억 년이라는 지구의 역사 중 인류가 출현한 이 100만 년 정도의 사이에도 4~5회의 빙하기를 거쳐온 것으로 알려지고 있습니다. 현재에 가장 가까운 빙하기의 피크는 약 1만 8천 년 전이고, 그 후는 추위가 덜한 간빙기 기간에 들어가, 기원 1700년경 조금 한랭한 시기가 있었지만 인류의 발전에 장애가 되지는 않아 20세기 말을 맞이하고 있습니다. 이와 같은 지구의 기후 변화에는 방사와 대기의 순환 변화 외에 해양이 운반하는 열의 대소가 큰 역할을 해온 것이 분명합니다. 그러나 우리가 3차원적인 광대한 바다의 참모습에 대해 과학적인 해명을 위해 도전한 것은, 챌린저 호의 세계 일주 탐험 조사(1872~76)가 최초라고 해도 좋아 120년 정도 전의 일에 지나지 않습니다. 남극과 북극 해역, 심해저 조사와 관측, 기상 관측처럼 정점에서의 연속 관측 등 본격적인 연구가 행해지게 된 것은 이 30~40년이라고 해도 좋을 것입니다.

도쿄수산대학에서는 그 전신인 수산강습소 시대인 1911년 어업 조사의 하나로서 해양 조사를 시작했습니다. 80년 이상 지난 현재, 주로 해양생산학과를 비롯하여 자원육성학과, 반다(坂田), 다데야마(館山) 실험실습장, 4척의 연구 실습선 등으로 해양에 대한 연구와 교육을 실시하고 있습니다.

해양의 연구에는 물리학, 화학, 생물학, 지학이라는 자연 과학이 기초가 되는 것 외에도 측정과 정보 처리 등 과학 기술의 진전이 불가피하여 인공위성과 대형 계산기, 그리고 선박이 필요합니다. 지구 규모적 각도로부터 해양의 모습을 다시 보고 그것이 어떻게 변하고 있는가를 조명함으로써 인류의 생활과 깊은 관계가 있음을 알리기 위해 이 공개 강좌를 기획했습니다. 따라서 바다에 대한 지식을 단지 나열하는 것을 피해, 가능하면 최신의 연구 성과를 기초로 하여 여러 가지 학문적 분야로부터 해양을 바라보도록 하였습니다. 그래서 지구 규모로 본 어장 환경과 그 변동(제4장), 지구적 규모의 해양 오염(제5장)에 대해서 살펴봤고, 마지막으로 인공위성에 의해 우주로부터 바다를 다시 보며, 해양으로부터 본 지구와 인류의 장래에 대해서도 생각해 보기로 하였습니다(제7장). 해양 오염과 지구 온난화, 엘니뇨 등에 대해서 해설한 서적은 서점의 한 부분을 차지할 정도로 많이 나와 있습니다. 정보의 홍수 시대라고도 불리우는 오늘날, 학문적으로 폭넓게, 그리고 될 수 있으면 알기 쉽게 해설한 이 책이 지구 환경과 해양에 대해 이해를 깊게 함으로써, 지구에 살고 있는 우리들이 이제부터라도 우리들 생활의 모습을 재고하는 데에 도움이 되었으면 좋겠습니다.

이 공개 강좌를 실시하는 데에 있어서는 도쿄수산대학 학생과(현재 교무과)의 담당관들에게 크게 도움을 받았습니다. 여기에서 고마운 말씀을 드립니다.

공개 강좌 개최 후 2년 반을 경과했습니다. 이처럼 늦어진 것은 오로지 편저자의 불찰 때문으로, 열심히 청강하신 여러분들 및 집필자 여러분들께 깊은 사과를 드립니다.

이 책의 출판에 있어서 (주)성산당 출판사에 여러 가지로 신세를 졌습니다. 오랜 기간에 걸쳐 주신 격려와 조언에 진심으로 고마운 말씀을 드립니다.

도쿄수산대학 제18회 공개 강좌 위원장

스도우 히데오

옮긴이의 글

해양은 우리에게 어떠한 존재이고 우리는 해양에 대해 어떠한 존재일까요? 고대에서 중세를 거쳐 근세로 오면서 해양은 인류에게 문명 교류의 가교 역할을 해왔습니다. 지중해 문명에서 대서양 문명으로, 다시 현대의 태평양 문명으로 이어오는 과정에서 해양이 없었다면 결코 오늘날과 같은 인류 사회의 눈부신 발전은 보이지 않았을 것입니다.

해양은 너무나 넓고 방대하며 또한 대부분이 깊은 암흑의 세계이므로 우리가 알고 있는 것은 극히 일부에 지나지 않습니다. 그럼에도 해양은 지구 위 모든 생물 기원의 발상지로 생각되어 모태 역할을 하므로 우리가 아무렇게나 개발하고, 또 쓰다 남은 온갖 폐기물을 다 버려도 모두 수용할 수 있는 거대한 능력을 갖고 있을 것이라는 막연한 기대감을 갖고 있는 곳입니다.

해양은 지구상에서 극도로 진화한 생물인 인간에게 유용한 온갖 자원, 이를테면 식량, 광물, 공간, 에너지, 화학 자원 등을 유한, 무한으로 주고 있는 금세기 최대의 보물 창고임에 틀림없습니다. 그래서 국가마다 해양 개발의 정도가 국력을 가늠할 정도로 된 오늘날, 해양에 대한 관심이 날이 갈수록 고조되고 있습니다. 해양은 얼마든지 활용 가능하지만, 그렇다고 무분별한 이용은 인간의 미래를 좌초하게 만들 수 있습니다. 이것은 곧 해양을 제대로 파악하지 못하고 이용하는 데 대한 경고성 메시지라고 할 수 있고 이러한 징후는 지구상 여러 곳에서 이미 나타나고 있습니다.

해양은 그 크기 때문에 그것에 대한 조사 연구가 지역적, 단편적, 한시적으로 제한될 수밖에 없는 게 특징입니다. 그러나 과거부터 최근까지의 자료를 토대로 종합적이고 체계적으로 검토하여 전 지구적인 차원에서 해양을 보고, 또 해양과 깊은 관련이 있는 다른 자연과 인류의 관계, 더 나아가서는 앞으로의 미래지향적인 비전을 제시하는 것이 필요한 시점입니다. 그러한 점에서 이 책은 제한된 분량임에도 불구하고 많은 대중을 대상으로 하는 도쿄수산대학 제18회 공개 강좌를 통하여 해양의 상당 분야를 전 지구적인 차원에서 폭넓게 다루고 있다고 판단되기에 감히 천학비재한 제가 번역을 했습니다. 내용 중 잘못 번역된 곳이 있다면 그것은 전적으로 저의 불찰이오니, 일독하시어 많은 조언주시면 감사하겠습니다.

끝으로 이 책을 번역하는 동안에는 최근에 있었던 저의 가슴 아팠던 일들을 잠시나마 잊게 해주어 행복한 시간이 되었음을 솔직하게 고백하면서, 자료 정리에 도움을 준 해양생태학 연구실 이승종 군과 여러 연구실원들, 아낌없는 용기와 격려를 보내준 내 사랑하는 가족들, 또한 번역문을 일독해 주신 저희 해양학과 교수님들과 기꺼이 출판에 응해주신 전파과학사 손영일 사장님께도 진심으로 감사를 드립니다.

한라산 산자락 아랏골에서

고유봉

차례

제2장 물의 순환과 물질 수송

제3장 해양 환경과 생물 활동

제5장 지구적 규모의 해양 오염

제6장 해저의 지학

제7장 지구 규모의 해양 관측

제1장

지구 규모의 해수 유통

1.1 지구 표면에 있는 수막-해양

해양은 육수와 함께 수권을 구성하고 부피에 있어서 그 97%를 차지하고 있는데 지구상의 육권(암석권) 및 대기권과 비교했을 때 어떤 특징이 있을까?

(1) 다른 권과의 접촉 면적이 최대이다. 해양은 지구 표면적의 71%를 차지하지만 상부는 해수면에서 대기와, 하부는 해저에서 암석권과 접하고 있으므로 접촉 면적을 합치면 2배인 142%에 달한다. 대기권은 아래에만, 암석권은 위에만 경계가 있으므로 접촉 면적은 지구 표면과 마찬가지로 100%이다.

(2) 부피가 유한이다. 대기는 성층권까지를 생각하면 높이가 십수 km까지이지만 점차 공기가 희박해지므로 경계를 정하기 어렵고, 암석권은 지구 중심부의 핵까지를 합친다면 그 부피가 지구 그 자체의 부피라고 하여도 좋다.

(3) 대단히 균질이다. 해수의 염분은 연안수를 제외하면 1할 정도의 차이밖에 없다. 온도도 -2℃ 이하로 내려가지 않고 30℃를 넘는 것은 극히 제한된 해역의 표층뿐이다. 해수의 밀도는 압축성을 고려하더라도 해수면과 수심 수천 m 사이에서 2% 정도밖에 다르지 않다. 더욱 놀랄 만한 것은 해수 중 염류의 각 이온 성분의 상대적 비율이 어디에서도 거의 일정하다는 것이다.

다음으로 해양이 육수와 현저하게 다른 점은

(4) 지구상에서 오직 하나라는 점이다. 즉 지구상의 해수는 모두 연결

되고 있다. 3대양의 구분이 있다고 하더라도 지구에서 남극 대륙 주위를 보면 세계의 해양이 오직 하나라는 것을 알게 된다.

이상 (1), (2)로부터 해양은 경계의 세계라고 할 수 있고, (2), (3), (4)로부터는 해수 전체가 하나가 되어 끊임없이 지구 표면 위에서 움직이고 있다고 생각할 수 있다. 실제로 적도 부근을 제외하면, 쿠로시오와 멕시코만류 등 강한 해류는 육지에 가까운 해양 상층에 존재하고, 지구 표면의 온도가 평균하여 어디에서라도 거의 일정하게 유지되고 있다는 것은 대기 순환과 함께 해수 순환에 의해 저위도에서 얻어진 열량이 고위도로 운반되어 고위도의 손실분이 보상되고 있기 때문이다.

1.2 표층 해수의 대규모 이동

1.2.1 표층 해류의 양상과 그 구조

지구 표면상의 얇은 수막은 당연히 그 위에서 접하고 있는 대기의 운동(바람)에 끌려 지구 표면상을 선회한다. 물론 바다가 얇다고 하더라도 해수는 3차원적인 방대함을 갖고 있으므로 해수 밀도의 불균일에 의한 대류적인 순환도 생긴다. 또한 지구는 자전하고 있고, 거기에 옆으로는 벽(대륙)이 있으므로 실제 흐름은 바람과 완전히 같지 않아서 복잡하게 된다.

이와 같은 해수의 유동 중, 특히 좁은 부분으로 집중하여 언제나 같은 방향으로 흐르는 운동을 '해류'라고 부르고 있다. 다만 인도양의 저위도 해역만은 양상이 달라서, 북반구의 여름철에는 남서 계절풍이 불므로 북동 계절풍이 부는 북반구의 겨울철과는 해류계가 크게 다르며, 이때 적도

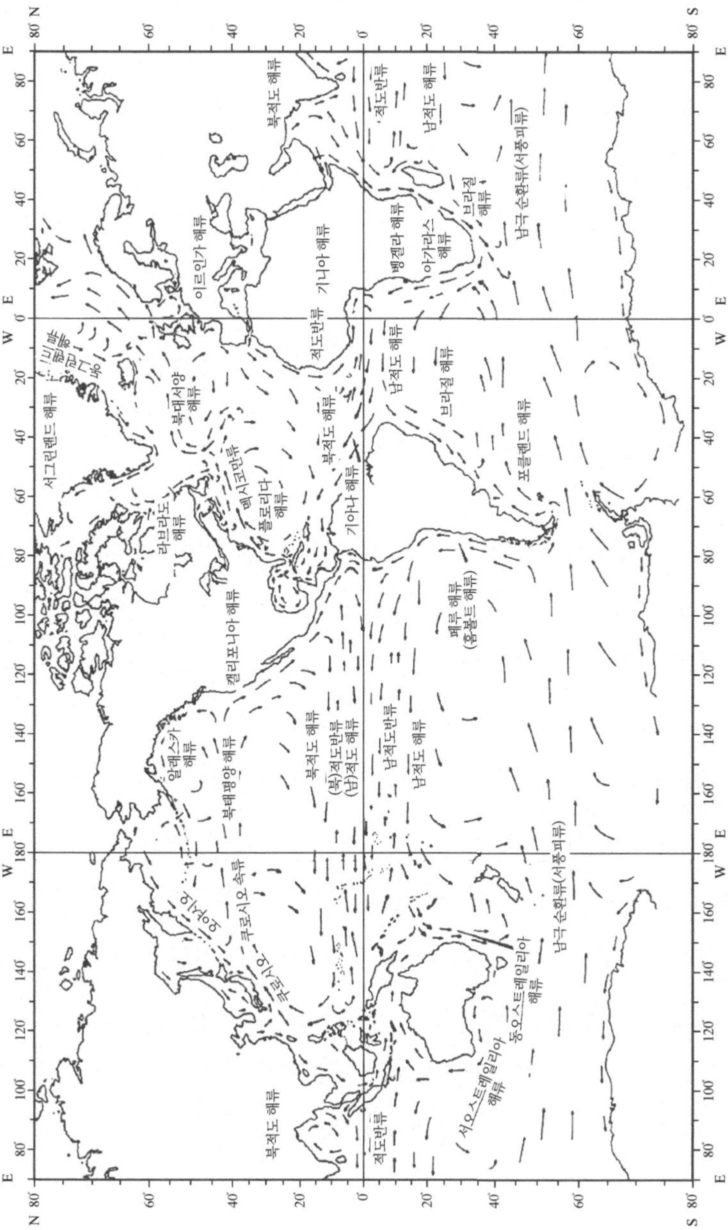

그림 1.1a 대양의 표층 순환(해류) (Mclellan, 1965)

하얀 굵은 화살표는 계절풍을 나타낸다.

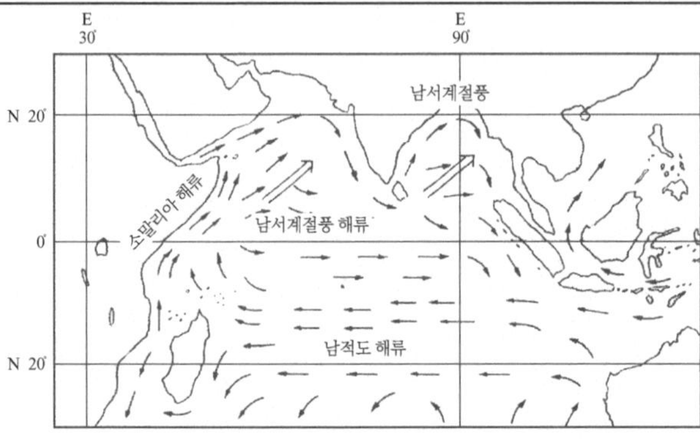

그림 1.1 b 북반구 여름철 인도양의 표층 순환 (Pickard 등, 1990)

부근의 아프리카 연안을 따라 북동쪽으로 흐르는 최대 4노트(2m/초)에 달하는 강한 소말리아 해류가 나타난다(그림 1.1 b). 이처럼 해류는 바람의 변화에 따른 계절 변화가 있기는 하지만 기본적인 형태에는 거의 변화가 없다고 생각해도 좋다. 또 동해(일본해) 북부 대륙을 따라서 남하하는 리만 해류와 홋카이도(北海道)의 오츠크해 연안을 따라 남하하는 소오야 난류 등, 규모가 작은 해류도 있지만 그림 1.1 a에 나타나 있는 것은 대부분이 1,000km 이상의 스케일을 갖는 큰 해류이다. 이와 같은 대규모 해수의 운동을 대기의 대순환에 해당하는 '해양 대순환'이라고 부른다. 물론 이와 같은 대순환은 대기와 마찬가지로 3차원적인 구조를 갖고 있고, 수천 m가 되는 심층에도 항구적인 흐름은 존재한다. 그림 1.1 a에 도시한 해류는 해양의 표층 대순환을 나타낸 것이다.

이와 같은 표층 대순환의 형태는 대양을 항해하는 선박이 항로로부터 어느 정도 떠내려갔는지 등, 과거 수세기에 걸친 기록을 집대성한 결과이다. 100년 이전인 1885년 플로리다 해협에서 배를 정박하여 처음으로 걸프스트림(멕시코만류)을 직접 측류한 필스버리(Pillsbury)가 1912년에 『*National Geographic Magazine*』에 소개한 해류도(그림 1.2)를, 그림 1.1 a와 비교해 보더라도 북태평양의 알래스카 해류, 남태평양의 동오스트레일리아 해류는 빠져 있지만 풍향으로부터는 설명이 되지 않는 적도 반류까지 그려져 있다. 그림 1.1 a에서 가장 특징적인 것은 각 대양의 중위도에서 보이는 대순환(아열대 환류라고 함)이다. 예를 들면 북태평양에서는 쿠로시오 속류 → 북태평양 해류 → 캘리포니아 해류 → 북적도 해류 → 쿠로시오로 되는 시계 방향의 순환계를 구성한다(남반구에서는 반시계 방향이 된다). 필스버리가 이미 지적한 것처럼, 이 아열대 환류에 의해 대양의 서측에서 쿠로시오와 걸프스트림이 저위도로부터 고위도로 열을 운반함으로써 고위도의 기후를 온화하게 하는 데에 큰 역할을 하고 있다.

이 아열대 환류가 아열대 고기압과 관계가 있을 것이라는 것은 금방 알아차릴 수 있다. 유명한 에크만 취송류 이론에 따르면, 예를 들어 북동 무역풍 지대에서는 해류가 바람 방향의 오른쪽으로 빗나가 서쪽으로 향하게 될 테니까 북적도 해류의 성인도 이것으로 증명될 수 있을 것이다. 그러나 이론상의 유속은 풍속의 수%로 미약한 것이어서 쿠로시오와 적도 반류는 그 위를 불고 있는 바람과는 직접적인 관계가 없는 것도 분명하다. 상층 대기가 마찰이 없는 지형풍으로서 등압선을 따라 운동하고 있는 것처럼, 해양에서도 해안으로부터 수 km에서 수십 km, 그리고 해저의 극히

SG는 아열대 순환을 나타낸다. 적도 반류는 북적도 해류와 남적도 해류의 사이를 서에서 동으로 흐르는 해류로서 북태평양에서는 북위 5°부근에서 보이는데, 그후 남태평양에서도 유사한 흐름이 발견되었으므로 구별하기 위하여 북적도 반류, 남적도 반류라고 부르게 되었다. 그러나 단순히 적도 반류라고 하면 북적도 반류를 가리키는 것이 보통이다.

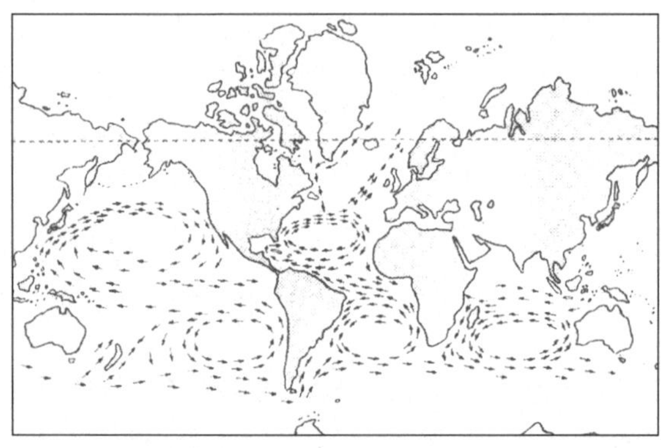

그림 1.2 필스버리(1912)의 해류도 [Niller(1986)가 명칭 등을 보충]

가까운 곳을 제외하면 정상적인 흐름은 거의 모두 지형류이다. 지형류라는 것은 압력의 수평 경도와 지구 자전에 의한 전향력(코리올리 힘)이 잘 균형을 이룰 때 나타나는 흐름으로 북반구에서는 수평면에 있어서 압력이 높은 쪽을 오른쪽(남반구에서는 왼쪽)으로 보면서 등압선을 따라 흐른다. 가벼운 물은 무거운 물보다 동일 질량에 대한 부피가 크기 때문에 팽창한 것처럼 되어 해수면을 상승시킨다. 해수면 하에서도 가벼운 물이 위에 있는 곳이 무거운 물이 위에 있는 곳보다 등압면이 높게 되는 등압면 경사가 생긴다. 수평면에서 보면 등압면이 높게 될수록 해수의 압력은 커지나 동일 심도(동일 압력)에 있는 해수의 밀도는 온도와 염분의 함수이지만, 저·중위도에서는 염분이 밀도 변화에 큰 영향을 주지 못하기 때문에 밀도의 수평 분포가 수온 분포만으로 결정된다고 해도 좋다. 그래서 밀도를 수직 방향으로 적분한 것이 압력이므로 압력의 수평 경도는 수온의 수평 경도에 의한 것이 된다. 따라서 지형류는 등온선에 평행하게(북반구에서는 수온이 높은 쪽을 우측으로 보며) 흐른다고 생각해도 좋다. 쿠로시오와 걸프스트림은 수온의 수평 경도가 급한 곳, 즉 등온선이 조밀한 곳에서 등온선을 따라 흐르고 있다. 예를 들면 일본 남방의 쿠로시오 해역에서는 200m 수심에서 15℃의 등온선이 유축(흐름의 최강 부분)을 대표하고 있다.

그러나 바람과는 무관한 것처럼 보이는 지형류도 바람 없이 그 압력 분포를 설명할 수는 없다. 깊이도 넓이도 무한이고 균질한 해수로 된 바다에, 일정한 세기와 같은 방향으로 바람이 계속해서 불면 북반구의 해수면에서는 풍향에 대해 우측 45°방향으로 취송류가 발생한다. 수심이 깊어짐에 따라서 마찰에 의해 점차 유속이 감소하고 유향은 우측으로 편향된다. 여기서 수직적으로 유속 벡터를 전부 적분하면(이것을 질량 수송이라고 부른다) 풍향에 대해 오른쪽 90°방향이 되고 수송되는 해수량은 동일 위도에서는 바람의 응력(풍속의 제곱에 비례한다)에 비례한다. 실제로 바다는 유한의 크기이고 성층이 있지만 이러한 질량 수송 이론이 그대로 들어맞는다고 해도 무방하다. 따라서 풍향과 풍속이 장소에 따라 다르면 질량 수송의 방향과 크기도 장소에 따라 다르다. 그 때문에 해수가 흩어지는 발산 해역에서는 하층으로부터의 용승에 의해 보충되므로 저수온이 된다. 역으로 해수가 수렴하는 해역에서는 표층수가 모여서 고온이 되고 여분의 물이 침강한다. 이렇게 해서 풍향과 풍속의 분포에 따른 해수의 밀도 분포, 즉 압력 분포가 생기고 따라서 지형류가 생기게 된다. 이와 같이 해서 생긴 지형류가 아열대 환류이다. 적도 반류도 북위 5° 부근 또는 그곳보다 조금 북쪽에 존재하는 적도 무풍대의 바람에 따른 지형류이다.

1.2.2 표류 부표의 추적으로부터 본 해류

그림 1.1 a와 그림 1.2는 모두 배가 어느 정도 밀려나는가에 따른 경험적인 사실의 집합이지 직접 관측한 결과는 아니다. 선박은 바람에 의해서도 밀려날 수 있으므로 그림에서는 바람의 영향이 포함되어 있을지도 모른다. 해류 조사의 가장 간편한 도구의 하나로서 오래 전부터 이용된 해류병은 바람의 영향을 없애기 위해 모래를 병 속에 담아 윗부분 조금만 수면상에 나오도록 하고 있다. 그런데 수면상의 노출 부분을 작게 하면 발견 또는 추적이 어려워진다. 또 대양에서 부표를 떠내려 보내면 그 추적에는 위치의 정밀도가 언제나 문제가 된다. 이와 같은 표류물에 의한 해양 관측에서의 문제를 해결하는 것이 인공위성에 의한 '표류 부표'의 추적이다.

이것은 지름 38cm, 길이 3m의 원통형 발신부를 1m만 물 위로 노출시키고 그 밑으로 수심 30m(쿠로시오에 투입한 것은 깊이 90m)에 지름 9m의 파라슛·드로구(저항체)를 매달은 것으로서 이 깊이의 물의 흐름에 따라서 떠내려가도록 되어 있다. 이것을 1976년 9월부터 1979년 8월까지 사이에 북태평양에 투입한 16개 부표에 대해서 보면 평균 추적 일수가 399일, 최장은 606일이나 된다. 물론 우회하기도 하고 원운동처럼 궤적

쿠로시오(132°~140°E), B1, C1, D1
쿠로시오 속류(140°~170°E) B2, C2, D2
쿠로시오 속류(170°E~170°W) B3, C3, D3
북태평양 해류 G1, H1, I1
캘리포니아 해류 J1, K1, L1
북적도 해류 K2, L2, M1, M2, N3, O2
(북)적도 반류 N2, O1

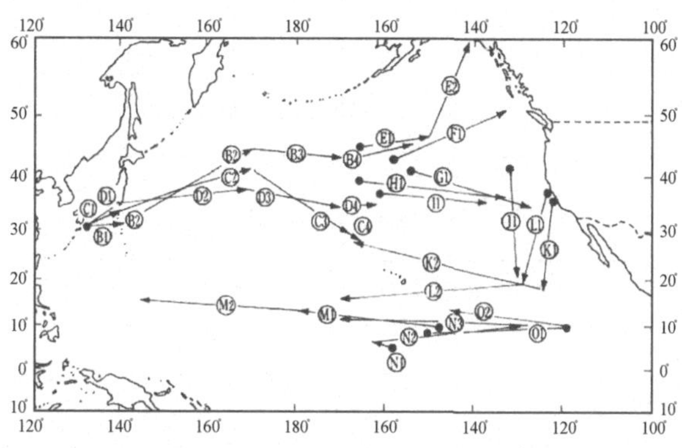

그림 1.3 표류 부표의 변위 벡터 그림 (McNally 등, 1983)

을 그리기도 하는 것들이 있지만 해류로 정의되는 구간마다 직선으로 연결한 것이 그림 1.3이다. 그 중에서 대표적인 것을 골라, 아열대 환류의 순환 유속을 표 1.1에 나타냈다. 쿠로시오 이외는 대체로 10~17cm/초(0.2~0.3노트), 순환에 필요한 일수는 쿠로시오 속류와 북태평양 해류로서 북태평양 중위도를 서에서 동으로 횡단하는 데에 700일, 캘리포니아 해류로서 북태평양 동부를 중위도로부터 저위도로 남하하는 데에 155일, 북적도 해류로서 저위도를 동에서 서로 역으로 횡단하는 데에 약 700일, 쿠로시오로서 북태평양 서부를 북상하는 일수는 명확하지 않지만 수십일 이하라고 보아도 좋을 것이다. 따라서 쿠로시오로서 일본 부근을 동으로 흐르는 부분을 포함하여 1,600~1,650일(약 4년 반) 걸려서 한 바퀴 도

해류	표류부표	거리(km)	통과 일수(日)	속도(cm/초)
쿠로시오	C	790	15	61
쿠로시오 속류	C	4,445	350	15
북태평양 해류	H	3,023	350	10
캘리포니아 해류	L	1,976	155	15
북적도 해류	M, O	10,251	706	17
계		20,485	1,576	15

(McNally 등, 1983)

표 1.1 해류별로 본 표류 부표의 추적결과

●은 표착한 구두수가 일자와 함께 표착점을 나타냄 ▦은 수치 실험으로 구한 표류의 경로

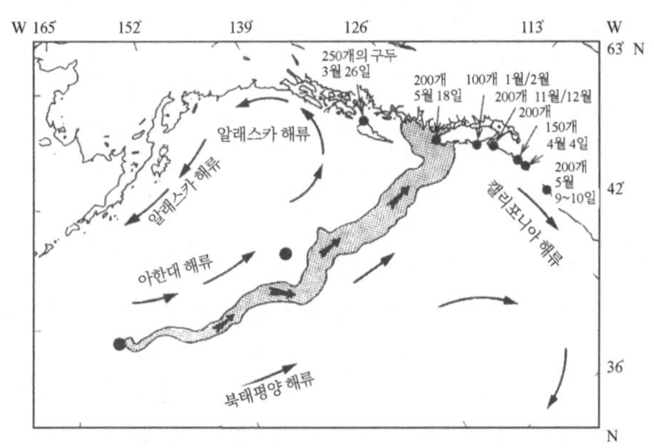

그림 1.4 구두의 표류와 표착 상황 (Ebbesmeyer 등, 1992)

는 것이 된다. 이것은 수온 염분의 평균적인 분포로부터 얻어지는 지형류 유속의 추정치보다 꽤 빨라서, 특히 동부에서는 유향이 잘 일치하지만 그 빠르기가 평균 15cm/초로 지형류의 거의 5배에 달한다. 실제로는 지형류도 수온의 변화 등에 따르고 있어서, 계절 또는 해에 따라 꽤 변화하므로 하나하나 추산하면 훨씬 크게 되겠지만, 여러 해에 걸친 수온 염분 모두

의 관측치를 평균한 것으로부터 추산하면 현저하게 작게 되기 때문일 것이다. 물론 바다에는 크고 작은 여러 가지의 와류와 난류가 있으므로 오직 부표 하나를 띄워서 수년 간 추적하여도 이와 같이 일주한다고는 할 수 없고 오히려 어디론가 흘러가는 것이 보통일 것이다.

그런데 이와 같은 순환의 일부를 구두의 표류로 확인한 진기한 일이 일어났다. 1990년 5월 27일, 북동 태평양의 북위 38°, 서경 161° 부근에서 한국으로부터 북아메리카로 향하는 화물선에 선적되었던 21개의 컨테이너가 나쁜 날씨 때문에 물속으로 떨어졌다. 그중 4개에는 나이키라는 상표의 운동화 80,000개가 들어 있었다. 이것이 반년 후부터 남쪽으로는 아메리카의 오레곤주 남부로부터, 북쪽은 캐나다의 퀸샬럿 제도에 이르는 해안으로 표착하기 시작하여 100개 이상 발견된 것을 비롯하여 보고된 것이(뭉쳐서 표류했기 때문인지 낱개로 발견된 것은 적은 것 같다) 합계 1,300개로 전체의 1.6%에 달했다(그림 1.4). 이 비율은 통로에 가까운 캐나다의 해양 관측 정점 P(50°N, 145°W)에서 4, 5월에 실시했던 해류병 표류 실험 결과(4,518개 중 126개를 회수)와 비슷하다. 그림 1.1 a로부터도 알 수 있듯이, 떨어진 장소는 북태평양 해류의 북쪽 끝(아한대 해류라고도 한다)에 가까운 곳에 해당하므로 표류물의 대부분이 북아메리카 서안 외해를 반시계 방향으로 하여 북쪽을 향했다고 생각된다. '1946년부터 1991년까지 매년 5월 27일에 여기에서 구두를 떨어뜨린다면 어디에 표착할까'를 추정하기 위하여 매년의 바람 자료를 근거로 하여 해류를 수치 실험한 결과의 일부가 그림 1.5에 나타나 있다. 그림 1.3 등에서 나타낸 것처럼 남

같은 장소로부터 5월 27일에 구두를 표류시켰을 때의 표착 상황을 수치 실험한 결과의 일부. 가장 북쪽에 표착한 것이 1951년인데, 그 해만은 해안에 표착하지 않고 반시계 방향의 경로로 된다. 가장 남쪽에 표착한 것이 1973년이고, 현저한 엘니뇨 직후인 1988년은 평균($\bar{x}$, 54.8°N에 표착)에 가깝다. 나이키 구두가 떨어진 1990년은 50.5°N여서 평균보다도 꽤 남쪽으로 표착한 것이 된다.

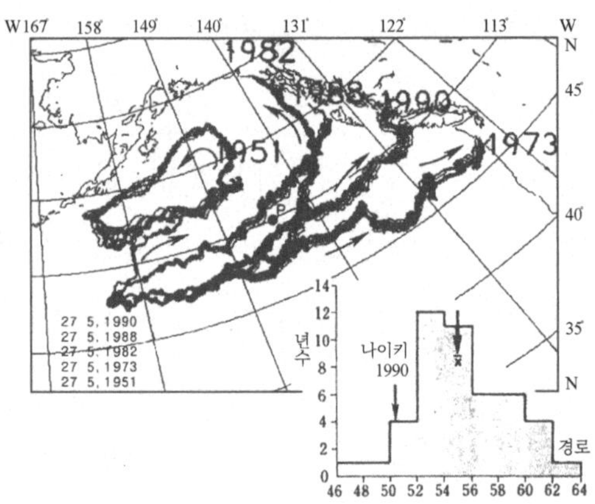

그림 1.5 구두의 표류와 표착 상황을 수치 실험한 결과 (Ebbesmeyer 등, 1992)

쪽 경로를 취한 구두는 캘리포니아 해류가 되어 미국 서안 외해를 남서 방향으로 향하는 시계 방향의 순환과 함께 흘러간 것이 된다. 사실 그 후 하와이섬의 북안에 표착했다는 보고도 있어서, 다시 2~3년 간 구두가 계속 표류한다면 아시아와 일본으로도 흘러들어 오겠지만 아직 발견되었다는 보고는 없다.

1.3 3차원적으로 본 해수의 특징

1.3.1 수온 분포의 특징

대양의 수온과 염분 등 해수의 성질이 3차원적으로 어떤 분포를 하고 미국의 토머스 워싱턴호로 1976년 3~4월에 경도 1°마다(1,000m 이심은 약 2°마다이고, 서경 162~140° 만은 1977년 3월) 관측했다.

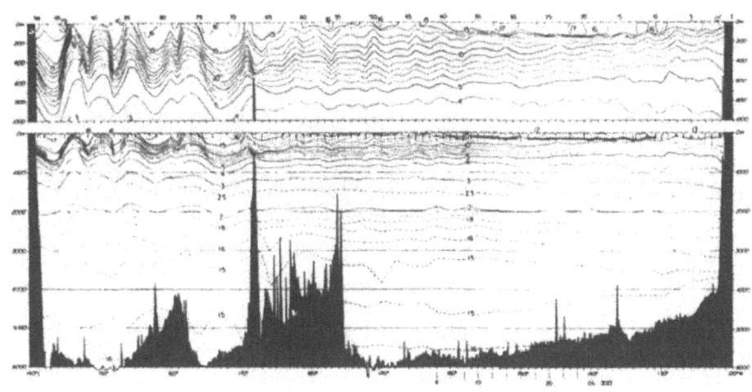

그림 1.6 35°N선을 따른 태평양의 동서 수직 단면의 수온 분포 (Kenyon, 1983)

있는지를 한 장의 그림으로는 나타낼 수 없으므로, 어느 수직면으로 잘랐을 때의 분포도(수직 단면도)가 이용된다.

그림 1.6은 그 일례로, 태평양을 일본 혼슈(本州) 동방으로부터 미국 서안 캘리포니아주에 이르는 북위 35°선에서 수직으로 잘랐을 때의 수온 관측 결과를 등온선으로 나타낸 것이다. 세로축은 위에서 아래로 0m로부터 6,000m까지의 깊이를 나타내고 있는데 이것은 세로축 크기를 수평 방향에 비해 500배로 확대한 것이고(즉 깊이를 1/500로 축소하면 실제의 바다와 완전히 비슷한 단면이 되므로 얼마나 바다가 얇은 것인지를 알 수 있다), 1,000m보다 얕은 곳은 다시 2.5배로 확대하여 그 위에 그려 놓았다.

이것을 보면 수온은 수심 1,000m 정도까지는 깊어짐에 따라서 급속히 내려가서 3~5℃로 되고, 그것보다 깊은 곳은 그 이하의 차가운 물로 채워져 있음을 알게 된다. 그림에서 등온선은 3℃까지는 1℃ 간격으로 그어져 있지만 2℃까지는 0.5℃ 간격으로, 다시 더 내려가면 0.1℃ 간격으로 나타내었다. 1,000m보다 깊은 곳에서는 수온 변화가 작아서 거의 균일에 가까운 온도임을 알 수 있다. 위의 확대 그림에서 깊이 200~700m 정도의 범위에서 등온선이 비교적 조밀하게, 또는 밀집해 있는 부분이 '수온 약층'이라고 부르는 부분이고, 계절적인 온도 변화는 대체로 이것보다도 얕은 곳에서 일어난다.

이 수온 약층 부분은 깊어짐에 따라서 급속히 수온이 내려가고 있으므로 밀도가 증가하여 수직적으로는 극히 안정한 상태가 된다. 따라서 약층은 그 위의 혼합층(가을부터 겨울에 걸쳐서 대류로 상하의 혼합이 일어나고, 또 표층은 바람 등에 의해 끊임없이 휘저어 섞여지므로 이렇게 부른다)과 그 아래의 심층을 격리시키는 것 같은 역할을 하고 있으므로 표층의 열과 오염 물질 등이 심층으로 전달되기 어렵게 된다. 그러나 약층을 통해서 상하 교환이 없는 것은 아니고, 약층 그 자신도 운동을 하고 있다(1.5.3 참조).

1.3.2 중규모 와류

대기에서는 기단(같은 성질을 갖는 큰 공기 덩어리)의 입체적 경계면이 전선면이고 그것이 비스듬히 경사진 상태에서 지표면과 이루는 교선을 전선(프론트)이라고 한다. 해양에서는 기단에 상당하는 수괴가 있고, 수온 약층은 전선면에 상당하지만 경사가 완만하다.

수온 약층은 중위도에서 가장 깊고 고위도 쪽으로 갈수록 얕아지게 되

H는 고압부(해수면이 높은 곳)
L는 저압부(해수면이 낮은 곳)를 나타낸다.

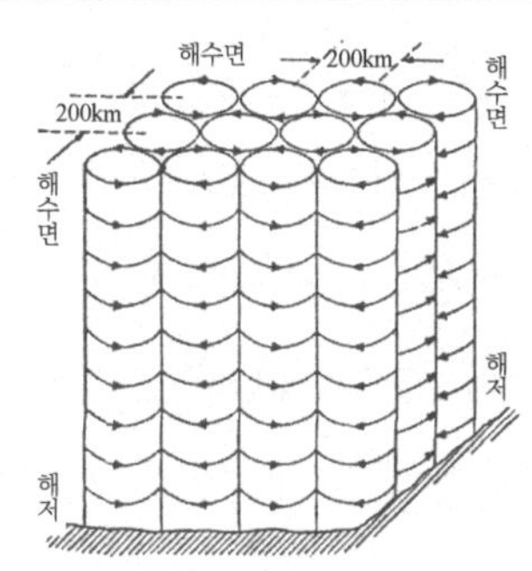

그림 1.7 중규모 와류의 크기 (高野, 1977)

어 해면과 교차해서 전선이 된다. 예를 들면 혼슈 동방으로부터 홋카이도 동방에 걸친 쿠로시오 유역의 북쪽 끝이 이것에 해당한다.

그런데 이 수온 약층은 위치와 장소가 거의 변화하지 않아 극히 안정하다고 생각되어 왔다. 그러나 그림 1.6에서 동경 170°이서(좌의 약 1/3)를 보면 등온선이 파도를 치고 있다. 상층 천기도를 보면 지구를 둘러싸고 있는 듯한 등압선(실제로는 기압이 일정 크기의 면의 높이를 나타내는 등고도선)의 물결이 있어 골짜기 부분이 저기압성의 와류에, 산 부분이 고기압성의 와류에 상당한다. 이것보다 규모는 작지만, 그림의 물결은 이와 같은 해양에서 와류를 나타내고 있다. 그림 1.6에서 동일 수평(일정 깊이의 면, 그림에서는 가로축에 평행한 수평인 직선으로 나타난다)에 대해서 보면 골짜기 부분은 양측보다 고온이고 산의 부분은 저온이다. 고온부는 해수가 팽창하여 해수면이 높게 되고 저온부는 해수가 수축하여 해수면이 낮게 되므로 그림 1.7과 같은 와류의 배치를 생각하게 된다.

이것이 중규모 와류라고 불리우는 것으로서 흐름의 관측에 근거하여 그 성질과 특징이 밝혀진 것은 이십수 년에 불과하다. 이 와류에 의한 해수의 특징은 다음의 5가지이다.

(1) 지름 200km 전후 시계 방향의 와류(북반구에서는 고기압성의 와류에 상당)와 반시계 방향의 와류(북반구에서는 저기압성의 와류에 상당)가 서로 교차하면서 나란히 있다(그림 1.7). 와류의 행렬을 파동으로 보면 시계 방향의 와류와 반시계 방향의 와류가 1쌍이 되어 1파장 400km 정도가 되어 그림 1.6과 일치한다.

(2) 주기는 수십 일이다. 파장을 400km, 주기를 50일로 하면 파의 속도, 즉 와류의 이동 속도는 1일에 8km, 약 9cm/초가 된다.

(3) 와류 그 자체의 회전에 따라 물이 운동할 때의 궤도 속도는 수 cm/초로부터 10cm/초 정도이다. 한 점에서 측정하면 와류의 통과에 따라 그 운동은 방향과 크기를 바꾸므로 평균하면 1cm/초 정도가 된다. 운동 에너지는 속도의 제곱에 비례하므로 와류의 운동 에너지는 평균 와류의 운동 에너지보다도 2단위 큰 것이 된다.

(4) 와류는 거의 직립하고 있다. 어느 깊이라도 거의 같은 방향과 같은 속도로 회전하면서 통과해 가는 것이 된다.

(5) 와류는 거의 지형류의 관계를 충족시키고 있다. 해수의 압력 분포가 수온만의 분포에 의한 밀도장으로부터 결정된다고 하면, 그림 1.6에서 등온선이 오른쪽으로 내려가는 부분에서 북향, 오른쪽으로 올라가는 부분에서 남향의 흐름이 되고 깊이 4,000m 정도까지 유사한 파동이 계속되고 있으므로 적어도 이 깊이까지는 유사한 방향의 흐름이 있게 된다. 파동에 관계되는 것은 지형류 중에서도

북위 30°, 동경 147° 08분, 수심 5,000m에서의 유속. 해저의 깊이는 약 6,200m, 가로축의 0은 년의 시작(1월 1일)을 나타냄.

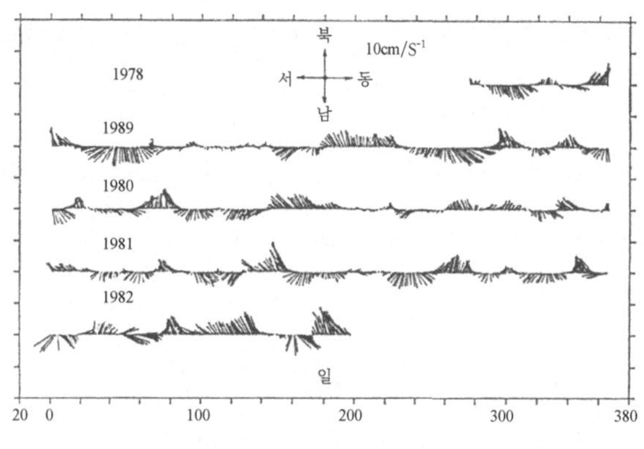

그림 1.8 유속 변동을 나타낸 벡터 그림 (高野, 1983)

경압 성분뿐이므로, 해저까지 미치는 순압 성분은 흐름을 직접 관측하는 이외에 확인할 방법이 없다.

그림 1.8은 혼슈 동방 북서 태평양 해분 내에서 장기간에 걸쳐 관측한 결과의 한 예이다. 각각의 선은 유속 벡터의 일평균을 나타낸 것으로 조석 성분은 제외시켰다. 이것을 모두 평균하면 동쪽 방향 성분이 -0.4cm/초(서향), 북쪽 방향 성분이 0.4cm/초여서 유속계의 정밀도가 1.5~2cm/초이므로 평균치는 0이라고 해도 좋다. 그것에 대해 개개의 흐름은 10cm/초에 달한다. 쿠로시오로부터 떨어져 조용한 바다라고 생각되는 수심 5,000m에서도 이와 같은 강한 흐름이 있고, 더욱이 그것이 수십 일을 중심으로 한 여러 주기로 변동하고 있다고 하는 것은 놀랄 만한 일이다.

1.3.3 대양의 남북 단면의 특징

그림 1.9 a, b는 각각 태평양과 대서양의 남북 단면으로서 수온, 염분, 용존 산소의 분포를 나타내고 있다. 그림 1.6이 순간이라고 하는 짧은 연월의 상태를 나타내고 있음에 대해, 그림 1.9는 관측점도 적고 장기간에 걸친 관측 결과를 종합한 것이므로 등온선이 완만하게 되어 중규모 와류와 같은 수백 km 이하 규모의 작은 현상은 나타나고 있지 않다고 생각된다. 그림 1.9는 수천 km라는 지구 규모 해수의 3차원적인 움직임을 고찰하는 데에 적합하다고 할 수 있다. 화살표를 보면 해수가 수직 운동을 포함하여 남 또는 북 방향으로만 움직이는 것처럼 생각되지만, 이 화살표는 남·북 단면 내에서 해수의 움직임을 나타내고 있을 뿐이어서 실제로는 그림에 직각으로, 동 또는 서로도 움직이고 있다는 것에 주의해야 한다.

3개의 분포도 중 가장 특징적인 것은 염분이다. 특히 대서양에서는 염분이 높은 북대서양 심층수가 북위 60~70°에서 해수면으로부터 침강하여 2,000~4,000m의 깊이를 남위 40° 부근까지 남하하고 있다. 그 밑으로 남극 저층수가 들어와서 역으로 북상하여 40°N 부근까지 달하고 있다. 태평양에서도 비슷하게 남극 저층수가 북상하고 있지만 그림 1.9 a에서는 확실하지는 않다.

이들 움직임을 증명할 수 있는 것이 수온과 용존 산소 분포도이다. 태평양에서는 0.6℃ 이하의 저온 부분이 20°S 이남에 나타나서 0℃ 이하로 되는 경우가 없지만, 대서양에서는 0℃ 이하의 저온수가 20°S 이남 외에도 65°N 이북의 표층에서 나타나고 있다. 용존 산소의 분포는 더욱 대조적

그림의 수온은 퍼텐셜 수온(θ)으로, 단열 압축에 의한 승온 효과를 뺀 것이어서 그림 1.6에 나타낸 현장 수온보다도 약간 낮다. 그 차이는 수심과 함께 증대하는데 1,000m에서 0.1°C 전후이고, 4,000m에서 약 0.3°C이다. 따라서 그림에서 4,000m 부근의 1°C 등온선을 그림 1.6과 마찬가지로 현장 수온으로 고치면 약 1.3°C의 등온선을 나타내는 것이 된다.

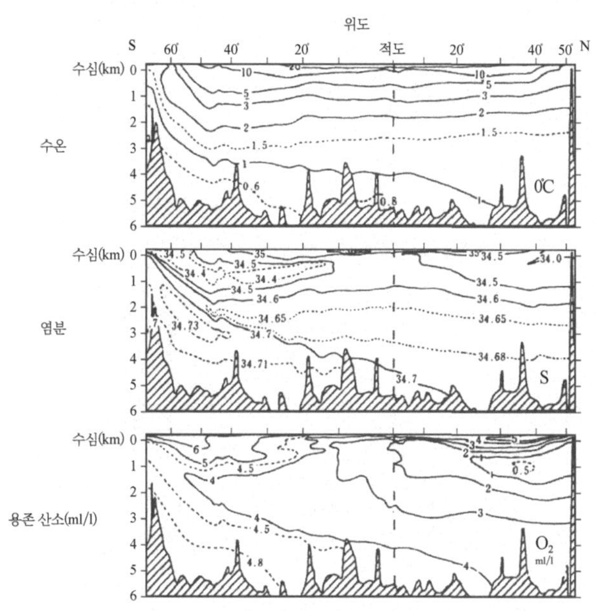

그림 1.9 a 태평양 160°W에 있어서 남북 단면의 수온, 염분, 용존 산소 분포

이어서 남대서양에서는 50°S 이남과 60°N 이북의 양단 표층에서 7ml/ℓ (1기압 하에서 해수 1ℓ 중에 산소 7ml가 용해해 있다고 하는 의미) 이상에 달하고, 2,000m 이심의 심층에서는 40°S 부근까지 남쪽으로 가면서 감소하고 있다. 이것에 대해 태평양에서는 남북 양단의 표층에서도 6ml/ℓ 정도이고 심층에서는 남극 대륙 부근의 2,000m 근방으로부터 30°S 해저 근방까지가 4.8ml/ℓ를 넘을 뿐으로 북으로 가면서 감소하여 35°N 부근의

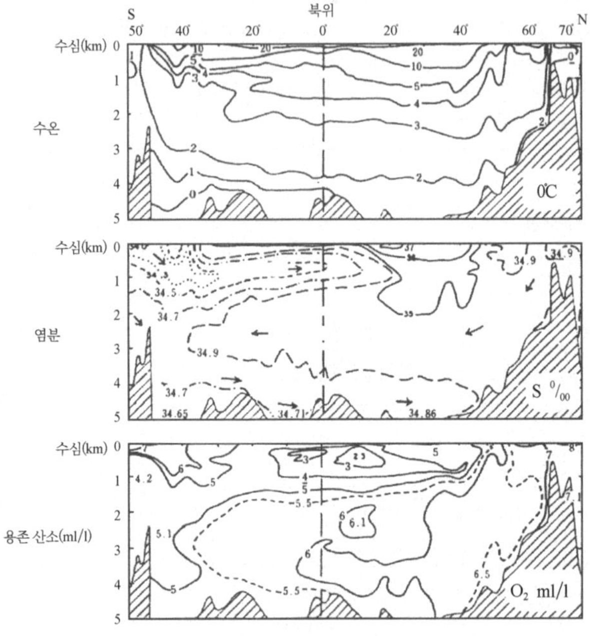

그림 1.9 b 대서양 서측 해분을 따른 남북 단면의
수온, 염분, 용존 산소의 분포 (a, b 모두 Pickard 등, 1990)

1,000m 부근에서는 0.5ml/ℓ 이하로 된다. 용존 산소는 대기로부터 해면을 통해 해수로 들어오고 그 양은 온도가 낮을수록 많다. 일단 용해한 산소는 표층에서는 광합성에 의해 증가하기도 하지만 조금만 깊어지면 유기물 분해에 의해 감소한다. 따라서 용존 산소의 양은 해수의 나이, 즉 그 해수가 해면으로부터 침강하여 어느 정도 시간이 경과했는지의 척도가 된다. 대서양의 해수는 새롭고, 태평양의 것은 오래된 것이어서 특히 북태평양(실제로는 북동 태평양)의 심층수가 가장 오래된 천 수백 년이라고 추정되고 있다.

이상으로부터 수온 약층 이심의 심층수는 모두 북대서양 북부와 남극 대륙 부근의 2개소에서 침강한 것이 3대양으로 돌아 들어온 것으로 추측할 수 있다(그림 1.18, 그림 7.6 참고). 단지 그림 1.9로부터는 남북 단면의 평균적인 해수 이동밖에 추정할 수 없다. 수평적인 이동을 포함한 3차원적인 구조에 대해서는 1.5에서 다뤘다.

1.4 해양으로부터 출입하는 열과 물

1.4.1 열염분 순환

앞에서 기술했던 것처럼 심층수 순환은 대류이다. 해양의 대규모적인 대류가 발생하기 위해서는 해면에서 발생하는 해수 밀도의 불균일, 즉 무거워진 물의 침강이 필요하다. 이와 같은 해수 밀도의 증가는 해수면 냉각 이외에 염분의 증가를 들 수 있으므로 열염분 대류 또는 열염분 순환이라고 부른다(이것에 대해 1.1에서 기술한 바람에 기인하는 해수의 순환을 풍성 순환이라고 한다). 물을 넣은 비커 밑을 가열하면 대류는 온도가 높은 곳으로부터 낮은 곳으로 열을 운반하여 그 속의 물 온도를 같도록 하는 것과 마찬가지로 해양에서도 대류는 열을 운반하는 역할도 한다. 해수면 염분이 증가하는 것은 증발량이 강수량을 상회하는 경우이고, 역이 되면 염분은 감소하여 밀도가 작게 된다. 강수도 증발한 물도 염분을 포함하지 않는 담수이므로 해양의 대류는 해면을 통해서 열의 출입과 물의 출입에 관계하고 있다고 해도 좋을 것이다.

1.4.2 해면을 통한 열의 출입

바다를 포함하는 지구 표면에서 열 근원은 태양의 방사(복사) 에너지이고, 지구가 현저하게 따뜻해지거나 차가워지지 않는 것은 들어오는 열량과 나가는 열량이 같기 때문이다. 수입과 지출의 균형이 잡혀 있기 때문이므로 이것을 열수지라고 부르고 있다. 지구의 열수지를 그림 4.22에 나타냈는데 바다만을 따로 취급한다면 북반구에서는 그림 1.10과 같다.

태양으로부터 직접 또는 대기 내에서의 산란을 통해 해양으로 들어오는 것은 가시광선을 포함한 4 이하의 단파장의 방사(Qs)라고 해도 좋을 것이다. 나가는 것은 10을 중심으로 하는 장파장의 적외선 방사(Qb), 해양으로부터 대기로의 열전도(Qh), 해수면으로부터 증발에 의한 잠열(Qe)의 3가지 형태가 있는데, 대기와 해양의 조건에 따른 변화가 크다고 하는 점에서 잠열이 가장 중요하다고 생각된다. 단위 면적당 각각의 크기를 위도에 따라 나타낸 것이 그림 1.10 (a)이고, 합계한 것이 그림 1.10 (b)이다. 대략 30°N을 경계로 하여 남에서는 획득(흑자)이고 북에서는 손실(적자)이다. 그대로 놔두면 저위도에서는 수온이 상승하고 고위도에서는 하강하므로 1년 안에 상쇄하지 않으면 안된다. 그림에서는 손실 쪽이 획득 쪽보다 크게 보이지만 절대량으로서의 획득과 손실은 그 값에 각 위도대의 바다 면적을 곱한 것이 되므로 같게 된다.

즉 위도가 높을수록 동일 위도대의 면적이 작고, 또한 고위도에서는 해양의 면적 비율이 작기 때문이다. 이것을 단기간에 고르게 만드는 데에는 저위도로부터 고위도로 향하는 대규모 해수의 이동이 필요하고 그 열

Q_s 단파장의 방사, Q_b 장파장의 방사, Q_h 대기로의 열전도, Q_e 해수면으로부터 증발에 의한 장열

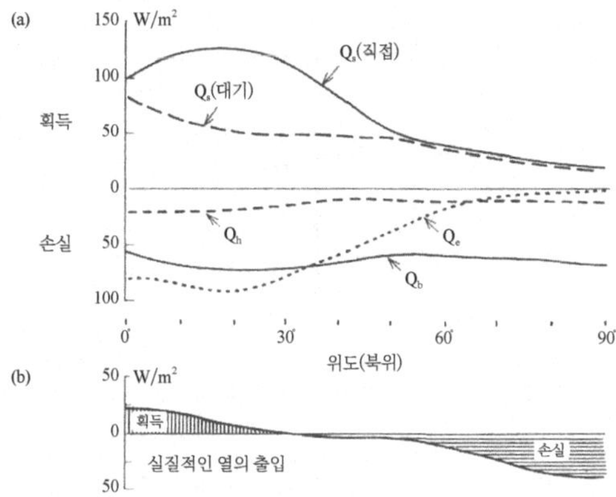

그림 1.10 북반구 해수면에서 열수지의 위도 분포 (Pickard 등, 1990)

수송량은 30°N 부근에서 최대가 될 것이다. 쿠로시오와 걸프스트림(멕시코만류)이 이와 같은 역할을 하고 있음을 쉽게 이해할 수 있다.

1.4.3 해양의 남북 방향으로의 열수송

지구 표면 전체에 대해서도 그림 1.10과 같은 남북 방향의 열수지 분포를 생각할 수 있다. 과잉 → 부족의 메움과 그 수송에 있어서 대기와 해양의 분담 비율, 그리고 해양에 있어서는 다시 3대양 각각이 어떻게 되어 있는지를 살펴보기로 하자.

인공위성에 의한 관측으로부터 지구 표면으로 들어오는 단파장 방사(복사)와 지구 표면으로부터 나가는 장파장 방사의 분포에 대해서는 어느 정도 자료가 얻어지고 있다. 그러나 해양을 포함한 지구 표면으로부터 대

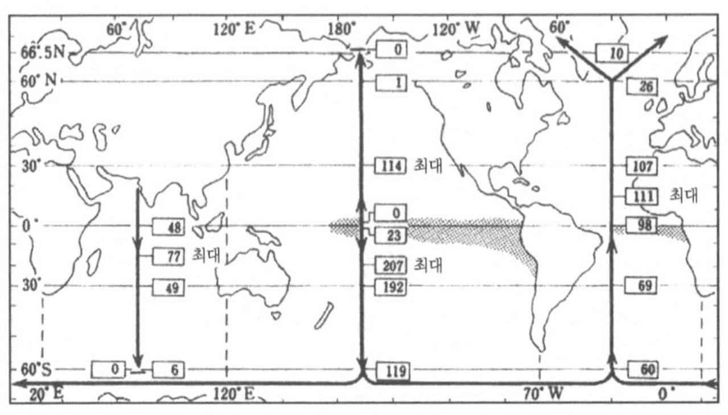

그림 1.11 해양의 남북 방향으로의 열수송량(단위는 10^{13}W) (Hastenrath, 1982)

기로의 열전달 크기와 증발에 의한 잠열에 대해서는 육상, 해상 모두 자료가 극히 제한적이다. 부분적으로는 대기에 의한 열수송과 해양의 저장 열량 관측 등으로부터 해양에 의한 열수송량을 추정할 수도 있지만, 지구 표면 전체가 되면 그림 1.10과 같은 열수지 분포를 해역마다 조사하여 균등 평균의 상태를 추정할 수밖에 없다.

그림 1.11은 그 결과의 한 예이다. 태평양에서는 적도의 조금 북에서부터 과잉분이 더해지면서 30°N까지는 적립분이 증가할 뿐이지만, 그것보다 북에서는 손실분을 메워 나가 적립이 적게 되고 최북단(65.5°N)에서 (부족분) 메움이 딱 끝나게 됨과 동시에 적립도 0으로 된다. 남으로 향해서는 북쪽과 마찬가지로 적도의 조금 북쪽 출발점에서부터 적립하기 시작하여 20°S에서 최대(30°N에서의 적립의 배 정도)가 되고, 거기서부터 손실분을 메우기 위해 적립분이 적어지지만 반 이상이나 남은 상태로 60°S에 도달한다. 여기에서 남극 대륙 주변을 서에서 동으로 흐르는 남극

순환류에 남은 부분을 잃어버리게 된다. 인도양은 북단이 아시아 대륙이므로 거기에서 남으로 향하여 과잉분의 적립과 메움이 이루어지게 된다. 15°S에서 적립은 최대가 되고 60°S를 조금 넘은 곳에서 메움이 끝나서 적립분도 0이 된다. 남북 태평양, 인도양 모두 적도 부근으로부터 고위도로 향하여 열을 운반한다고 하는 점에서 그림 1.10의 패턴과 일치하지만 대서양에서는 양상이 꽤 다르다. 60°S 이남으로부터 모두 북쪽을 향해 열을 운반하고 있다. 60°S 부근을 흐르는 남극 순환류로부터 상당량의 열을 받고서, 다시 대서양 남단으로부터 15°N까지 적립량을 높이고 거기서부터 북쪽에서의 부족분을 메워 나가기 시작하여 북극해로 들어서서 메움이 끝나면 적립분도 0이 된다.

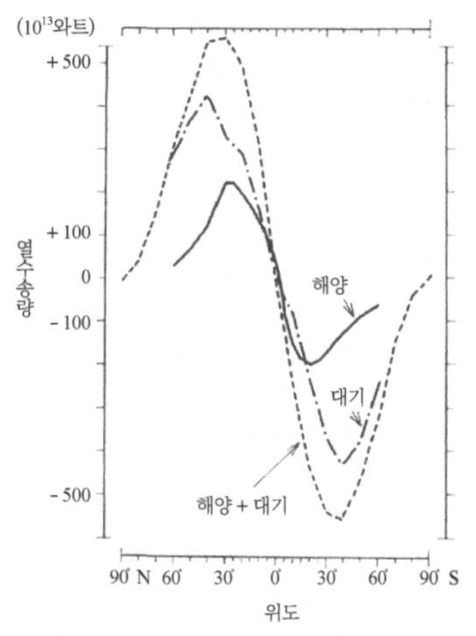

그림 1.12 대기와 해양 각각의 남북 방향의 열수송량 비교(단위는 10^{13}W) (Hastenrath, 1982)

태평양으로부터 방출된 열 중 대서양으로 들어간 것은 그 반 정도인데 나머지는 어디로 가는 것일까? 그림 1.11에서 굵은 선이 남극 순환류와 역의 서쪽 방향으로 되어 있는 것은 남극 순환류가 동으로 흐름에 따라 열을 받게 된다고도 생각되지만, 바다는 다시 남쪽으로 뻗어 있으므로 남극 순환류역을 포함하여 남극 대륙 주변에서 소비된다고 생각된다.

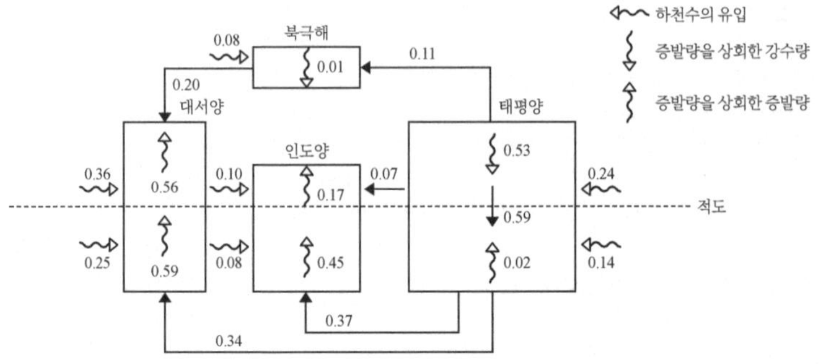

그림 1.13 태평양 및 대양간의 물수지(단위는 $10^6 m^3$/초)
[Baumgartner and Reichel(1975)에 따름]

해양과 대기 각각과 그 모두를 합쳤을 때의 남북 방향 열수송량을 나타낸 것이 그림 1.12이다. 해양에 의한 수송량은 북반구에서는 30°N, 남반구에서는 20°S에서 최대가 되고 해양과 대기를 합쳤을 때의 각각 40%, 46%를 차지한다. 북반구에서 육지와 해양의 면적 비율 분포를 생각한다면, 대기와 해양의 열수송 크기는 단위 면적당 거의 같다고 보아도 좋다. 남반구에서 대기에 의한 편이 훨씬 큰 것은 대서양에서 북쪽으로 향하는 열수송 때문에 해양에 의한 남쪽 방향의 수송량이 훨씬 적어지기 때문이다.

1.4.4 해양의 물수지

그림 2.1과 그림 7.1에 나타난 것처럼 해양에서는 증발량이 강수량보다 많으므로 여분의 수증기가 육상에서 비와 눈을 통해 하천수가 되어 바다로 흘러 돌아오게 된다. 그러나 그림 1.13과 표 1.2에서 명확한 것처럼 태평양만은 강수량이 증발량을 상회하고 있어서 하천수를 포함한 여분

	강수량(+)과 증발량(-)의 합	하천 유입량	계
북반구	-0.19	0.78	0.59
남반구	-1.06	0.47	-0.59
태평양	+0.51	0.38	0.89
인도양	-0.62	0.18	-0.44
대서양	-1.15	0.61	-0.54
북극해	+0.01	0.08	0.09
계	-1.25	1.25	0

(단위:$10^6 m^3$/초) (Baumgartner and Reichel, 1975)

표 1.2 해양의 물수지

의 물을 인도양과 대서양으로 내보내고 있다. 또 주요 대륙과 주요 하천은 북반구에 있으므로 북반구에서는 담수 공급이 과잉이 되고, 그 부분은 주로 태평양을 통해서 남반구로 운반된다.

1.5 지구를 둘러싼 해수의 3차원적 유동

1.5.1 심층수의 형성

1.3.3에서 기술한 심층수(심층수에는 여러 가지 종류가 있지만 특별히 실명을 부가하지 않는 한 북대서양 심층수와 남극 저층수를 가리키는 것으로 한다. 후자는 대양의 저층으로 폭넓게 펼쳐 뻗어나가므로 특히 저층수라는 이름이 붙어 있지만, 넓은 의미에서 심층수의 일종이다)의 침강 또는 형성은 면적으로 전체 해양의 1/100~1/1,000이라는 극히 좁은 범위에서 집중적으로 일어나고 있다. 거기에서 해수의 침강 또는 대류의 구성에는 2가지 유형이 있다. 외양성의 대류(그림 1.14 a)와 연변역의 대류

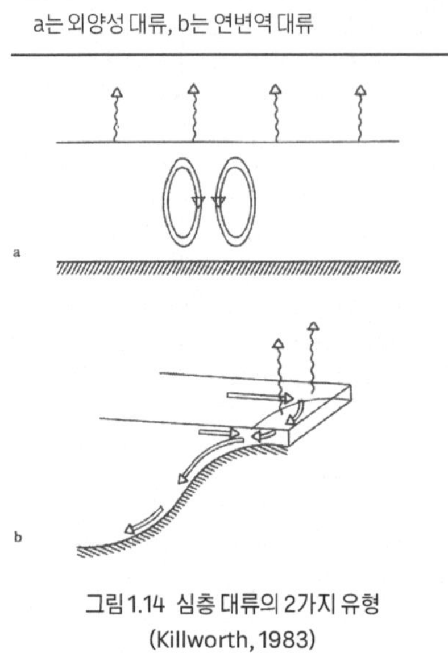

그림 1.14 심층 대류의 2가지 유형
(Killworth, 1983)

(그림 1.14 b)로서 북대서양 심층수는 전자, 남극 저층수는 양쪽 모두라고 생각된다. 3대양을 순회하는 이들 2개의 심층수 외에도 규모가 작은 심층수와 저층수의 침강이 몇 개 알려져 있다. 가까운 예로는 동해(일본해) 북부의 동해 심층수 형성이 그 하나인데, 어느 것도 기본적으로는 양쪽의 조합이라고 해도 무방할 것이다.

외양성 대류역으로는 북대서양의 그린랜드해, 라브라도해, 북서지중해, 웨델해를 비롯한 남극 대륙 주변 등을 들 수 있다(그림 1.15). 이들의 공통점은 다음의 3가지 단계를 거쳐 심층수가 형성되는 것이다. 먼저 저기압성의 와류가 존재하여 꽤 넓은 범위에 걸쳐 경사진 등밀도면이 생긴다. 그 결과 수직 방향의 밀도경도가 작게 된다. 즉 수직 안정도가 감소하여 대류가 일어나기 좋은 상태가 만들어진다. 다음으로 그중 특히 불안정한 곳인 지름 10km~수십 km 정도의 범위가 해면의 냉각에 의해 해면으로부터 수천 m 깊이까지 밀도가 거의 같은 혼합층이 되어 이 좁은 원주 기둥(chimney, 연돌이라고 한다)을 통해서 활발한 대류가 일어난다. 마지막에는 이 원주 기둥이 붕괴되어 이를 형성하고 있던 밀도가 큰 물이 심층수가 되어 원주 기둥 밑의 상당한 깊이로 잠입해 간다. 원주 기둥의 부분은 주위보다 용존 산소값이 크고 밀도도 크지만 웨델해에서는 저온, 저염분이다(그림 1.16, 수온과 밀도의 그림은 생략). 단, 이 그림은 여름철 관측이므로 원주 기둥 내에서도 성층이 이루어지고 있어서, 겨울철 대류가 일어났을 때의 원주 기둥이 붕괴되지 않고 남은 것이라고 생각된다. 원주 기둥 자체도 대개의 경우 저기압성 와류인데 고기압성 와류가 하강류, 저기압성 와류는 상승류를 동반한다고 하는 상식으로부터 생각하면 얼핏 반대로도 보인다. 분명히 수평 흐름의 수렴과 발산에 따른 하강류와 상승류는 그대로 들어맞을지도 모르지만, 그것만으로 수천 m라는 층을 뚫고 들어갈 수 있는 대류는 생기지 않기 때문이다. 고기압성의 와류도 등밀도면을 눌러내리므로 혼합층을 발달시키지만, 범위는 좁아도 집중적으로 심층으로부터 해면까지 연결되는 원주 기둥을 만드는 것은 저기압성 와류 쪽이 효과적인 것 같다.

그림 1.15 외양성 대류가 일어나는 장소
(남극 대륙 주변의 지명 등은 그림 1.17 참조)
(Killworth, 1983)

웨델해에서는 대륙붕 연변으로부터 대륙 사면을 미끄러지듯 내려가

북북서로부터 남남동으로 향하는 수직 단면의 염분(상), 용존 산소(하)의 분포를 나타낸다.

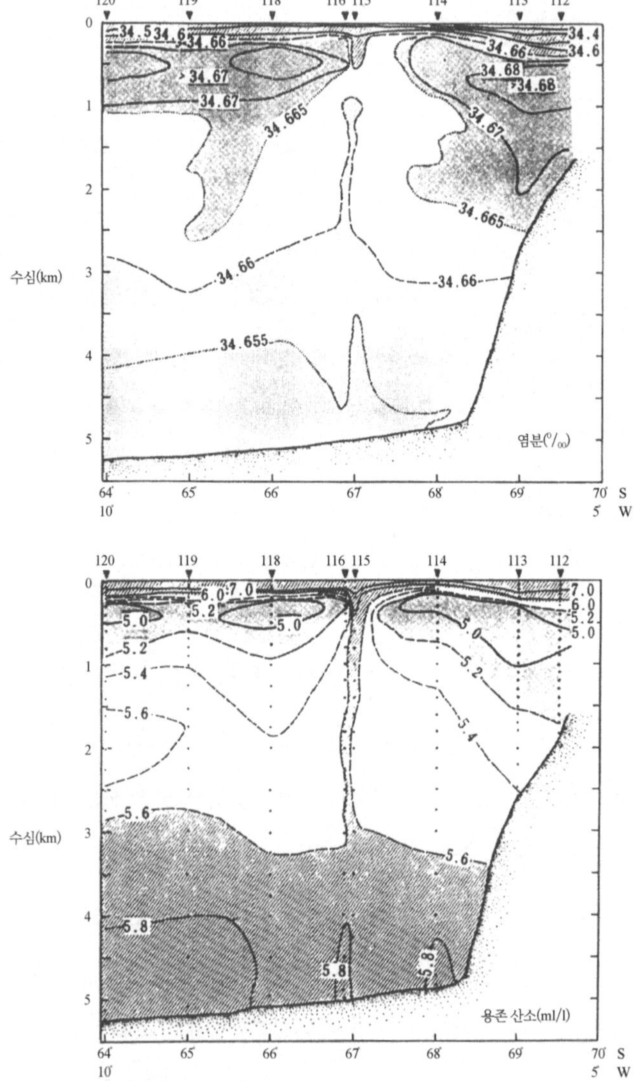

그림 1.16 웨델해에서 원주 기둥(연돌)의 예(1977년 2월) (Gordon, 1978)

는 심층수가 형성된다. 이 해역은 또 하나의 유형인 대류의 대표적 해역이기도 하다. 외양성 대류에서는 원주 기둥이 어디에 생기는가가 정해져 있지 않고 매년 생긴다고도 할 수 없으므로 이 작은 원주 기둥을 발견하는 것은 대단히 어려우나 연변역 대류가 일어나는 장소는 거의 일정하다. 웨델해는 대서양의 남방 서경 20°부터 60°까지에 걸쳐 있는 만과 같이 남극 대륙이 조금 후퇴한 지형이지만, 심층수가 형성되는 것은 서부의 서경 29~40°의 범위로 대륙붕의 깊이가 400m나 된다. 해빙은 담수로부터 된 것은 아니지만 결빙할 때 상당한 염분이 분리된다. 이 때문에 주위의 해수는 염분이 높게 되고, 따뜻해져서 얼음이 녹으면 염분이 낮은 가벼운 해수가 된다. 이와 같이 대륙붕 외측에는 수온이 높고 염분도 비교적 높은 심층수(심층수라고 하더라도 표층수에 대해서 붙인 이름이므로 북대서양 심층수와 같은 대규모적인 것은 아니지만, 이 해역에서의 심층 대부분을 점하고 있다)의 위에 저온 저염분수가 있고 그 사이에 약층이 형성된다. 그러나 해면의 냉각과 기타에 의해 양자가 혼합하면 심층수는 당연히 수온과 염분이 모두 낮게 된다. 그런데 해수의 열역학적 성질에 의해 어느 깊이(정확히는 압력)가 되면 그 혼합수는 원래의 고온 고염분수보다도 오히려 밀도가 증가한다. 이 깊이가 대륙붕 연변의 깊이에 거의 일치하므로 이 혼합수가 결빙 작용으로 대륙붕상에 생성된 저온 고염분수(가장 밀도가 큼)와 혼합하여 다시 밀도가 증가하고, 보다 밀도가 큰 심층수가 되어 대륙 사면을 미끄러지듯 내려간다.

이 외해 쪽은 고온 고염분 심층수가 대량으로 존재하므로 약층 바로 밑

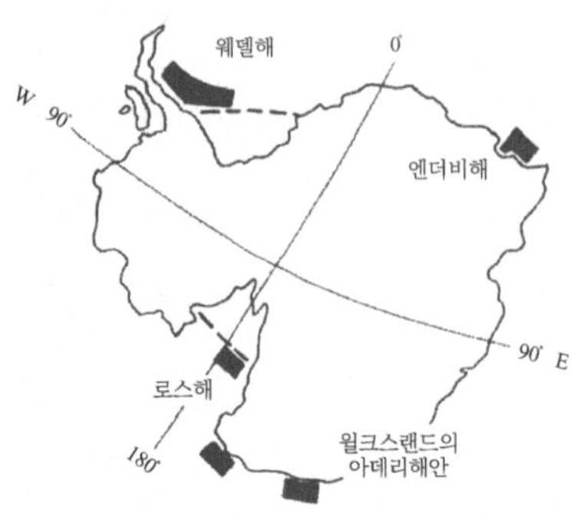

그림 1.17 남극 대륙 주변에서 지형성 연변역대류가 일어나는 장소 (Killworth, 1983)

의 약간 저온 저염분의 혼합수가 대륙붕상의 저온 고염분수를 조금 끌어들여 밀도를 크게 하면, 효율 좋게 대륙 사면을 내려가는 심층수를 만들어낼 수가 있다. 이와 같이 침강한 심층수는 하층에서 외해에 있는 고온 고염분의 심층수로 다시 끌려 들어가서 한층 밀도를 증대시켜 남극 저층수가 된다. 이와 같이 몇 번이나 혼합을 거듭한 결과, 저온임에도 불구하고 남극 저층수의 용존 산소값은 북대서양 심층수보다도 현저히 낮다. 남극 대륙 주변에서는 그 외에 로스해, 윌크스랜드의 아데리해안 외해, 엔더비랜드 외해에서도 규모는 작지만 비슷한 현상이 일어나고 있다(그림 1.17).

남극 대륙 주변은 북대서양과 비교해서 특히 염분이 높은 것은 아니므로 결빙에 따른 고염분수만으로는 심층수와 저층수가 되지 않는다. 해수의 밀도는 수온을 낮추면 증가하지만 동시에 염분도 낮아지면 같은 밀도를 유지할 수 있다. 따라서 동일 밀도를 갖는 해수라도 고온·고염에서, 저온·저염까지 그 조합은 무수하다. 해수에서는 수온과 염분이 다르지만 밀도가 같은 해수를 혼합시키면 반드시 밀도가 증가하는 수축 작용이 있다. 또 동일 밀도의 해수가 일정의 열량을 잃어버려 냉각된 경우, 고온 고염분의 해수 쪽이 저온 저염분의 해수보다도 밀도 증가가 크다. 따라서 외양성 대류의 경우라도 혼합층은 전체가 동일한 수온 염분인 경우보다도 해수면에 고온 고염분수가 있는 쪽이 대류의 발달에는 도움이 된다. 실제로는 남극 순환류와 바람의 관계, 열과 염분의 확산 속도가 다른 점 등, 복잡한 요인이 관계하고 있고 다른 해역의 대류에 있어서도 배경이 되는 고유 해수의 수직 구조와 해저 지형 등의 조건과 더불어 미묘한 현상이 발단이 되고 있는 것은 흥미 있는 일이다. 태평양 북부에서 심층수가 형성되지 않는 것은 그림 1.13과 표 1.2로부터 명확한 것처럼, 강수량과 하천으로부터의 유입량이 증발량을 상회하여 염분이 낮은 것이 최대의 이유라고 생각된다.

1.5.2 심층수의 유동 경로

북대서양 심층수가 침강하는 것은 그림 7.6에서는 1개소처럼 되어 있지만 실제로는 더 복잡하다. 가장 북쪽은 북극해에 가까운 그린랜드해 북부이고 그 남쪽의 아이슬란드섬 부근까지는 부분적으로 침강이 일어난다. 그래서 그린랜드해로부터 남하해 온 심층수는 덴마크 해협과 아이슬란드섬 남동방의 얕은 여울을 넘을 때 저층수와 합쳐져 유량이 증가하고, 다시 라브라도해에서는 그곳에서 침강한 심층수와 합쳐진다. 이렇게 해서 일단 북대서양 심층수가 만들어지지만 남하하는 사이에 지중해 기원의 고염분수와 혼합하고 다시 적도 부근까지 북상해 온 남극 저층수와도 혼합한다.

그림 7.6처럼 심층수가 대양의 서쪽 연변 쪽을 남하 또는 북상하는 것

화살표는 물 입자의 행로를 가리킨다. 대양 내부의 흐름은 어디에서라도 극방향으로 천천히 상승하고 서쪽연변의 경계류에 의해 유량의 연속성이 유지된다. 흐름은 대서양 양극 쪽의 침강에 의해 일어나게 된다. R는 완전히 남극 대륙을 일주하는 유량으로, 이것에 그림 아래의 상대 유량을 합친 것이 남극 순환류의 유량이 된다. 유량의 단위는 대략 $5 \times 10^6 m^3$/초

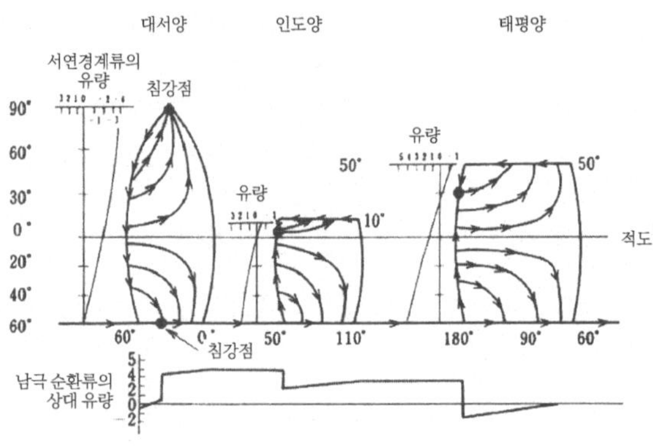

그림 1.18 심층 대순환의 모식도 (Kuo and Veronis, 1970)

은 지구가 서에서 동으로 자전하고 있는 점과 그것에 의한 전향력(코리올리 힘)이 위도에 따라 증가하기 때문이다. 대서양 서쪽 연변을 따라 남하한 북대서양 심층수는 그림 1.18 모식도에서처럼 대서양 남단에서 유량이 0으로 되어 있지만, 북상하는 남극 저층수를 제외한 남방향 유량은 실제로 남극 저층수를 고려한다면 상당한 양이다. 그래서 남극 순환류의 하층에서 웨델해 등으로부터 들어온 남극 저층수의 위로 흘러 들어가 서에서 동으로 순환하는 사이에 다시 한 번 양자가 혼합하여 일체가 된다. 남극 순환류는 해저 부근까지 비슷하게 흐르는 순압성이 강한 흐름으로서 그 대부분은 몇 번이나 남극 대륙 주위를 서에서 동으로 돌면서 그 사이에 일부가 인도양 또는 남태평양으로 들어가 모두 서쪽 연변의 저층에서 북

상한다. 3대양 모두 이들 서쪽 연변의 주류로부터 연속하여 동쪽으로 분지되고 그 분지의 부분은 극방향의 흐름 성분을 가지면서 느리게 상승하여 1,000년 정도 걸려서 수온 약층에 도달하게 된다. 약층의 위에서부터 확산에 의해 아래 방향으로 열을 운반하여 심층수를 가열하려는 역할과, 차가운 저층수의 상승에 의한 냉각 작용이 합쳐져 심층수 수온의 수직 경도가 유지되게 되고 다른 물질에 대해서도 이와 같은 수직 순환의 구조가 생각될 수 있다.

적도를 넘어서 북태평양으로 들어온 남극 저층수는 양도 적어지고 동으로의 분지와 상방향 성분의 운동을 유지하기 위해서는 그 일부가 북으로부터 남으로 연변을 따라 반대로 돌아오는 흐름이 필요하므로 서쪽 연변에서 남북 방향의 흐름이 상쇄되면서 합쳐져 흐르게 된다. 그러나 실제로는 혼슈(本州)남방을 남으로 뻗는 이즈·오가사와라(伊豆·小笠原) 해령과 마리아나 해령, 그리고 일본의 먼 동방에서도 남북으로 뻗는 텐노우가 이잔레쓰(天皇海山列)가 있어 이 모식도대로 되지는 않는다. 이 모식도는 각 대양 모두 해저가 평탄한 단순한 형의 바다의 경우이다. 이 그림에서 심층수의 주요한 통로는 그림 1.11에서의 열의 흐름과 거의 역방향인 것임을 알게 된다. 심층수는 열을 받으면서, 즉 따뜻하게 되면서 3대양을 순환하고 있는 것이 된다.

여기에서 기술한 것은 '열염분 순환'에 상당하는 것이지만, 1.1에서 설명한 풍성 순환과 별개로 일어나는 것은 아니다. 양자는 하나로 연결되고 있어서 분리할 수 없다. 해수에서는 해면의 높이가 거의 일정하게 유지된다고 하는 보존 원칙이 있으므로 대양의 어디에서도 해면으로부터 해저까지의 흐름을 모두 합친 것 또는 깊이에 있어서 평균한 흐름의 방향과 크기는 바람의 응력 분포로 결정된다. 따라서 그림 1.1과 그림 1.18을 합친 것과 같은 흐름은 결정되겠지만 풍성 순환과 열염분 순환이 어떻게 다뤄지는가는 바람의 성질 외에 해수의 밀도 분포 및 와류 점성 등 대양 내부의 물리적 기구에도 영향을 받는다.

1.5.3 북대서양 심층수를 매개로 한 대양간의 해수 교환

3대양 모두 남극 순환류의 하층으로부터 심층수가 들어오므로 예전에는 남극 저층수가 북대서양 심층수보다도 중요하다고 생각되었다. 현재는 오히려 반대에 가깝다.

연도에 따라 생성량이 변하는 것을 생각하고 침강이 일어나는 해역이 한정되어 있다고는 하지만 상당량의 면적이 되므로 극지에서의 관측 곤란을 고려한다면 정확하게 양자의 생성량을 직접 비교하는 것은 불가능에 가깝다. 또한 장기간 동안에는 도중에 여러 가지 물이 혼합하고 교체되기도 하므로, 가령 태평양의 저층수를 떠올려서 어디에서 온 것인지 단정할 수도 없다. 평균하면 생성량이 어느 쪽도 $20 \times 10^6 m^3$/초 정도로 거의 같다고 하는 생각은 30년 전에 스톰웰이 이 모델을 제시했을 때부터 변함이 없다. 해류의 유량과 해수 교환량은 $10^6 m^3$/초를 단위로 나타내는데, 그것의 크기를 다른 것과 비교해 보면 양자강의 유량이 평균해서 이것의 약 1/30, 일본 최대의 신노우가와(信濃川)와 이시카리가와(石狩川)에서

○ 안의 숫자는 $10^6 m^3$/초를 단위로 한 유량

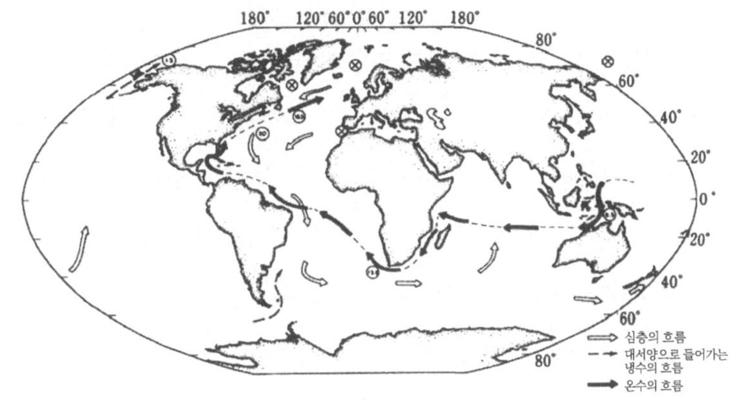

그림 1.19 북대서양 심층수를 매개로 한 열염분 순환 (Gordon, 1986)

는 1/2000 이하이다. 쿠로시오의 유량이 평균 $60 \times 10^6 m^3$/초 전후이므로 $20 \times 10^6 m^3$/초가 이것의 약 1/3이라고 하는 것은 결코 적은 양이 아니다.

북대서양 심층수의 생성량을 $20 \times 10^6 m^3$/초로 했을 때, 이것이 어떻게 세계의 바다로 퍼지고 어떻게 해서 북대서양으로 돌아오는 것인지에 대한 대략의 행로는 그림 1.19처럼 생각되고 있다. 심층수가 세계의 바다로 퍼지는 양은 북대서양 심층수나 남극 저층수의 구별없이 대양의 심층수 부피에 거의 비례한다고 생각하면 북대서양 심층수에 상당하는 물은 $10^6 m^3$/초를 단위로 하여 대서양 5, 인도양 5, 태평양 10의 비율로 배분된다. 천천히 상승(이라고 해도 똑바로 올라오는 것이 아니라 평균하면 극히 적은 상향 성분을 갖는 수평 방향의 운동을 계속하면서 올라온다)하여 수심 1,000m보다 얕은 곳에 도달한 심층수의 대부분은 수온 약층으로 들

어가서는 급히 순환하는 길로 들어서게 된다. 수온 약층은 그 상한이 적도의 조금 북 또는 남에서는 수심 100m 근방까지 올라오고 수온도 20℃를 넘는다. 따라서 심층수에 비해 꽤 따듯한 물이라고 할 수 있다. 한편 태평양으로 상승한 10 중 8.5는 수온 약층으로 들어가서 오스트레일리아 북서방의 인도차이나해를 지나 인도양으로 들어간다. 그래서 남위 15° 부근을 거의 서쪽 방향으로 향해 인도양에서 수온 약층까지 상승한 염분이 높은 5의 북대서양 심층수의 상당량과 합치게 된다. 아프리카 남동부와 마다가스카르섬 사이의 모잠비크 해협을 남하해 아가라스 해류와 합쳐진다. 아가라스 해류는 대부분이 아프리카 남단 외해에서 남동으로 반전하는데 심층수의 일부가 약층으로 들어온 채로 13.5의 따뜻한 심층수가 아프리카 남단 외해를 거쳐 남대서양으로 들어간다. 그래서 시계 방향의 아열대 환류를 타고 북서로 향해 다시 적도를 넘어 북대서양 심층수와 거의 역방향의 길을 찾아 북대서양 북부로 돌아간다. 이 사이에 대서양에서 상승한 5를 합쳐 18.5가 남으로부터 되돌아오는 것이 된다. 그림 1.11의 남대서양에서 적도로 향해 열이 운반되는 것은 이와 같이 따뜻한 물이 남으로부터 북으로 흐르고 있기 때문이다. 태평양에서 상승한 나머지 1.5는 약층으로 들어가지 않고(고위도에는 수온 약층이 없다) 찬물의 상태로 베링해로부터 북극해를 거쳐 북에서 북대서양으로 들어오는 가까운 길을 택해서 돌아온다. 그 외에 찬물의 상태로 남아메리카와 남극 대륙 사이의 드래크 해협을 거쳐 돌아오는 경로도 생각된다.

되풀이하는 것 같지만 이상의 경로는 동일한 물의 입자(와 같은 물을 구성하는 미세한 요소, 물방울보다 훨씬 작다고 생각하는 편이 좋다)가 그대로 컨베이어 벨트를 타고서 순환하는 것은 아니다. 측면도, 상하도, 경계도 없는, 주위의 물과의 출입은 자유로우므로 돌아왔을 때에는 출발했을 때와 완전히 다르게 되어 있다고 생각해도 좋다. 이 순환은 다음에서처럼 움직이는 보도에 타고 있는 사람이 움직이고 있는 것과 같은 것이다. 사람은 물의 입자에 비해 훨씬 크고 개체(사람)의 총수는 물의 입자에 비해 훨씬 적지만, 한사람 한사람을 물의 입자라고 생각하기로 하자.

지금 중도시 정도 크기의 도시에서 도심부와 교외를 연결하여 순환하는 일주 30~40km 정도의 움직이는 보도를 만들었다고 하자. 이 움직이는 보도는 도심의 비즈니스 지역, 상업 중심 지역, 역전, 공원, 병원, 학교 등을 거쳐 교외의 주택가를 연결한다. 지붕이 있고, 기대는 의자가 몇 열 줄지어 있으며, 도심처럼 승객이 많은 곳에서는 움직이는 보도의 폭이 넓고 열 수가 많지만 교외에서는 폭이 좁아져 열 수가 줄어든다. 움직이는 속도는 사람이 걷는 속도 정도이지만 역전처럼 혼잡한 곳, 상가처럼 사람이 쇼윈도를 보느라 붐비는 곳, 또 병원 근방에서는 감속한다. 수송량(단위 시간당의 통과 인수)을 바꾸지 않도록 하기 위해 빨라지면 좌석의 열 수를 줄이고 늦어지면 열 수를 늘리지 않으면 안된다. 이와 같은 조정은 어느 정도는 자동적으로 이루어지므로, 날에 따라 시간대에 따라 장소를 통하는 좌석의 열 수가 변하는 경우가 있다. 귀찮은 것은 항상 좌석이 꽉 차 있어서 서 있는 사람이 있어서도 안된다. 타고 내리는 것은 어디에서나 자유이지만, 만원이면 탈 수 없고 도중에 대신 타는 사람이 없으면 내릴 수 없다. 움직임이 늦으므로 장기간 타고 있는 사람은 거의 없다. 따라서 비즈니스 지역에서는 비즈니스맨과 여성 회사원, 상가에서는 여성이 대부분인 물건 사는 사람, 교외에서는 평상복 차림의 주부와 산보하는 노인 등 구간마다 또는 시간대마다 승객이 다르고 직업과 복장 등에도 일정한 경향이 보인다. 물론 티셔츠의 가벼운 차림으로 집 앞에서부터 하루 종일 이 좌석에 자리를 잡아 유유히 독서도 하고 앉아서 졸기도 하며 도중 어디에서도 내리지 않고 돌아오는 별난 사람도 있을지 모른다. 도중에 내려서 미술관에 가기도 하고, 식사를 하기도 하여 다시 타는 사람도 있을 것이다. 어떤 사람이 타고 있든지 간에 움직이는 보도상의 좌석에는 반드시 사람이 앉아 있어서 그 수가 전체적으로 거의 일정한 상태로 유지되기만 하면 좋다.

그러면 남극 저층수는 어떻게 해서 돌아오는 것일까? 이것에 대해서는 특정한 경로가 보고되고 있지 않다. 어떠한 순환의 길을 택하는지는 별개로 하더라도, 3대양의 약층 또는 그 위의 물은 조금씩 남쪽으로 운반되고 있을 것이다.

1.6 지구 규모의 해양 변동

1.6.1 변화, 변동, 이상

근년 자주 화제로 떠오르는 엘니뇨는 한마디로 말한다면, 적도 부근에서의 북동 무역풍이 약해져 태평양의 동부 적도역으로부터 페루 외해에 걸쳐 냉수의 용승이 멈춰 그 때문에 수온이 상승하는 현상이며, 이로써 서부 열대 태평양에서는 역으로 수온이 하강한다. 그런데 그 후 반동 현상으로서 라니냐(La Niña)가 일어나는 것이 많아짐을 알게 되었다. 1980년대 2회의 엘니뇨(1982년 4월~1983년 10월, 1986년 10월~1987년 12월) 모두 조금 뒤에 라니냐(1984년 9월~1985년 10월, 1988년 5월~1989년 3월)가 발생하였다. 거의 반 정도의 기간이 어느 것인가가 일어난 것이 되어 '평년' 또는 '정상적인 해'란 어떤 것이지, 과연 그러한 해가 존재하기나 하는지 하는 의문도 생기게 되었다. 이것은 관측이 정밀하게 연속적으로 실시되면 어느 정도까지는 예측되는 결과여서, 매일 매일의 천기 변화와 기온 변화를 보면 이해될 수 있을 것이다. 그 정도가 크고 길게 계속될 때 비로소 '이상'이라고 할 수 있다. 쿠로시오가 혼슈 남방에서 크게 남쪽으로 우회하게 될 때, 오늘날은 '이상'이라 하지 않고 단지 '변화'로 인식되고 있는 것과 같다.

무역풍은 세계에서 가장 안정한 풍계로 알려져 있다. 날마다 계절에 따라 꽤 변동한다고 하지만, 지구상에 안정한 해류계를 가져와 갈라파고스 제도의 생태계가 차가운 해수로 씻겨 유지된다. 페루 외해에서 멸치 어획이 기대 이상으로 변화가 심한 때만을 '이상'이라고 생각하지 않으면 안 된다. '변화'라는 것은 그 바뀌는 정도가 커도 작아도, 원래대로 돌아와도, 돌아오지 않아도 좋다. '변동'은 시계추 같은 것이어서 반드시 원래대로 되지만 그 진폭이 어느 한계를 넘을 때 '이상'이라고 간주된다.

사회 현상, 자연 현상 모두 항상 어느 정도 폭의 '변동'을 안고 있다. '이상'을 검출하여, '변화'가 '변동'이 아니라 정상으로 돌아오지 않는 것을 밝히기 위해서는 당연히 과거로부터 장래를 향해 연속적인 관측(모니터링)이 필요하다. 따라서 지구 환경의 변동과 그 구조를 이해하기 위해서는 어느 정도의 세월이 요구된다.

1.6.2 엘니뇨에 따른 서부 열대 태평양의 해류 변화

1950년 이후 1922년까지 엘니뇨는 11번 일어났는데, 해류의 변화 등 그 실태가 관측된 것은 1982~83년부터로서 1991~92년까지는 3회 관측되었다. 다행히 도쿄수산대학 연구 실습선 우미다카마루(海鷹丸)가 1989년과 1991년 초겨울 수온뿐이긴 하지만 일본으로부터 적도까지 연속적 관측을 실시함으로써, 적도 부근뿐 아니라 서부 북태평양의 수온과 추측되는 해류 변화를 명백히 밝힐 수 있었다. 1989년은 엘니뇨도 라니냐도 아닌 정상적 상태인 것도 확인되었다. 이 정상 상태라고 생각되는 평균적인 열대 태평양의 순환은 그림 1.20처럼 되어 있다. 그림 1.21의 남북 단면은 왼쪽이 북, 오른쪽이 적도이다. 그림의 두 단면의 경도가 10° 떨어져 있지만 두 해에서 해류의 상태에 본질적인 차이는 없고 그림 1.21 b와 그림 1.21 a의 차이는 엘니뇨 때와 정상시의 차이라고 보아도 좋다.

먼저 눈에 들어오는 것은, 1989년에는 북위 10°보다 남쪽으로 29℃ 이상의 따뜻한 물이 있었지만 1991년에는 북위 2°부근까지 후퇴했다. 그래서 혼합층의 두께(29℃ 이상 또는 28℃ 이상의 부분)도 1989년에는 60~100m였지만 1991년에는 30~60m로 훨씬 얇게 나타났다. 흐름을 지형류로 생각한다면 그 방향과 크기는 등온선의 경사로부터 읽어 낼 수 있다.

화살표는 표층의 흐름

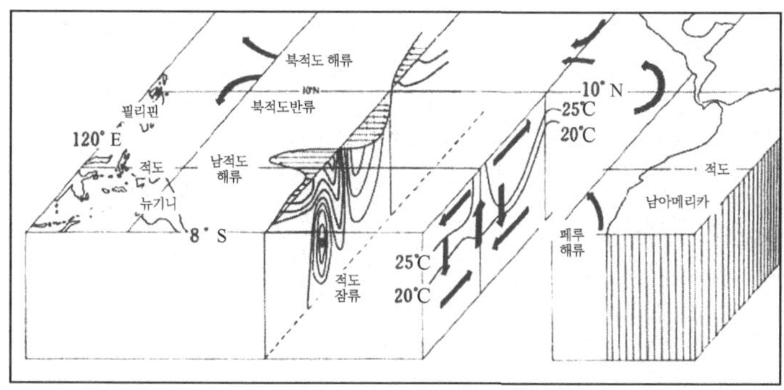

그림 1.20 열대 태평양의 수평 및 수직 순환 구조 (Philander, 1990)

북위 3° 30′부터 5° 30′(1989년), 또는 6°(1991년)에 걸쳐서 등온선이 현저히 오른쪽 밑으로 경사져 있는데 이 부분이 서에서 동으로(그림의 밖에서 안쪽으로 꿰뚫는 것처럼 해서) 흐르는 북적도 반류이다. 1991년 쪽이 1989년보다 경사가 크다. 즉 흐름이 강하였다. 또 밀집해 있는 부분이 약층으로 1989년은 14~26℃ 였는데 1991년에는 11~19℃로 약층 부분의 수온도 크게 내려가고 있다.

1989년은 남위 2°까지, 91년은 적도까지의 관측밖에 없으므로 그림에서는 읽기가 어려우나 적도 잠류의 소실 또는 미약화도 큰 변화의 하나이다. 적도 잠류는 그림 1.20에서 나타난 것처럼 적도 직하 수심 100~200m를 중심으로, 남북 2°까지의 범위를 그 위(표층의 남적도 해류)와는 반대로 서에서 동으로 흐르는 해류이다. 그림 1.21 a의 우단(북위 2° 이남) 수심 150~300m 정도의 부분에서 수온 약층의 등온선이 조금 벌어져 오른편

a는 1989년 11월, b는 1991년 12월

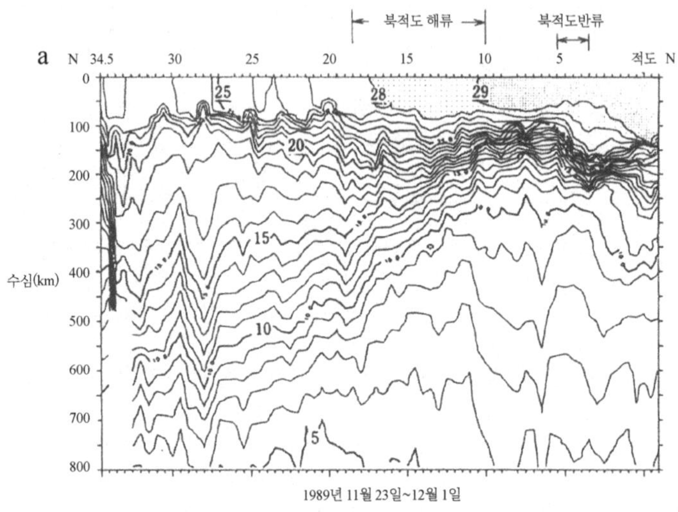

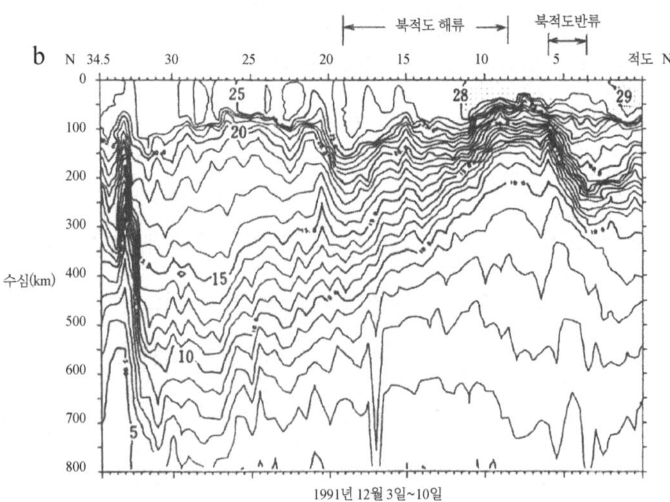

그림 1.21 a, b 연구 실습선 우미다카마루에 의한 일본 남방으로부터 적도에 걸쳐서의 남북수직 단면의 수온 분포(단면의 위치는 그림 1.21 c에 표시했음) (Yoshida 등, 1993)

위쪽으로 되고, 그 밑에서는 다시 등온선이 벌어져 밑으로 내려가 있는 부분이 적도 잠류로서 1991년에는 이와 같은 특징이 거의 보이지 않는다.

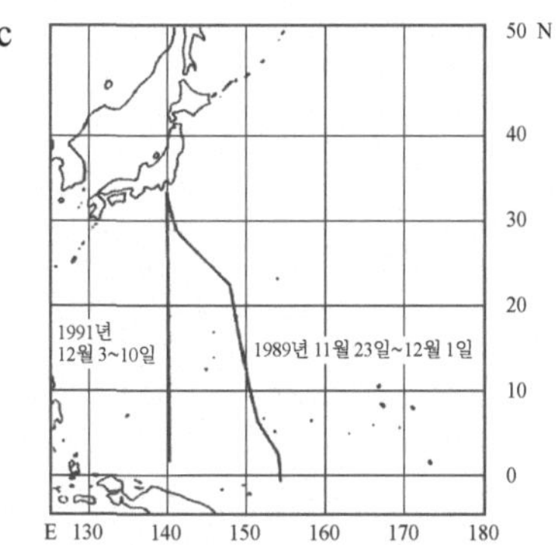

그림 1.21c 우미다카마루에 의한 일본 남방에서 적도까지 수온의 남북 수직 단면 위치 (Yoshida 등, 1993)

1.7 보충

공개 강좌에서는 그 외로 해양의 열수송 변화에 따른 기후 변화의 수치 실험과 과거의 기후와 해양 등에 대해서도 논하였다. 그러나 지금까지의 관측 사실을 기본으로 하여, 지구 규모의 해양 대순환에 대해서 현재 알고 있는 사고 방식과 지식을 정리해 두는 것이 보다 더 중요하다고 생각되어 여기에서는 변화와 변동 등에 대해서는 거의 생략했다. 여기에서 기술한 것은 몇 십 년 전부터 밝혀진 것도 있고, 극히 최근 얻어진 성과도 포함되어 있다. 해수의 운동을 입체적으로 다룬 점, 염분이 있음으로 하여 해수에 독특한 유동이 있다고 하는 것 등을 아는 것만으로도 다행이다. 지구 규모의 환경 변화와 변동 중, 특히 엘니뇨와 지구 온난화에 대해서는 현재 상당한 양의 보고와 해설이 나와 있어서 해양의 측면에서 정리해 둘 필요가 있다고 생각하지만, 다행히도 제4장과 제7장의 7.2에서 이들에 대한 해설과 예를 들고 있으므로 참고하기 바란다.

제2장

물의 순환과 물질 수송

물은 우리들 주변에 존재하는 극히 넘치는 물질이라고 생각하기 쉬운데 실제로 그럴까?

물의 물리화학적 성질은 자연계에 존재하는 다른 물질과 비교해서 정상이라고 할 수 있을까? 아니다. 물은 분자량이 적은 데에 비해 그 비점과 융점이 이상하리만치 높고 열용량이 큰 점도 특이하다. 우리들 주변에 보이는 대부분의 물은 용액 상태인데 이와 같이 상온에서 액체로 존재하고 있는 것은 물 이외에 수은 정도이고 다른 많은 무기물은 고체 또는 기체이다. 더구나 물은 좁은 온도 범위 내에서 기체(수증기), 액체(물), 고체(얼음)로 모습을 쉽게 바꿀 수 있다. 일반적으로 액체의 밀도는 온도 상승에 따라 조금씩 감소하는데 물은 4℃에서 최대 밀도를 나타내고 이 온도보다 낮아도 또는 높아도 밀도는 작게 된다. 이러한 관점으로부터 보더라도 물은 특수한 물질이라고 할 수 있으며, 또한 뛰어난 용매이기도 하다.

이와 같이 물의 특이성이 지구를 잘 보호하고 안정한 환경을 만들어 내므로 그 결과 지구상에 생명의 탄생과 진화를 가져오게 했다고 할 수 있다. 지구상에 어느 정도의 물이 존재하고 어느 정도의 빠르기로 순환하며 그것에 따라 어느 정도의 물질이 이동하고 있는지를 아는 것은 지구 환경 변동을 예측하는 데에 흥미있는 화제이다.

2.1 지구상에서의 물의 분포와 순환

2.1.1 물의 존재량

지구상에 존재하는 물의 총량을 정확하게 파악하기는 어렵지만, 대

장소	수량(100만 km^3)	전체의 %
해양	1370	97.25
빙하	29	2.05
지하수 (750-4,000m)	5.3	0.38
지하수 (< 750m)	4.2	0.30
호소	0.125	0.01
토양	0.065	0.005
대기	0.013	0.001
하천	0.0017	0.0001
생물	0.0006	0.00004
총량	1408.7	100

(Berner and Berner, 1987)

표 2.1 수권에 있어서 물의 존재량

기권과 지각의 일부로부터 구성되어 있는 수권 내 물의 총량은 14억~15억km^{3}로 추정되고 있다(표 2.1). 이것을 지표에 균일하게 분포시키면 그 두께가 3,800m에 달하는 양이 된다. 그러나 지구의 전질량(59.8 × 100억 × 100억 톤)에 대한 물의 비율은 0.025%로 극히 적다. 이 물의 약 97%가 해수이고, 나머지 대부분은 담수로 하천과 고산의 눈 등 대륙빙으로서 존재하고 있다. 인간의 일상생활과 육상 생물에 있어서 불가결한 호소와 하천을 흐르고 있는 물은 적지만, 물의 순환이라는 관점에서 보면 중요한 역할을 하고 있다.

( ) 안의 숫자는 각 장소에 존재하는 수량(100만 km³), 화살표는 연간 이동하는 수량(100만 km³)

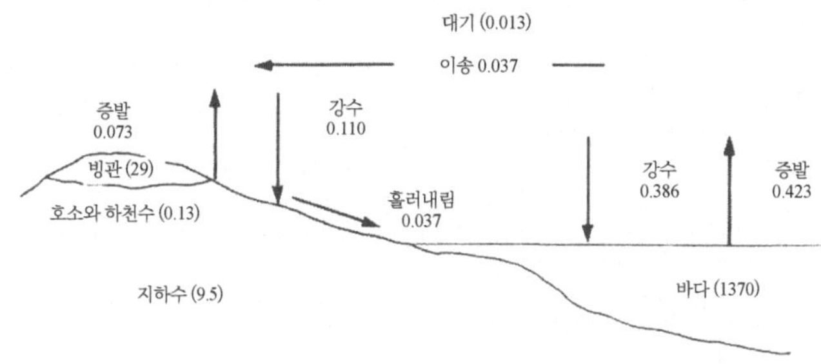

그림 2.1 지구상에서의 물의 순환 (Berner and Berner, 1987)

2.1.2 물의 흐름

물은 자연계에서 쉽게 형태를 바꾸면서 한결같이 순환을 반복하고 있는데 그 순환 기구는 복잡하다. 그러나 기본적으로는 해면과 지면으로부터 증발한 물이 대기를 경유하여 지표로 회귀하는 계와, 육상으로부터 바다로 유입해 오는 계로 되고 있다(그림 2.1). 해면으로부터의 연간 평균 증발량은 42만 3,000km³이지만 강수량은 38만 6,000km³여서 강수량이 10% 정도 적다. 육상으로부터의 연간 평균 증발량은 7만 3,000km³이고 이것에 바다로부터 대기를 거쳐 운반해 오는 3만 7,000km³이 더해져 강수량은 전체로 11만 km³이 된다. 바다로부터 대기를 경유하여 육지로 운반된 것과 동량의 물이 하천과 지하를 경유하여 바다로 돌아온다. 이와 같이 해서 지구상의 물 사이클은 과부족 없이 균형을 이루고 있다. 즉 연간 증발량과 강수량이 모두 49만 6,000km³로 잘 균형을 이루게 된다. 육지와 해수면의 단위 면적당 평균 증발량을 계산하면, 해면으로부터는 130cm/년이지만 육상에서는 49cm/년이 되어 육지보다도 바다에서 더 많다. 마찬가지로 강수량에 대해서도 계산하면, 바다에서는 107cm/년인데 육지에서는 74cm/년으로 적다.

이처럼 바다는 단위 면적당 증발량이 많음과 동시에 강수량도 많음을 알 수 있다. 강수량과 증발량은 해역과 지역 또는 계절에 따라서도 일정치 않아 복잡하게 변화하고 있다.

지구상의 모든 저수장에 비축되어 있는 수량이 항상 일정하고, 더욱이 일정한 속도로 교체된다고 하면 저수장의 물이 교체하는 시간(체류 기간)을 구할 수 있다. 즉 체류 시간(J)은 저수장의 용량(V)에 대해 거기에 단위 시간당 공급되는(손실되는) 수량(dv/dt)으로 나눠서 나타낼 수 있다. 이것은 어디까지나 평균적인 시간에 불과하다. 예를 들어 해수의 총량(13억 7,000만 km^3)이 하천에서 유입되어 오는 수량(3만 7,000km^3)으로만 교체된다고 하면 그것에 요하는 시간은 3만 7,000년이 되겠지만, 바다로부터의 증발량을 기준으로 계산하면 3,240년으로 짧다. 대기 중의 수증기는 바다와 육지로부터 증발해 오는 수분에 의해 교환되지만 수증기 체류 시간은 10일 정도로 대단히 짧다. 대기의 순환에 비해 수증기의 평균 체류 시간이 짧은 것은 수증기가 대기 중에서 시간적으로도 공간적으로도 불균일한 분포를 하기 때문이다.

체류 시간의 역수는 저수장 내의 물이 단위 시간에 교체되는 비율을 아는 척도가 되기도 한다. 해수가 하천으로부터 매년 입출되는 비율은 1/37,000, 즉 0.0027%로 작지만 대기 중의 수증기는 약 10%가 매일 강수가 되어 교환하고 있는 셈이다.

지구상에 있어서 물의 순환 양상을 대국적으로 살펴보았을 때 증발(강수)이 활발한 장소가 있는가 하면 그렇지 못한 곳도 있다. 또한 어느 장소에서 증발한 물이 반드시 같은 장소로 강수되어 돌아오는 것도 아니다. 더욱이 계절 변화와 연 변화도 있다.

평균 강수량이 지역에 따라 어느 정도 다른지를 그림 2.2에 나타냈다. 또 순강수량(증발량으로부터 강수량을 뺀 값)을 위도별로 계산한 결과가 그림 2.3이다. 순강수량이 마이너스인 것은 대기가 지상에 대해서 물의 공급원이 되는 것이고, 역으로 플러스는 강수량보다도 증발량이 많은 것을 의미하고 있다. 이 그림으로부터 알 수 있듯이 증발은 위도 20° 부근을 중심으로 한 아열대역에서 탁월하다. 한편 기타의 지대(적도 부근, 고위도 지방)에서는 강수량이 증발량을 상회하고 있다. 결국 중위도 고압대에서 물이 수증기가 되어 대기 중으로 들어가고 그 일부가 같은 지역으로 강수되어 회귀되지만, 나머지 부분은 무역풍에 의해 적도 지대 또는 고위도 지방으로 운반되어 거기에서 강수가 된다는 것이다. 이처럼 수증기가 대기권 내를 크게 이동하지만 이 물의 이송과 순환의 원동력이 되고 있는 것은 태양 에너지여서 태양으로부터 들어오는 열량의 약 23%가 물의 증발에 이용된다고 한다.

물은 기화할 때 다량의 열 에너지를 잠열로서 분자 내에 저장하므로 수증기가 대기 중을 이동하는 것은 다량의 열 에너지를 동시에 운반하고 있는 것이 된다. 그래서 수증기가 응집할 때에 물은 증발시 흡수한 것과 동

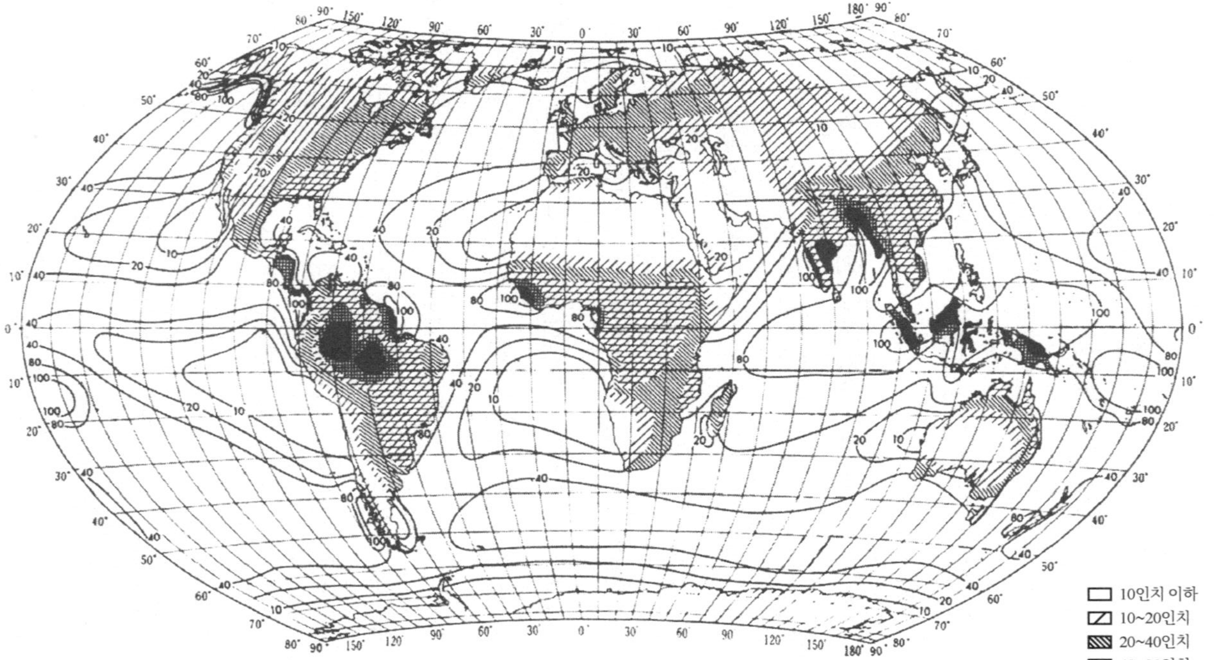

10인치 이하
10~20인치
20~40인치
40~80인치
80~100인치
100인치 이상

그림 2.2 연간 평균 강수량 (Penman, 1970)

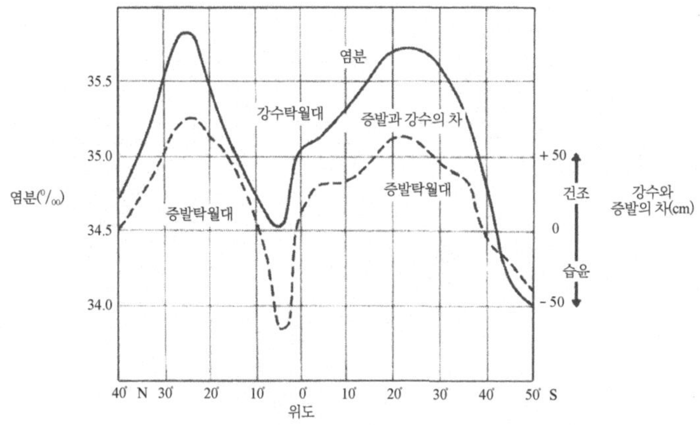

그림 2.3 위도에 따른 증발과 강수량의 양상과 그것에 대응하는 해수의 염분 (Duxbury, 1971)

량의 열량을 응집 열로서 대기 중에 방출한다. 그래서 응집한 물방울이 강수가 되어 지상으로 되돌아온다.

강수량이 많은 지역(그림 2.2)에서는 하천으로의 유출량도 많으므로 이들 지역에는 대하천이 존재한다. 그 예로서 열대역의 대하천(아마존, 자이르, 오리노코)과 중위도 지방의 미시시피강, 그리고 양자강을 들 수 있다.

증발량도 강수량과 마찬가지로 지역 차가 크다. 증발량이 강수량을 상회하기 위해서는 열량(태양 에너지)이 충분하고 대기의 수분 함량(습도)이 낮으며 거기에 충분한 수분 공급이 이루어진다는 조건이 필요하다. 건조한 지역은 증발이 심하지만 수분 보급이 충분치 않다. 이와 같은 상태가 오래 지속되면 사막화가 된다. 아프리카의 사하라 사막과 오스트레일리아의 대사막은 아열대 건조 지대에 해당한다. 증발량이 가장 심한 해역도

단위 유역 면적당의 유수량(km^3/103km^2·년)

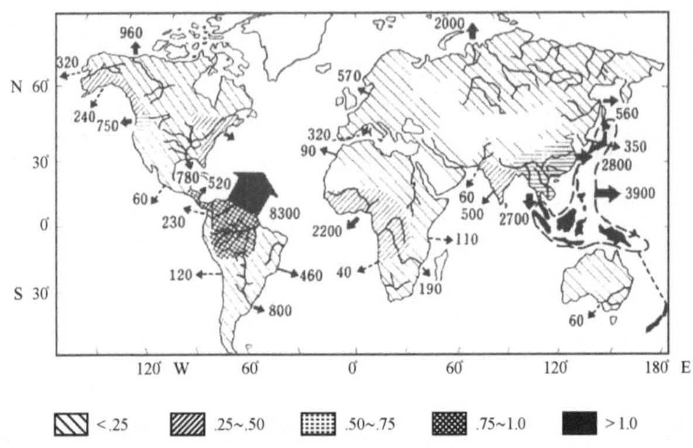

그림 2.4 각 육지로부터의 연간 하천 유수량(km^3/년) 및
단위 유역 면적당 유수량(km^3/1,000km^3·년) (Milliman and Meade, 1983)

아열대에 속하고 있다. 특히 북아메리카의 동부를 북상하는 난류계인 멕시코만류가 한랭 건조한 대기와 접하는 겨울철에 증발량이 최대가 되고 있다(> 200cm/년). 이와 같이 증발이 심한 해역의 표면수 염분은 높게 된다. 또 역으로 증발량보다도 강수량이 많으면 염분은 희석된다. 따라서 해양의 표면수 염분은 증발량과 강수량을 잘 반영하고 있다(그림 2.3).

각 대양으로의 하천수 유입량은 다음 항에서 나타낸 것처럼 차이를 보인다. 대서양으로 유입하는 하천수량은 태평양에서보다 약 1.6배 크다(그림 2.4). 바다의 용적을 비교해 보면, 대서양은 약 3억 5,470km^{3}로서 태평양(약 7억 2,370km^3)의 약 50%로 작다. 거기에 해수의 평균 체류 시간을 대략 계산해 보면 대서양은 9,600년이지만 태평양에서는 4만 3,700년으로 4.5배나 길다. 그러나 표면수의 염분을 비교해 보면 대서양 쪽이 높게 나타나 있다(제1장 참조). 이것은 대서양에서는 하천으로부터 담수 공급에 의한 표면 해수의 희석보다도 수분 증발에 의해 잃는 편이 크기 때문이다. 역으로 태평양에서는 해면으로부터 증발로 소실되는 것 이상으로 담수를 받아들이고 있다는 것이 된다. 이러한 것으로부터 바다의 표층수가 태평양 → 인도양을 거쳐 대서양으로 흘러간다고 하는 대순환 기구에 의해, 물수지가 유지되고 있다는 해석도 가능할 것이다. 한편 북대서양의 표면으로부터 증발한 물이 북아메리카 대륙을 넘어 북태평양으로 강수되어 보급되고, 베링해를 지나 북극해를 경유해서 대서양으로 회귀하는 수량도 무시할 수 없을 정도로 크다는 견해도 발표되고 있다. 그러나 앞으로 보다 더 자세한 연구에 기대할 수밖에 없다.

2.2 하천 유량

하천수의 기원은 강수이다. 육상으로의 연간 강수량은 11만 km^{3}이고, 그중 3만 7,400km^3, 즉 강수량의 34%가 하천을 거쳐 바다로 들어오고 있다고 추정되고 있다(Baumgarther and Reichel, 1975). 강수량의 어느 정도가 하천수로 되는가를 아는 척도로서 유출률이라는 표현이 사용된다. 이것은 하천 유역에서 단위 면적당 평균 강수량에 대한 평균 하천 유량으로 표시된다. 세계의 평균 유출률은 0.46이다. 이것은 지상에 도달한 강수가 하천수가 되기 전에 50% 가량이 이미 지표로부터 증발한다는 것이 된다. 그러나 유출률은 지역에 따라 차이를 보인다. 아시아 지역에서는 평균치보다도 커서 0.54이다. 한편 아프리카 대륙에서는 0.28로 작다. 남아메

표 2.2 세계 하천의 평균 화학 조성(mg/l)

지역	칼슘 이온 Ca^{++}	마그네슘 이온 Mg^{++}	나트륨 이온 Na^{+}	칼륨 이온 K^{+}	염소 이온 Cl^{-}	황산 이온 SO_4^{--}	탄산수소 이온 HCO_3^{-}	이산화규소 SiO_2	총량 (TDS)	하천 유량 (1,000/km³/년)	유출률
아프리카											
실측치	5.7	2.2	4.4	1.4	4.1	4.2	26.9	12.0	60.5	3.41	0.28
자연치	5.3	2.2	3.8	1.4	3.4	3.2	26.7	12.0	57.8		
아시아											
실측치	17.8	4.6	8.7	1.7	10.0	13.3	67.1	11.0	134.6	12.47	0.54
자연치	16.6	4.3	6.6	1.6	76	9.7	66.2	11.0	123.5		
남아메리카											
실측치	6.3	1.4	3.3	1.0	4.1	3.8	24.4	10.3	54.6	11.04	0.41
자연치	6.3	1.4	3.3	1.0	4.1	3.5	24.4	10.3	54.3		
북아메리카											
실측치	21.2	4.9	8.4	1.5	9.2	18.0	72.3	7.2	142.6	5.53	0.38
자연치	20.1	4.9	6.5	1.5	7.0	14.9	71.4	7.2	133.5		
유럽											
실측치	31.7	6.7	16.5	1.8	20.0	35.5	86.0	6.8	212.8	2.56	0.42
자연치	24.2	5.2	3.2	1.1	4.7	15.1	80.1	6.8	140.3		
대양주											
실측치	15.2	3.8	7.6	1.1	6.8	7.7	65.6	16.3	125.3	2.40	
자연치	15.0	3.8	7.0	1.1	5.9	6.5	65.1	16.3	120.6		
일본	8.8	1.9	6.7	1.2	5.8	10.9	15.2	19.0	71.0		
세계의 평균											
실측치	14.7	3.7	7.2	1.4	8.3	11.5	53.0	10.4	110.1	37.4	0.46
자연치 (비오염)	13.4	3.5	5.2	1.3	5.8	8.3 (6.6)*	52.0	10.4	99.6	37.4	0.46
오염농도	1.3	0.3	2.0	0.1	2.5	3.2 (4.9)*	1.0	0	10.5		
해수조성 (g/kg) (Cl=19.0 ‰)	0.400	1.272	10.556	0.380	18.980	2.649	0.140		34.48		

*일본 고바야시준(小林純), 255하천에서 조사시의 평균치 (Berner and Berner, 1987)

표 2.3 세계 주요 하천의 연간 유량, 용존물 및 현탁물 유출량

하천명	지역	연간 유출량			유역면적 (100만 km²)
		수량 (km³/년)	용존물 (100만 톤/년)	현탁물 (100만 톤/년)	
1. 아마존	남아메리카	6300	223	900	6.15
2. 자이르(콩고)	아프리카	1250	36	43	3.82
3. 오리노코	남아메리카	1100	39	210	0.99
4. 양자강	아시아(중국)	900	226	478	1.94
5. 부라마푸트라	아시아 (방글라데시)	603	61	(갠지스+ 부라마푸트라 참조)	0.58
갠지스+ 부라마푸트라	아시아 인도, 방글라데시	971	136	1670	1.48
6.미시시피	북아메리카	580	125	210	3.27
7.에니세이	아시아 (러시아)	560	65	13	2.58
8.레나	아시아 (러시아)	514	70	12	2.50
9.메콩	아시아 (베트남)	470	70	160	0.79
10.라푸라타	남아메리카	470	16	92	2.83
11.갠지스	아시아(인도)	450	75	(갠지스+ 부라마푸트라 참조)	0.975
12.이라와지	아시아 (미얀마)	428	92	265	0.43
13.센트로렌스	북아메리카	447	59	4	1.03
15.마켄지	북아메리카	306	64	100	1.81
17.콜롬비아	북아메리카	251	35	8	0.67
20.인더스	아시아(인도)	238	41	100	0.97
황하	아시아(중국)	49	22	1080	0.77
홍하 (송코이)	아시아 (베트남)	123	?	160	0.12

(Berner and Berner, 1987)

리카(0.41), 유럽(0.42), 그리고 북아메리카(0.38)는 중간적인 값이다(표 2.2). 일본의 주요 하천 유출률은 50% 이상으로 크다. 이것은 일본의 지형이 급하고 하천이 짧기 때문에 육수가 지상에서 오래 머무르지 않고 빠르게 바다로 방출되는 경향이 크다는 것을 의미한다.

표 2.3에는 세계 주요 하천을 유수량이 큰 순으로 기재했다. 위에서 13번째까지의 전 유량(~1만 4,000km^3/년)이 하천 총유량(3만 7,000km^3/년)의 38%에 해당하고 있다. 그중에서도 아마존강은 단독으로 총유수량의 17%로 대단히 크다. 표에 있는 대하천 중에 다섯 곳이 동남아시아 지역에 속해 있다. 이처럼 유수량이 많은 하천이 집중해 있는 이유는 그 지방이 몬순 기후대에 위치하고 있는 것과 더불어 지형의 영향을 받아서 순강수량이 많기 때문이라고 설명되고 있다. 그러나 동남아시아 지역의 하천 유수량과 수질에 대해서 충분한 조사 연구가 되어 있지 않은 상태이므로, 앞으로 보다 자세한 조사가 진행됨에 따라 수치에 큰 변화가 생길 것으로 본다.

강수량이 많은 열대역, 특히 동남아시아 및 남아메리카 북동부 지역만으로도 세계 하천 총유수량의 65%에 이르고 있다. 한편, 자이르강과 니젤강을 제외하면 아프리카 대륙으로부터 해양으로 유출되는 강수량은 무시할 수 있을 정도로 적다.

세계 각 지역으로부터 바다로 유출하고 있는 하천수량이 어느 정도인가를 그림 2.4에 나타냈다. 더불어 하천의 단위 유역 면적당 유출량(유수율, km^3/1,000km^2 × 년 = m/년)도 나타내고 있다. 대하천에 면한 해역에서 유수량이 많은 것은 당연한 결과라고 하겠지만 서부 태평양에서는 다르다. 즉 이 지역은 유역 면적이 작은 도서군(일본 열도, 대만, 필리핀 제도, 수단 열도, 뉴기니 제도)으로 구성되고 있음에도 불구하고 유출량이 3.900km^3/년으로 현저히 크다.

단위 유역 면적당 유수량을 보면, 세계의 평균 유수율이 ~0.42m/년이지만 위에서 지적한 도서군 일대에서는 > 1.0m/년으로 크다. 이처럼 큰 이유는 강수량이 많음과 더불어 유역 면적(전 유역 면적의 약 3%)이 작고 거기에 지면 경사가 급한 때문이라고 하고 있다. 대만의 하천 유수율은 ~2m/년으로 세계에서 가장 크다. 한편 북극해로 들어가는 하천의 유수율은 0.2m/년 이하로 작은데 이것은 순강수량(0.5m/년)이 적은 것과 잘 일치하고 있다.

2.3 하천의 현탁물 조성과 수송량

2.3.1 현탁물 수송량

하천수에는 여러 가지 유기물과 무기물이 녹아 있는 상태와 입자 상태로 포함되어 있는데 이들은 주로 암석의 풍화물, 생물의 분해물, 대기로부터의 강하 물질, 그리고 인간 활동에 부수되어 배출되는 물질에서 유래한다. 하천수 중 물질의 양과 질은 각 하천이 갖는 여러 요소의 복합 작용에 의해 결정된다. 먼저 현탁물부터 이야기하기로 하자.

암석과 토양의 화학적 풍화와 더불어 기계적 풍화에 의해 생기는 광물입자는 현탁물이 되어 하천으로부터 바다로 운반되고 있다. 하천이 바다로 반입하는 현탁물량은 지표면이 물에 의해 침식과 풍화를 받는 양에 비하면 적다. 그것은 산악 지대 등에서 침식과 풍화를 받은 표토가 바다로 도달하기 전에 호소와 하류역이라는 곳에 축적하기 때문이다. 예를 들면 북아메리카 대륙은 53억 톤/년의 속도로 침식을 받고 있지만 이 중 겨우 8%만이 바다로 운반되고 있다(Holeman, 1981).

하천수 중의 용존 주요 성분에 비해 현탁물량의 조사 예는 적을 뿐만 아니라 정확성도 떨어지고 있다. 그러나 최근 보다 신뢰성 높은 자료가 밀리만(Milliman)과 메데(Meade)에 의해 1983년 정리되었다. 그것에 의하면 하천이 운반하는 현탁물량은 ~135억 톤/년이고 하천 유역 면적은 8,860만 km^2이다. 따라서 단위 유역 면적당 연간 현탁물 배출량(평균 현탁물 부하량)이 ~150톤/km^2·년, 즉 표토가 ~5.6cm/1,000년의 속도로 떨어져 나와 바다로 유실된다는 계산이다(암석의 밀도:2.7). 또 메이백(Meybeck, 1988)은 하천이 운반하는 현탁물을 180억 톤/년으로 추정하고 있다. 어떻든 해양의 용적이 13억 7,000만 km^3이므로 하천이 운반해주는 현탁물로 바다를 메우는 데에 걸리는 시간은 기껏해야 2억 년 정도라고 추정된다. 그러나 현실적으로는 바다를 채우는 데에 충분한 육지가 존재하는 것이 아니다.

하천이 운반하는 현탁물 중 어느 정도가 어느 해역으로 반입되는가를 그림 2.5에, 또 각 육지로부터의 현탁물 유출량과 하천 유역 면적을 표 2.4에 나타내고 있다. 이들에 의하면 세계 현탁물 총량의 70%가 동남아시아, 서부 태평양 및 인도양에 산재하는 도서군(대만, 뉴기니, 뉴질랜드 등)으로부터 바다로 운반되고 있다. 그러나 이들 도서들에는 유량이 큰 하천

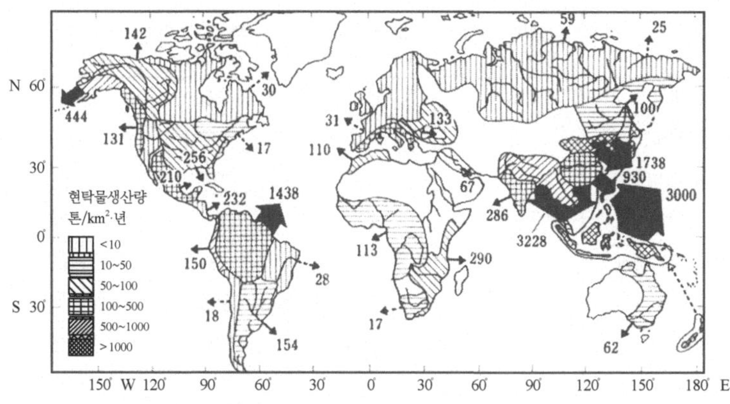

그림 2.5 각 육지로부터의 현탁물 연간 유출량(100만 톤/년) 및 단위 유역 면적당 현탁물생산량(톤/km²·년) (Milliman and Meade, 1983)

이 존재하지 않는다. 그럼에도 불구하고 평균 현탁물 부하량이 극히 큰 것(~1,000톤/km²·년)이 특징적이다.

현탁물을 운반하는 양이 많은 하천 순위는 갠지스강(부라마푸트라강을 포함) > 황하 > 아마존강 > 양자강으로 되어 있다(표 2.3). 황하의 유수량은 전체의 겨우 0.1%이지만 현탁물은 전체의 1.2%로 높아 평균 현탁물 부하량이 ~1,400톤/km²·년으로 크다. 그 이유의 하나로 하천 유역의 지질을 들 수 있다. 최신세 시대에 중국 대륙 북부에 형성된 침식을 받기 쉬운 황토(풍성층)가 이 지방의 농업화에 따라 토양 유실이 가속화되기 때문이라고 설명되고 있다(Holeman, 1968). 갠지스강에 현탁물이 많은 이유는 몬순 기후대에 위치하는 히말라야산맥에서 풍화를 받기 쉬운 산 표면에 다량의 강수가 작용하여 만들어 낸 현탁물이 운반되고 있기 때문으로, 평균 현탁물 부하량이 황하보다도 한층 커서 2,900톤/km²·년으로 추

육지	유역 면적 (100만 km²)	현탁물유출량 (100만톤/년)	현탁물생산량(톤/km²·년)	평균 해발 (km)
북아메리카	15.4	1020	66	0.72
중앙아메리카	2.1	442	210	-
남아메리카	17.9	1788	97	0.59
유럽	4.61	230	50	0.34
유라시아 북극권	11.17	84	8	~0.2
아시아	16.88	6349	380	0.96
아프리카	15.34	530	35	0.75
오스트레일리아	2.2	62	28	0.34
태평양·인도양도서	3.0	~3000	~1000	~1.0
전체	88.6	13,505	152	

(Milliman and Meade, 1983)

표 2.4 각 육지의 하천 유역 면적과 하천에 의해 운반되는 현탁물량

정되고 있다. 한편 아마존강도 안데스산맥으로부터 많은 현탁물을 운반하고 있지만 도중에 광대한 브라질 평야를 관통하여 흐르고 있으므로 유역 면적이 커져, 그 결과 현탁물 부하량은 ~140 톤/km²·년으로서 세계의 평균치 정도로 저하하고 있다.

이처럼 하천의 현탁물량은 여러 가지 요소에 의해 지배되고 있는데, 중요한 것은 ① 유역 면적, ② 유역의 지형(구배), ③ 유역의 지질, ④ 수량, ⑤ 기후 및 ⑥ 식생(植生)이다. 이들 요소가 복잡하게 작용 하면서 하천의 현탁물 농도가 결정되고 있는 것 같다. 근년에는 다시 삼림 벌채, 농지 개발, 댐 건설 등의 인간 활동도 크게 영향을 끼치고 있다.

지면 경사(구배)라는 관점에서 하천의 현탁물량을 보면, 산악 지대가

해안까지 뻗은 지역에서는 하천의 현탁물을 축적할 장소가 적으므로 바다로 운반하는 양이 많아진다. 특히 강수량이 많다고 하는 조건이 더해지는 지역, 즉 위에서 지적한 태평양 및 인도양의 도서가 대표적인 예이다. 한 예로 대만의 하천 평균 현탁물 부하량은 > 1만 4,000톤/km²·년으로서 세계의 평균치보다 약 100배나 크다. 마찬가지로 히말라야산맥에 기원을 두는 인도의 갠지스강과 미얀마의 이라와지강도 다량의 현탁물을 바다로 운반하고 있다. 이것들과 대조적인 하천은 유라시아 대륙으로부터 북극해로 흐르고 있는 레나강, 에니세이강, 오비강 들이다. 이들의 유역 면적은 동남아시아의 그것들과 비슷하지만 평균 현탁물 부하량은 ~5톤/km²·년으로 적다(표 2.3 참조). 이 지역의 지면은 평탄하여 경사가 적고 강수량도 적기 때문이다.

하천 유역에 호소가 많이 있으면 이것들은 현탁물 침전조 역할을 하므로 하류역의 하천 현탁물 운반량을 감소시킨다. 센트로렌스강 상류의 5대호 존재가 좋은 예이다. 또 유수량으로는 세계 제2위인 콩고강(자일 강)도 그 유역 면적이 넓고 게다가 유역에 호소가 많이 있으므로 현탁물 운반량이 적다. 그러므로 평균 현탁물 부하량은 ~10톤/km²·년에 불과하다.

과거 빙하기에 지표가 빙하에 의해 떨어져 나와 운반된 것 같은 지역(북미 대륙, 유라시아 대륙의 북극 부분)을 흐르는 하천의 현탁물은 적다. 그러나 빙하 활동이 오늘날도 활발한 산악 지대를 흐르는 하천은 다량의 현탁물을 운반하고 있다. 이와 같은 지역은 알래스카 지방 또는 알프스산맥을 기원으로 하여 지중해로 흘러 들어가는 하천(포강, 로느강)에서 보인다.

세계의 많은 하천의 현탁물 농도는 100mg/ℓ~1,000mg/ℓ 사이라고 한다(Milliman, 1980). 표 2.4에 나타낸 현탁물 총량(135억 톤/년)과 하천의 총유량(3만 7,000km^3/년)으로부터 구한 평균 현탁물 농도는 360mg/ℓ가 되어 상기의 범위에 속하고 있다.

바다로 다량의 현탁물을 운반하는 하천은 다음과 같이 요약될 수 있다: ① 열대이고 유량이 많은 산악 도서를 흐르는 하천, ② 빙하 지대를 기원으로 하는 하천, ③ 해안 지대에까지 산악 지대가 뻗어 있는 지역을 흐르는 하천 및 ④ 강우에 의해 유실되기 쉬운 토양의 지역을 관통하고 있는 하천 등이다.

2.3.2 현탁물의 광물 조성

현탁물은 여러 가지 조성으로 되어 있고, 입자의 크기도 각양각색이다. 양적으로 많은 것은 무기 현탁 물질이다. 즉 1차광물과 2차광물을 포함한 알루미노 규산염 화합물을 비롯하여 탄산염 화합물과 철, 망간, 알루미늄의 수화 산화물이다. 이들 무기물 외에 소량의 유기물이 포함된다. 일반적으로 광물 입자의 표면은 철, 망간과 알루미늄의 수화 산화물 또는 유기물로 감싸져 있고 다시 그 위에 미생물이 생육하는 마이크로 코스모스(소우주)를 형성하는 경우가 많다.

그렇더라도 현탁 입자는 하천 유역의 토양을 구성하고 있는 광물 조성을 잘 반영하고 있으므로 각 하천은 각각 특유의 광물 입자를 포함하고 있다.

세계의 대하천(12하천) 현탁 입자 광물 조성을 조사한 결과에 의하면 다음과 같은 특징이 있음이 알려져 있다(Konta, 1985).

(1) 어느 하천에 있어서도 점토광물이 주체가 되어 있다. 특히 운모(마이카)와 일라이트계 점토광물이 폭넓게 검출된다. 카오리나이트는 풍화 작용이 비교적 강한 열대역 하천에서 출현 빈도가 높다. 한편 클로라이트는 카오리나이트가 적은 하천에서 많은 경향이 있다. 따라서 열대와 아열대역에서 풍화 작용이 진행하고 있는 지역을 흐르는 하천에는 적다. 몬모리오나이트는 열대와 아열대역의 하천에 한하고 있다.

(2) 양적으로는 많지 않지만 석영은 어느 하천에서도 검출되는 광물이다.

(3) 점토광물과 석영 이외의 광물체는 사장석, 카리장석 및 각섬석이 대표적인 것이다.

(4) 석회질의 존재도 인정되지만 이것이 석회암의 파편인지, 하천에서 형성된 2차적인 것인지의 구분이 되지 않는 경우가 많다.

이와 같이 무기 현탁 입자를 구성하는 주요한 구성물질은 알루미노 규산염 화합물로서 특히 점토광물이 탁월하다. 점토광물은 1차광물의 풍화 산물이므로 종류와 분포는 기후대에 따라 달라진다고 할 수 있다.

무기 현탁 입자의 입경 분포가 어떻게 되어 있는지를 아마존강에서 조사한 예에 의하면, 석영과 장석은 $> 2\mu m$으로 분포하고, 운모와 점토광물은 $2\mu m$ 이하에서 분포 중심이 보인다고 한다(Gibbs, 1977).

원소	육지		하천				중량비	
	암석(A) (mg/g)	토양(B) (mg/g)	현탁물(C) (mg/g)	용존물(D) (mg/ℓ)	현탁물 부하량 (10^6톤/년)	용존물 부하량 (10^6톤/년)	(분수)	(분수)
알루미늄	69.3	71.0	94.0	0.05	1457	2	1.35	.999
칼슘	45.0	15.0	21.5	13.40	333	501	0.48	.40
철	35.9	40.0	48.0	0.04	744	1.5	1.33	.998
칼륨	24.4	14.0	20.0	1.30	310	49	0.82	.86
마그네슘	16.4	5.0	11.8	3.35	183	125	0.72	.59
나트륨	14.2	5.0	7.1	5.15	110	193	0.50	.36
규소	275.0	330.0	285.0	4.85	4418	181	1.04	.96
인	0.61	0.8	1.15	0.025	18	1.0	1.89	.82

(Berner and Berner, 1987)

표 2.5 암석, 토양과 하천에서의 용존 및 현탁물 중의 주요 원소 함량

2.3.3 현탁물의 화학 조성

현탁물 및 용존 물질의 주요 원소 농도와 이들의 기원 물질인 암석과 토양에서의 값을 표 2.5에 나타냈다. 현탁물은 암석의 풍화 산물이 주요 성분이므로 모암에 비해 알루미늄과 철 같은 난용해성 원소가 풍부하고, 나트륨과 칼슘과 같은 용해성 원소는 적다. 암석에 대한 현탁물의 각 원소 농도비를 보면, 알루미늄과 철은 모두 1.0보다도 크다. 이것은 두 원소가 상대적으로 현탁물에 농축되어 있다는 증거가 된다. 그러나 규소는 거의 농축되어 있지 않지만(1.04), 이 원소의 토양 중 농도가 암석과 현탁물 중의 농도보다 높게 되어 있다. 현탁물 중의 나트륨과 칼슘 농도는 암석에 비해 약 50% 적게 되어 있다. 또 마그네슘도 암석으로부터 쉽게 용탈되므

로 현탁물에는 적다. 영양 원소인 인은 암석보다도 토양과 현탁물에서 높게 나타나는데, 이것은 생물 활동과 인위적인 오염에 의한 것이 크다.

알루미늄, 철, 규소 원소의 대부분(> 96%)은 녹아 있는 상태보다도 오히려 현탁물의 형태로 운반되고 있다. 한편, 나트륨과 칼슘은 암석으로부터의 용탈성이 높으므로 현탁물로서 운반되는 비율이 40% 정도로 작다. 칼륨과 마그네슘도 암석의 풍화에 따른 용탈성이 높은 점에서는 매우 유사하지만, 현탁물로서 운반되고 있는 비율을 보면 칼륨이 86%인데, 마그네슘은 59%로 작게 되어 있다. 이것은 칼륨이 마그네슘보다 토양에 남기 쉽다는 것이고, 또 마그네슘 쪽이 용존태로 운반되는 비율이 크다는 것이 된다(표 2.5).

1982년 마틴(Martin)과 메이백은 현탁물 주요 원소 농도가 하천 유역의 기후와 풍화 작용에 크게 영향을 받는다고 했다. 열대 지방의 많은 하천 입자는 화학적 풍화 작용을 충분히 받은 토양에서 유래하는 점토 물질을 많이 포함하는 경향이 강하므로, 이와 같은 지역의 현탁 입자는 화학적 풍화 과정에서 용탈 순위가 높은 원소(Ca, Na)는 적고 용탈하기 어려운 원소(알루미늄, 티탄, 철)는 풍부하다. 온대와 한랭 지역에서는 기계적 침식이 화학적 풍화 작용보다도 탁월하므로 이와 같은 유역에 속하는 하천의 현탁 입자는 1차광물 파편과 그다지 화학적 풍화 작용이 진행되지 않은 토양 성분으로부터 구성되는 경향이 강하다. 따라서 세계의 평균적인 값과 비교하면 생태적으로 알루미늄, 티탄과 철이 적고 나트륨과 칼슘은 풍부하다.

	철	니켈	코발트	크롬	구리	망간
아마존강						
가용성	0.7	2.7	1.6	10.4	6.9	17.3
이온 교환	0.02	2.7	8.0	3.5	4.9	0.7
산화물	47.2	44.1	27.3	2.9	8.1	50.0
유기물	6.5	12.7	19.3	7.6	5.8	4.7
광물	45.5	37.7	43.9	75.6	74.3	27.2
유콘강						
가용성	0.05	2.2	1.7	12.6	3.3	10.1
이온 교환	0.01	3.1	4.7	2.3	2.3	0.5
산화물	40.6	47.8	29.2	7.2	3.8	45.7
유기물	11.0	16.0	12.9	13.2	3.3	6.6
광물	48.2	31.0	51.4	64.5	87.3	37.1
세계 하천의 평균 농도(mg/ℓ)	48	0.09	0.02	0.10	0.10	1.0

(%) (Gibbs, 1973)

표 2.6 현탁물 중의 중금속 원소의 존재형

현탁 입자에 포함된 미량 금속 원소는 ① 광물의 결정 중에 들어와서 비교적 이동성이 적은 원소와, ② 광물의 결정 구조에는 들어 있지 않지만 용액과 입자간 이동성이 많은 상태로 존재하는 원소의 2개로 구별된다.

깁스(Gibbs, 1973)는 현탁 입자에 포함되는 원소를 ① 입자 표면의 이온 교환에 의한 결합, ② 입자 표면의 금속 산화물, ③ 유기상, ④ 광물의 결정 내에 존재하는 4개의 형태로 구분하는 방법을 제창하여, 아마존강과 유콘강의 현탁 입자에 포함되는 미량 원소 분석을 실시하였다(표 2.6). 이 2개의 하천을 취급한 이유는 두 하천 모두 오염이 진행되지 않은 세계의 대하천에 속하고, 더욱이 열대역과 아북극역에서 다양한 토양으로부터 되는 유역을 관통하고 있기 때문이다.

분석 결과로부터 다음과 같은 특징이 있음을 지적하고 있다:① 미량 금속 원소는 용존 상태보다도 오히려 현탁 입자 상태로 운반되는 비율 쪽이 훨씬 크다. ② 각각의 금속 원소가 점하는 비율은 두 하천에서 잘 일치하고 있다. ③ 구리와 크롬은 주로 결정질로서 운반되고 있지만 망간은 오히려 입자 표면에 흡착한 산화물의 형태로 운반되고 있다. ④ 철, 코발트와 니켈은 입자 표면에서 산화물로 존재하는 비율과 결정 내부에 들어 있는 비율이 거의 같다. ⑤ 현탁 입자의 입경이 작아짐에 따라서 비약적으로 어느 금속 원소 농도가 높게 된다. 아마존강과 유콘강에서 얻어진 이와 같은 결과와 매우 유사한 경향이 다른 하천의 현탁 입자에 대해서도 보고되고 있다.

현탁 입자의 크기를 입경 2μm를 경계로 2분하면, 2μm 이상에서는 주로 석영, 장석이 많다. 여기에 속하는 입자(광물)에서는 미량 금속 비율이 작고 역동성도 떨어진다. 한편 입경 2μm 이하에서는 점토광물이 많아 표면에 활성인 면이 있고, 또 표면의 일부가 유기물과 결합한 금속과 금속 산화물로 덮여 있다. 따라서 2μm 이하의 입자는 미량 금속 원소를 운반하는 데에 큰 역할을 하고 있다. 또한 생물적으로도 활성이어서 용존태 미량 금속 농도와의 평형에도 관계하고 있으므로 역동성 금속 비율이 크다.

2.4 하천의 용존 화학 조성

2.4.1 주요 원소

세계 하천수의 주요 원소 평균값이 표 2.2에 나타나 있다. 우리들이 지금 보고 있는 하천의 수질은 자연의 상황에 인위적인 영향(주로 오염)이 가해진 것이다. 하천의 자연적인 수질에 어느 정도의 오염 물질이 가해져 있는가를 조사하는 것은 환경 변화와 물질 순환 기구를 해석하는 면에서 극히 중요한 일이다.

메이백(1979)은 1900년대 초기부터 수질 조사가 되고 있는 하천(미시시피강, 센트로렌스강, 라인강)의 자료를 참고하고 거기에 공업 지대를 흐르는 대하천의 수질과 오염 부하량의 경년 변화를 고려하면서, 오염이 없었던 무렵의 하천과 오늘날 하천의 평균적인 화학 조성값을 구하였다. 따라서 표 2.2에는 최근의 실측치와 함께 오염 정도를 보정한 값을 자연치로 하여 나타내고 있다.

세계 하천의 용존 주요 성분 총농도(TDS)는 약 100mg/ℓ이지만, 이것은 강수 중 농도의 약 20배 정도 큰 값이다. 강수의 약 50%는 하천수로 되기 전에 증발하여 버리므로, 이것을 제외한 농축 정도를 고려해도 용존 주요 성분의 대부분이 암석의 풍화 작용에서 유래함을 알 수 있다. 그러나 인위적 오염에 의한 증가분도 무시할 수 없는 경우가 있다.

하천의 용존 주요 성분인 칼슘, 마그네슘, 칼륨, 이산화규소 및 이산화탄소는 어느 것도 전 지역에서 인위적 오염이 적은 성분이라고 생각된다. 한편 나트륨, 염소, 황산 등의 성분은 아시아, 북미 및 유럽 등지에서 강하게 오염되고 있는 것 같으나 아프리카, 남미 및 대양주에서는 그와 같은 상황이 보이지 않는다. 유황은 질소 산화물처럼 대기오염에서 유래하는 부분이 크다고 생각된다.

하천의 TDS를 유수율과의 관계로부터 보면, 유수율이 작은 아프리카 대륙(0.28)이 유수율이 큰 아시아 대륙(0.54)보다도 TDS가 크게 될 것이라고 기대된다. 그러나 실제로는 이와 같은 관계가 보이지 않는다. 아프리카와 남미 대륙 하천의 TDS는 다른 대륙의 값보다도 작다(55~61mg/ℓ). 이것은 유수율 이외의 요소가 하천의 용존 물질 화학 조성과 농도를 결정하는 데에 크게 영향을 주고 있음을 암시하고 있다.

용존물 유출량은 지역의 물질과 기후 조건 같은 요소에 하천 유량을 가미한 결과를 반영하고 있다고 할 수 있다. 1987년 왈링(Walling)과 웹(Webb)은 각 지역으로부터 용존 물질 유출의 특징을 다음과 같이 요약하고 있다. ① 아시아 지역 하천의 높은 값은 유출량에 크게 지배되고 있다. ② 유럽에서 비교적 높은 값을 나타내는 하천은 석회암 퇴적이 많은 지역을 흐르고 있다. ③ 아프리카와 오스트레일리아의 하천은 어느 정도 낮은 값을 나타내는데 이것은 하천 유역에 화학적 풍화를 받기 쉬운 퇴적암이 많은 점, 그리고 하천수량이 많아 열대 지방에서 기온이 높다는 조건 때문에 암석 풍화가 한층 더 진행되고 있다는 결과를 나타내고 있다.

세계의 하천과 일본 하천의 평균적인 수질을 비교해 보면 다음과 같은 특징을 알 수 있다. ① 일본 하천의 TDS는 71mg/ℓ로 세계의 평균치(110mg/ℓ)보다도 작아 아프리카와 남미 대륙에 가깝다. 그 이유는 강수량이 많고 지형 경사가 급하여 유수율이 높기 때문이라고 생각된다. ② 칼슘과 이산화탄소의 함유율이 작은데 이것은 일본의 암석과 토양에 석회분이 적기 때문이다. ③ 이산화탄소의 함유율이 높게 되어 있는데 이것은 물에 용해하기 쉬운 화산성 토양이 넓게 일본을 덮고 있기 때문이다. ④ 나트륨, 염소, 황산이 상대적으로 크다. 그 이유는 일본 하천 조사시의 연대(1960년 이전)로부터 생각할 때, 인위적 오염보다도 바다로부터 날아들어 온 염분의 영향에 의한 것이라고 하는 것이 타당하다고 할 것이다. 또한 일본은 화산 활동이 활발하므로 이 분출물에 의한 영향도 적지 않다고 본다.

2.4.2 미량 원소

주요 원소 성분을 공급하는 기원이 되는 물질(암석, 대기로부터의 강하물, 인위적 오염물) 역시 미량 원소를 물에 녹여 보내고 있는데 미량 원소의 농도가 어떻게 해서 지배되고 있는지에 대해서는 잘 모르고 있다. 그리고 신뢰성 높은 분석 자료도 적다. 물론 하천 유역의 지질이 미량 원소 농도와 수송에 크게 관여하고 있는 것은 틀림없지만, 암석의 화학 조성과 하천 주요 원소 간에 보이는 정도로 명확한 관계는 알려져 있지 않다. 암석으로부터 미량 원소가 용출하는 과정에는 이산화탄소와 생물 활동에서 유래하는 유기산이 깊게 관계하고 있는 것도 거론되고 있다. 또 최근에는 산성비의 영향을 받는 지역도 적지 않다.

유기물이 다량으로 존재하는 수역에서는 유기 리간드와의 착체 형성과 더불어 금속이 유기물과 안정한 콜로이드를 형성하므로 미량 원소의 겉보기상 용해도가 크게 된다. 이러한 것으로부터 용존태 철, 아연, 카드뮴의 농도와 용존 유기 탄소 사이에는 양의 상관이 있음이 알려져 있다(Windom and Smith, 1985; Shiller and Boyle, 1985). 또한 인간 활동의 영향을 강하게 받고 있는 하천과 그렇지 않은 하천의 아연 농도와 pH 사이에는 높은 상관(산성에서 크고, 알칼리성에서 작다)이 있음도 보고되고 있다. 이 경우 물의 pH가 암석 용해에 영향을 주고 있는 것이 아니라, 오히려 현탁 입자 표면에서 아연 흡착 또는 표면화로부터의 용탈에 영향을 주고 있다고 한다. 하천수 중 미량 원소 농도는 주요 원소와 달라서 현탁 입자 표면에서의 흡착·용리 반응에 따라 지배되는 경향이 강하다.

2.4.3 질소의 수지

질소와 인은 특히 영양염 원소로 취급된다. 최근 호소를 비롯해 하천, 내만·하구역이 부영양화의 원흉으로 간주되고 있다. 영양원이 되는 질소화합물은 질산, 아질산과 암모니아이고, 질소가스(N_2)는 일반 생물에 이용되지 않으므로 제외된다. 그러나 자연계에 가장 많이 존재하는 질소는 불활성 질소가스로, 대기 중에서 차지하는 비율이 78.1%(용적)로 크며, 그 저장량은 390조 톤이다. 이 불활성인 질소가스가 산소, 탄소, 또는 수소와 결합함으로써 생물에 활성인 원소로 태어날 수가 있다.

이와 같이 질소가스를 일반 생물에 이용 가능한 화학형으로 변환하는 것을 질소 고정 작용이라고 부르는데, 여기에는 3개의 경로가 있다. 즉

① 근류균 등에 의한 생물 고정, ② 대기 중의 방전 반응에 의한 고정, 그리고 ③ 화학 공업적으로 행해지는 질소 고정이다. 요즈음 화석 연료 사용에 따른 다량의 질소 산화물(NOx)이 대기 중으로 방출되고 있다.

대기 중의 방전 반응으로 고정되는 질소량은 1,000만~3,000만 톤N/년으로 추정되고 있지만, 최근에는 8,000만~1억 톤N/년이라는 높은 값도 보고되고 있다(Miller 등, 1989; Franzblau and Popp, 1989). 방전 반응에 의해 고정된 질소의 일부는 강수 등으로 육상에, 또 나머지는 바다로 공급된다. 육상에 공급되는 양은 적어도 2,000만 톤N/년으로 추정된다.

생물에 의한 질소 고정량은 4,000만~2억 톤N/년이라고 추정되지만 1억 4천만 톤N/년이 타당할 것이다. 그중 4,400만 톤N/년은 농작물에 의해 생산된다(Borling 등, 1988). 질소 비료의 제조량도 급격히 증가하고 있어서 그 양이 5,600만 톤N/년에 달하고 있다(Delwiche, 1981). 최근 화석 연료 소비에 따라 대기 중으로 방출되는 질소 산화물 양이 4,000만~6,000만 톤N/년(Warneck, 1988)에 달해서 산성비의 원흉이 되고 있고, 또 이것의 강수로 산간부에 조성된 인공 호수의 부영양화 원인이 되고 있음도 화제가 되고 있다.

이처럼 대기 중에서 불활성인 질소가스와 화석 연료로부터 생물에 의해 이용되기 쉬운 질소 화합물의 형태로 육상에 공급되는 질소의 연간 총량은 적게 추산하더라도 2억~2억 5,000만 톤N/년이 된다. 토양 중으로 공급되는 이들 질소 화합물은 다시 복잡한 육상의 질소 순환계로 들어온다. 육상 식물이 연간 광합성으로 소비하는 질소량은 4억 6,000만~

12억 톤N/년이라고 추정되고 있다. 이것은 연간 토양 중으로 공급되는 질소의 수배에 달하는 양이다. 이것은 육상 생태계로 가미된 질소가 생물에 의한 합성과 분해라는 경로를 통하여 상당히 빠른 속도로 회전하지 않으면 생태계를 유지해 나갈 수 없다고 하는 것이 된다. 생물이 사멸하면 그것을 구성하고 있는 유기체 질소 화합물은 미생물에 의해 분해되어 먼저 암모니아가 만들어지고, 이어서 질화 세균에 의해 아질산을 거쳐 질산으로 산화된다. 이와 같이 해서 유기물의 무기화에 의해 생긴 암모니아와 질산이 다시 식물에 이용되는 질소 순환 회로가 생태계 내에 존재하게 된다.

질소는 이러한 순환 과정을 통해서 탈질 작용에 의해 질소, 아질산, 또는 일산화질소가스로 되어 대기 중으로 소산된다. 그 양은 1,300만~2억 3,300만 톤N/년으로, 그중 50% 정도가 습지대로부터 소실된다(Bowden, 1986). 물질 수지라는 면에서 생각하면 1억 7,500만 톤N/년이 타당한 값으로 보인다. 또 질소의 일부는 암모니아로 되어 토양과 하천으로부터 대기 중으로 소실되고 있다.

토양 중으로 공급되는 질소의 80% 정도가 질소가스가 되어 대기 중으로 회귀하고 있다고 보고 있으므로, 결국 하천으로부터 바다로 흘러 들어가는 질소는 육상에 공급되는 전체 질소의 ~18%, 즉 3,600만 톤N/년이라고 추정된다. 그 내용을 보면 용존태 질소로 운반되는 양이 1,500만 톤N/년이고, 입자상 질소로는 2,100만 톤N/년으로 추정되고 있다(Van Bennekon and Salomons, 1981; Meybeck, 1982). 또한 인간 활동에 의해 공급되

○:열대하천역 ●:기타 지역

$\log[NO_3] = 0.56 \times \log[\text{인구 밀도}] + 0.67\ (r^2 = 0.76)$

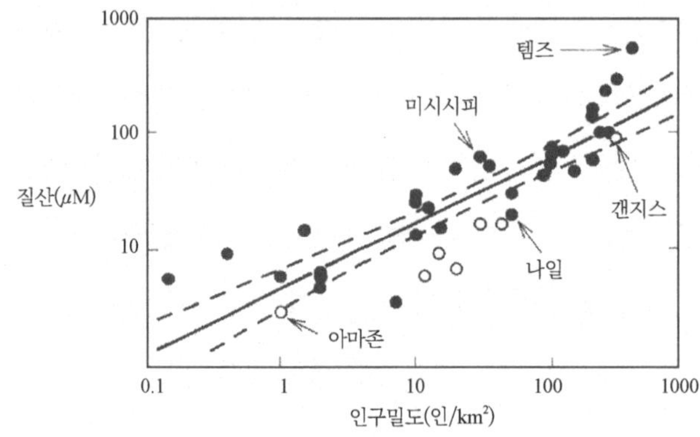

그림 2.6 하천 유역의 인구 밀도와 하천수 중의 연간 평균 질산 농도 (Peierls, 1991)

는 양으로서 700만 톤N/년이 더해지고 있다고 한다. 따라서 연간 바다로 공급되는 총량은 4,300만 톤N/년이 된다(Meybeck, 1982).

1991년 페이엘스(Peierls) 등은 세계의 주요 42개 하천을 선정해서, 하천역 인구 밀도와 하천의 질산성 질소 농도의 관계를 조사하여 양자 사이에 좋은 상관 관계(그림 2.6)가 있음을 알아냈다. 그 결과 하천의 질산성 질소 농도와 그 수송량은 육상에서 생물과 인간 활동이라는 복잡한 요소로 결정되는데, 특히 인구 밀도가 큰 요소라고 지적하고 있다. 그러나 여기에서의 인구 밀도라는 범주에는 생활 배수, 공업 배수, 농업에 이용한 비료와 삼림 벌채라는 행위까지 포괄하고 있지만, 특히 생활 배수가 오염의 최대 요인이 된다고 하였다.

2.4.4 인의 수지

인은 질소와 달리 대기 중에서 안정한 가스로 존재하지 않는다. 이러한 이유로 질소와는 대조적으로 육상의 인은 오로지 하천을 통하여 바다로 들어온다. 인은 지각에서 7번째로 많은 원소로서 평균 함량이 0.1%로 추정되고 있다.

하천수 중의 인은 암석과 퇴적물 풍화에 의해 공급되지만, 일반적으로 광물 중의 인은 난용해성 화합물 형으로 존재하는 것이 많다. 또 가령 물에 용해되었다고 하더라도 인은 철이온, 알루미늄이온, 칼슘이온과 반응하여 난용해성 화합물을 형성하기도 하고, 점토광물에 흡착되는 성질이 강하기도 하다. 그 때문에 인이 하천수 중에 녹아 있는 상태로 존재하는 농도는 극히 적으므로 생물에 있어서 제한 인자가 되기 쉬운 원소 중의 하나라고 할 수 있다.

육상 생물이 연간 소비하는 인의 총량(6,100만 톤P/년)은 풍화에 의해 만들어지지만 하천에 의해 육지에서 바다로 운반되어 버리는 양보다는 훨씬 많다. 육상 생물에 있어서의 부족분은 생물적 순환으로 보충되고 있다. 즉 생물체 내의 유기태 인이 사후에 분해되어 무기태 인으로 되고 다시 빠르게 생물체 내로 흡수되어 가기 때문이다.

삼림 벌채에 의한 침식·풍화 작용의 촉진, 인산비료의 사용, 생활 배수의 증가 등으로 자연계에서의 인 순환에 인간 활동이 어떻든 영향을 미치게 되었다. 그 영향 정도가 최근 급격히 증대함으로써 호소와 하천의 부영양화 현상 또는 수질 오염의 문제를 일으키고 있다.

	총량	인위적인 부분
공급원		
암석권		
암석 풍화	14.0	6.9
인광석의 이용 (비료, 화학 공업)	12.6	12.6
	26.6	19.5
대기권		
강수	1.0	
토양 입자	3.0	0.20
매연	0.21	0.21
바다 소금	0.03	
	4.24	0.41
하천으로부터의 유출		
용존 무기태	0.8	0.4
용존 유기태	1.2	0.6
입자상 무기태	12.0	?
입자상 유기태	8.0	?
	22.0	~1.0

표 2.7 육지에 있어서 인의 수지(×100만 톤P/년)

강수 중의 인 농도는 10~40μgP/ℓ로 극히 미량이다. 이 강수 중 인의 어느 정도가 인간 활동 때문에 오염을 유발했는지는 잘 모르고 있다. 강수량으로부터 추정해서, 대기로부터 육상으로 공급되는 용존태 인은 100만 톤P/년으로 추정된다. 이외로 입자로 강하하는 양을 포함하면 320만 톤P/년에 달한다고 하고 있다(Graham and Duce, 1979). 그러나 대기로부터 육상으로 공급되는 인의 기원을 추적하면, 그 대부분은 바람에 의해 육상에서 대기 중으로 올라간 토양 입자가 주성분이다.

오늘날 하천이 현탁 입자 형태로 운반하는 인의 총량은 2,000만 톤P/년인데, 이것은 용존태 인에 비해 10배나 큰 양이다. 입자태 인은 암석 풍화에 의한 것인데 거기에 인간 활동(인비료, 생활 배수)에 따라 배출되는 인의 대부분이 더해지고 있다.

농업이 시작되기 전 무렵에도 풍화와 침식에 의해 생긴 인을 하천이 운반하고 있었는데 그 양은 700~1,000만 톤P/년이었다고 추정되고 있다. 그러나 오늘날은 그 양이 약 2배까지 증대하고 있다고 한다(표 2.7). 이처럼 삼림 벌채와 농지 개발이라는 인간의 자연 간섭이 표토의 침식·풍화를 한층 촉진시키는 방향으로 작용 하여 토양 유실을 증대시키고 있다. 이미 지적한 것처럼 인은 점토광물에 흡착하든지 또는 불용성 화합물을 형성하는 성질이 강하므로, 인간 활동에 따라 증가하고 있는 인 중 어느 정도가 생물 순환계로 가입되는지를 잘 모르고 있다. 그러나 하구역으로 유입해 온 입자상 인 중 일부가 해수 중으로 녹아나오는 경향이 강한 것은 확실한 것 같다.

어쨌든 생물 활동이 인 순환에 깊이 관여하고 있기 때문에 용존태 인의 약 50%와 입자태 인의 40% 정도가 유기 형태로 하천에 존재하고 있다. 하천 생물이 이용 가능한 인은 모든 용존태 인(~200만 톤P/년)과 입자태 인의 약 10%(~200만 톤P/년) 정도로 추정되고 있다(표 2.7).

용존태 인의 50%는 인간 활동에서 유래한다. 따라서 인간 활동 영향이 작은 하천의 용존태 인 농도는 ~25μgP/ℓ이므로, 이것보다 높은 값은 인위적 오염 때문이라고 판단된다. 세계 하천의 용존태 인 평균 농도가 약 2배로 증가하고 있지만 대도시를 흐르는 하천의 인 농도는 이것보다 훨씬 높은 경우가 많다. 이것은 질소에서 보여진 현상과 유사하다. 덧붙여서 갈수기의 다마가와(多摩川) 하류역 용존태 무기인 농도는 300~500μgP/ℓ로 대단히 높지만, 그다지 인위적 오염을 받지 않는 상류역에서는 3~5μgP/ℓ로 낮아서 현저한 농도차가 보여지고 있음을 알 수 있다. 인 세제 사용이 금지된 후에도 도시 하천수의 인 농도가 높은 원인은 가정 배수와 공장 배수에 있다고 보고 있다.

2.4.5 유기물

세계의 대표적인 하천에서 측정된 용존 유기 탄소(DOC) 농도는 < 0.5mg/ℓ로부터 50mg/ℓ의 범위에 있고, 이들 값은 하천 유역의 성질을 반영하고 있다(Montoura and Woodward, 1983). 빙하와 알프스 산악 지대에 기원을 둔 하천에서는 낮고, 습지대를 흐르는 하천에서는 높은 경향이 있다. 대체로 하천은 2~10mg/ℓ의 범위인데 평균 5.75mg/ℓ로 보고되고 있다(Ertel 등, 1986). 오염되지 않은 하천의 DOC는 주로 ① 토양에 포함되는 동식물의 분해물과 ② 하천에서 생산된 생물의 분해물에서 유래하는데, 인간 활동이 활발한 지역에서는 인위적 부하량이 DOC에 크게 영향을 준다. 에르텔(Ertel) 등(1986)은 인위적 오염을 받지 않는 하천 DOC의 40~80%는 미생물의 분해를 받기 어려운 부식질이라고 보고하고 있다. 연간 바다로 운반되는 DOC의 총량은 4억 2,000만~5억 7,000만 톤으로 추정되고 있다. 다음은 입자상 유기 탄소(POC)인데 이 농도도 하천간에서 크게 변동하고 있다. 그러나 대개의 하천 농도는 1~2.5mg/ℓ 범위에 있다. DOC처럼 POC의 높은 농도는 습지대를 흐르는 하천에서 보인다. 또 하수와 공장 배수의 영향을 강하게 받고 있는 하천에서도 높은 값을 나타낸다. POC도 DOC처럼 생물에 의해 분해되기 쉬운 부분과 그렇지 않은

부분으로 나눠진다. 이텍콧(Ittekkot, 1985)에 의하면 하천이 바다로 운반하는 POC는 연간 2억 3,000만 톤인데 그중 35%가 연안·하구역에서 빠르게 분해되지만 나머지는 난분해성이어서 외양으로 운반되어 해저로 침적해 간다고 보고하고 있다.

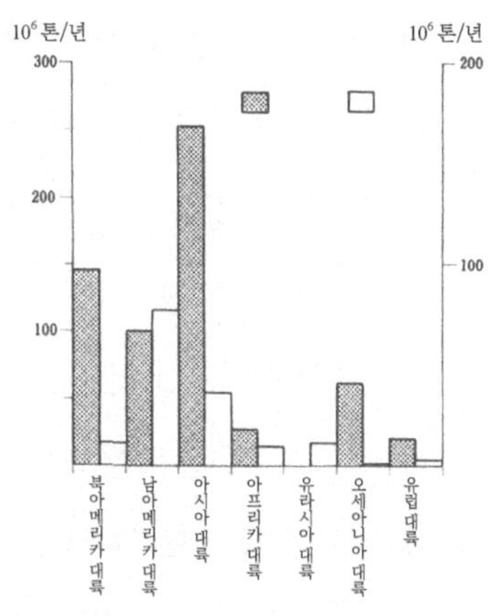

그림 2.7 현탁 유기 탄소(POC) 및 용존 유기물(DOC)의 해양으로의 유출량 (Degens and Ittekkot, 1985)

대륙별로 DOC와 POC의 유출량 추정값을 그림 2.7에 나타냈다. POC 유출량이 많은 순서는 아시아 > 북미 > 남미 > 대양주 > 아프리카 > 유럽이고, DOC는 남미 > 아시아 > 북극 지역 > 북미 > 아프리카 > 유럽 > 대양주의 순이다.

2.4.6 하천의 유형

지구상에는 여러 양상의 물이 존재하는데 이들은 염분 또는 이온의 존재비를 사용하여 분류되고 있다. 먼저 하천수와 해수의 주요한 용존 성분 농도를 대비하면 다음과 같은 특징이 보인다(표 2.2).

(1) 하천에서 탁월한 성분은 칼슘이온과 탄산수소이온이지만, 해수에서는 나트륨이온과 염소이온이다.

(2) 하천에서 양이온 농도가 높은 순서는 칼슘이온 > 나트륨이온 > 마

그네슘이온 > 칼륨이온이고, 음이온에서는 탄산수소이온 > 황산이온 > 염소이온이다. 해수의 양이온에서는 나트륨이온 > 마그네슘이온 > 칼슘이온 > 칼륨이온이고, 음이온에서는 염소이온 > 황산이온 > 탄산수소이온이다. 이처럼 해수와 하천수에서는 순위에서 차이가 보인다.

(3) 하천의 용존 물질 조성 변동은 크지만 해수에서는 작다.

(4) 총 용존 물질 농도(염분)를 비교하면 하천간 변동이 크다. 그러나 150mg/ℓ를 넘는 하천은 적다. 해수의 염분은 평균 35.0g/ℓ로 높지만 해역에 따른 변동은 작다.

이와 같은 것으로부터 담수계의 양이온 대표로 칼슘이온을, 고염분수계(해수)에 있어서는 나트륨이온을, 또 음이온 대표로는 각각 탄산수소이온과 염소이온을 뽑을 수가 있다. 깁스(Gibbs, 1970)는 총 용존물 농도(TDS)와 나트륨/(나트륨 + 칼슘) 관계를 조사함으로써 하천 수질을 분류할 수 있는 것에 착안하여 하천 유형별로 나트륨/(나트륨 + 칼슘), 또는 염소/(염소 + 이산화탄소)에 대해서 TDS를 기입한 결과, 그림 2.8에 나타난 관계가 있음을 보고하고 있다. 그래서 수계를 3개의 유형으로 분류하였다.

(1) A 유형: 이것은 강수의 화학 조성에 가까운 유형이다. TDS 값이 작아 그림의 오른쪽 밑에 위치하는 그룹이다. 나트륨/(나트륨 + 칼슘)과 염소/(염소 + 이산화탄소)의 비가 상대적으로 크게 되는 특징을 나타내고 있다. 칼슘에 비해 나트륨이 높다는 것이다(마찬가

지로 이산화탄소보다 염소가 높다). 이 유형은 풍화 작용이 적은 지질 유역을 흐르고 있는 하천으로 대표된다. 그러나 강수량은 많고 증발이 적은 기상 조건이 필요하다.

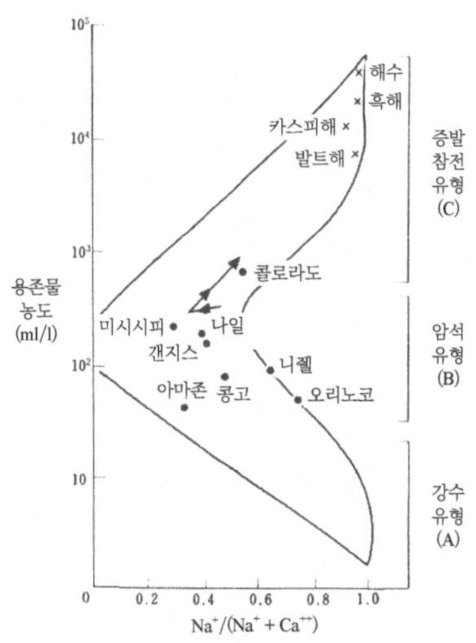

그림 2.8 용존물 농도로부터 본 하천의 특징 (Gibbs, 1970)

(2) B 유형: 이 유형의 하천수 TDS는 중간적인 값으로, 나트륨/(나트륨 + 칼슘) 및 염소/(염소 + 이산화탄소)의 비가 상대적으로 작다. 이 유형의 하천 수질은 오로지 암석 풍화에 의해서 지배되고 있다. 그러나 증발비율이 상대적으로 작은 지역에서 형성되는 데에 적합하다. 지표의 70% 정도가 퇴적암이고, 특히 석회암 점유 비율이 크다. 풍화로 용탈되는 양이온으로서는 칼슘이, 음이온이로서는 탄산수소이온이 탁월하다. 이와 같은 이유로부터 나트륨/(나트륨 + 칼슘)도 염소/(염소 + 이산화탄소)도 작아지게 된다. 세계 주요 하천의 대부분이 이 유형에 속하고 있다.

(3) C 유형: 증발·침전 유형이라고도 표현되는 하천으로서, 그림의 오른쪽 위에 위치하고 있다. TDS의 값이 상당히 높다. 물의 증발이 심

하면 칼슘과 탄산이온이 농축되어 탄산칼슘이 되어 침전하지만, 나트륨과 염소는 용액 중에 남기 쉽다. 따라서 당연히 나트륨/(나트륨+칼슘) 및 염소/(염소+이산화탄소)가 크게 된다. 이와 같은 유형은 풍화 작용의 정도가 심하고 물의 증발량도 많은 조건을 갖는 지역이 속하게 된다.

이와 같이 깁스는 주요 이온 조성의 외적 요소(강수·암석의 풍화)와 내부적인 진행 작용(증발과 침전)이라는 2개의 척도에 근거하여 분류했는데, 이 방법에도 비판이 있다. 그러나 대국적인 견지로부터 보면, 전 세계 하천의 2%가 A와 C 유형이고 나머지 대부분이 B 유형에 속한다고 메이백(1981)은 결론을 짓고 있다. 따라서 대개의 하천 수질은 암석의 풍화에 의해 결정된다고 할 수 있다. 바꾸어 말하면, 하천 유역 암석의 화학 조성이 하천수 중의 주요 양이온 농도를 지배하는 큰 요소가 되고 있다는 것이다. 이것은 하천수의 수질과 유역의 암석 관계를 보면 명확하다.

화성암에 비해 퇴적암은 칼슘이온, 마그네슘이온, 황산이온과 탄산수소이온을 다량으로 용출하고 있다. 암석이 화학 침식을 받기 쉬운 순서는 퇴적암 > 탄산염암 > 결정질 암석이다. 물론 여기에 지형과 기후 조건 등이 가미되고 있다.

2.5 물에 의한 육지의 침식

하천이 바다로 운반하는 총 용존물량은 하천의 평균 용존 농도(~100g/m^3)와 연간 총 배수량(3만 7,400km^3/년)으로 봤을 때 37억

4,000만 톤/년이라고 추산된다. 또 하천의 유역 면적은 ~1억km^2이고 단위 면적당 화학적 침식률이 37톤/km^2·년이므로 이것은 물리적 침식으로 소실해 가는 비율(150톤/km^2·년)보다 작다.

화학적 침식은 물리적 침식처럼 지형과 유출률이 깊은 관계를 나타낸다. 하천의 용존 물질 농도는 유량이 커지면 희석되어 낮아진다. 그러나 유량의 증가는 희석 강하를 없애는 방향으로 역할하므로 화학적 침식도 유출률과 완전히 무관하다고는 할 수 없다. 대국적으로 보면 하천 유역의 암석과 토양 성질 및 풍화의 정도가 화학적 침식률에 보다 크게 영향을 주고 있는 것 같다. 예를 들면, 용해되기 쉬운 퇴적암(석회암, 증발물)으로 구성되어 있는 유역을 흐르는 하천의 단위 유역 면적당 용존 물질 부하량은 단단한 암석(화성암, 변성암)으로 구성된 유역을 흐르는 하천보다도 약 5배 크다. 또 새로운 화산 지대를 흐르는 하천과 비교하여도 약 2.5배나 큰 것으로 알려져 있다(Meybeck, 1980).

화학적 침식 정도로부터 하천을 몇 개의 유형으로 분류할 수 있다(Minghui 등, 1982; Meybeck, 1980). 가장 강력한 화학적 침식 작용을 받고 있는 하천은 다음과 같은 조건의 지역에 속한다. 즉 유량이 크고 지형 경사가 급하며, 유역이 석회암과 증발암 같은 용해되기 쉬운 지질 또는 새로운 화산암 지질로 되는 경우이다. 전자의 예로서 양자강과 부라마푸트라강을 들 수 있고, 침식률이 100톤/km^2·년으로 크다. 후자에는 필리핀과 뉴기니의 산악화산섬 하천이 속하고 침식률은 250톤/km^2·년, 그리고 일본 열도도 이 범주에 속해 185톤/km^2·년으로 추산되고 있다.

화학적 침식률이 세계의 평균치(37톤/km^2·년)에 가까운 하천에는 2개의 유형이 있다. 하나는, 황하처럼 퇴적암의 산악부를 기원으로 하여 흐르는 하천으로서 유량이 적더라도 용존물 농도가 큰 유형이다. 다른 하나는 유량이 크든지 또는 저지대를 흐르는 범위가 넓은 하천으로서 미시시피강과 아마존강이 그 대표라고 할 수 있다. 이미 나타낸 것처럼 이들 하천의 수량은 풍부하지만 용존물 농도는 적다. 과거에 충분히 풍화 작용을 받아, 현재는 더 이상 풍화되기 어려운 단단한 암석밖에 남아 있지 않은 지역을 흐르는 하천에서는 화학적 침식률도 작다. 자이르강이 대표적이다(표 2.3).

하천에서 바다로 운반되어 오는 현탁물의 거의 대부분이 암석과 토양의 물리적 풍화의 산물이라고 할 수 있지만, 용존 물질은 반드시 그렇다고 할 수 없다. 특히 나트륨, 칼슘, 황산이온 등 성분의 일부는 바다로부터 날아온 해염(순환염)이고, 일부는 인간 활동에서 유래되는 부분이기도 하다. 또 하천의 주요 성분의 하나인 이산화탄소 중 일부도 대기 중의 이산화탄소 용해에 기인하고 있다. 이와 같은 토양·암석의 풍화에 의하지 않은 부분을 뺀 나머지가 순화학적 침식의 산물이 된다. 하천의 용존 성분의 어느 정도가 순화학적 침식에 의한 것인가를 정확하게 추정하는 것은 곤란하다. 그러나 1987년 버너(Berner)와 버너(Berner)는 화학적 침식률을 23톤/km^2·년으로 추산했다. 따라서 육지 부분이 물리적 및 화학적 침식에 의해 소실되는 비율은 175톤/km^2·년으로, 이것은 6.5cm/1,000년의 속도로 지면이 깎이고 있다는 것이 된다(암석의 밀도를 2.7). 육지의 평균

고도는 850m에 불과하므로 1,500만 년 정도이면 대부분의 육지가 침식에 의해 소실되게 된다. 그러나 조산 작용과 화산 활동에 의해 육지가 재생되므로 육지는 소멸됨이 없이 풍화가 계속되고 물질의 흐름 또한 유지되고 있는 것이다.

2.6 해수의 화학 조성과 원소의 거동

2.6.1 해양에서 원소의 거동

하천에서 바다로 유입하는 연간 수량은 3만 7,400km^{3}이지만 이것은 해수의 전량(13억 7,000만 km^3)으로부터 보면 극히 소량인 0.0027%에 지나지 않는다. 그러나 4만 년 정도의 하천 유입량은 현재의 해수량과 비슷하게 된다. 지구의 연령으로부터 4만 년은 결코 긴 시간이 아니다. 또 하천은 매년 ~150억 톤의 현탁물과 ~40억 톤의 용존 물질을 바다로 운반하고 있다. 이 양자의 총량은 빙하 작용으로 바다에 반입되는 물질의 약 10배이고, 또 대기로부터의 강하물보다 약 100배 크다.

이처럼 매년 다량의 물질이 하천으로부터 바다로 공급되고 있음에도 불구하고 하천수의 화학 조성과 해수의 그것은 크게 차이가 있다(표 2.2). 그러나 해수는 오랫동안 적어도 주요 성분의 농도와 조성비를 일정하게 유지하고 있다. 이것은 공급되는 것과 같은 정도의 속도로 제거되는 기구·작용이 바다에 있다고 하는 것이다. 그러나 인간 활동이 활발하게 됨에 따라서 일부 미량 원소와 영양 원소의 해양으로의 공급량이 현저하게 증가하고 있다. 이들 인위적 영향은 해양, 특히 연안과 내만·하구역의 생태계에 바람직하지 않은 상황을 가져오고 있다. 바다로 운반되는 물질이 제거되는 경로와 기구를 해석하는 것은 지구상에서의 물질 순환과 해양의 자정 작용을 아는 데에 극히 흥미로운 일이다.

오늘날과 같은 정도의 물질이 육상으로부터 바다로 계속 운반된다면 1억 2,000만 년 정도에서 바다는 퇴적물로 가득 차 버리게 된다. 그러나 이와 같은 일은 일어나지 않았다. 그것은 바다로 운반되어 온 물질이 해저에 침적하여 지각과 맨틀 대류를 타고 이동하고, 해구로부터 맨틀 내부로 들어와 용융하여 마그마가 된다. 이 마그마의 일부는 심층의 맨틀 대류에 의해 해양의 중앙 해령역으로 운반되어 오고, 거기서부터 분출물이 되어 심해로 회귀하고 있다. 또 일부의 퇴적물은 퇴적암과 변성암으로 모습을 바꿔, 조산 운동에 따라 해면상으로 융기하여 대륙과 도서로 되고 풍우에 의한 침식과 풍화 작용을 받아 하천을 경유해서 다시 바다로 순환하는 경로를 밟고 있다. 이들의 순환은 수억 년이라는 긴 시간 간격으로 일어나고 있다. 우리들이 오늘날 보는 토양과 암석은 이와 같은 대순환을 몇 번이나 반복해 온 산물이라고 할 수 있다.

하천수의 주요 성분과 해수의 그것을 비교하면 큰 차이가 보인다. 이것으로부터 단순히 하천수가 증발하여 농축된 결과, 해수가 생겼다고 하는 데에는 너무나 문제가 많아 설명이 계속되지 않는다. 증발 작용도 해수의 화학 작용과 농도를 결정하는 하나의 요인임에는 틀림없지만 그 외로 어떤 기구·작용에 의해서 하천으로부터 반입되는 용존 성분이 제거되고 있는 것이 확실한 것 같다. 대국적으로 보면 해수의 화학 조성과 농도도 이와 같은 대순환 과정에 의해 결정되고 또 유지되어 왔다고 생각하는 것이 타당할 것이다.

해수에 용존하고 있는 성분이 제거되는 기구로서 ① 생물 작용, ② 증발 암석의 형성, ③ 해저 분출물과 암석의 반응, ④ 점토광물에 의한 이온 교환 반응, ⑤ 간극수 중으로의 쌓임, ⑥ 역풍 화학 작용 등이 알려져 있다.

생물 활동의 영향을 크게 받는 성분으로서 칼슘이온과 탄산이온을 들 수 있다. 이 두 성분은 오로지 생물의 골격(탄산칼슘) 형성에 이용되어 해수로부터 소실되어 간다. 또 용존 규산도 규조류에 이용되어 생물체 규산이 되어 해양으로부터 제거되고 있다. 이들은 어느 것도 심층수에 있어서는 미포화임에도 불구하고 퇴적 속도가 큰 해역의 심해저에 다량으로 쌓이고 있다. 해양으로 공급되어 오는 황산이온의 약 50%는 황산환원균에 의해 환원되고 황산철과 같은 형으로 제거된다.

해수는 황산염과 염화물에 대해 미포화 상태이므로 다소의 물의 증발로는 침전물 형성이 일어나지 않는다. 따라서 침전물 형성은 폐쇄성이 강하고 물의 증발이 활발한 수역 또는 물의 일부가 고립된 것 같은 수역에서만 보여지는 특이한 현상이다.

오늘날 해양에서는 증발 침전물 형성이 극히 드물지만 과거에는 지각변동에 의해 상당량의 증발 침전물이 형성되었다고 한다. 그 증거는 대륙 내부에 매장되어 있는 암염으로 대표된다. 암염 매장량은 현 해수에 포함되는 염화나트륨량의 수배에 달한다고 추정되고 있다. 또 동시에 황산이온의 상당량(~40%)도 증발 침전물(황산칼슘)이 되어 제거되고 있다. 이처럼 해수 중의 음이온(염소이온, 황산이온)의 대부분은 증발에 의해 해양으로부터 제거되고 있다.

판구조론은 해저의 열수 활동 또는 퇴적암의 육지화 현상과 깊은 관계가 있으므로 간접적이라고는 하지만 해수의 화학 조성에 영향을 미치고 있다. 다량의 마그네슘이온은 열수 분출구 주변의 암석과의 반응에 의해 해수로부터 제거되고 있다. 분출구로부터 조금 떨어진 온도가 낮은 장소에서는 칼슘과 황산이온이 해수로부터 제거된다고 한다. 또 황산이온의 일부는 고온역에서 유황이온으로 환원되어 중금속과 반응하여 황화물로 되어서 침전·제거된다.

하천으로부터 바다로 반입되는 현탁 입자의 대부분은 점토광물로서 이들의 양이온 교환 용량이 250만 톤당량/년으로 추정된다(Sayles and Mangelsdorf, 1977). 하천에 존재하는 점토광물의 이온 교환 쪽 대부분은 칼슘이온으로 점유되어 있지만, 바다로 유입해 오면 이 칼슘은 나트륨이온, 칼슘이온 또는 마그네슘이온과 치환한다. 이 이온 교환 반응이 비교적 빠르게 진행하므로 해수와 점토 입자의 양이온 교환 반응은 연안·하구역에서 보이는 활발한 현상이라고 할 수 있다.

해저로 퇴적물이 침적해 갈 때에 해수도 간극수로 되어 쌓여 간다. 그러나 이와 같은 과정에서 쌓인 해수와 퇴적물 사이에서도 이온 교환 반응이 일어나 시간이 지남에 따라 용액 중에 농도 변화가 생기고 있다. 그러나 실제로 해양으로부터 간극수를 거쳐 어느 정도의 용존 성분이 제거되고 있는가를 정확히 추정하는 것은 곤란하지만 이 과정에서 소실하는 비율이 비교적 큰 성분은 나트륨이온과 염소이온으로 되어 있다.

실렌(Sillen, 1961)은 해수의 용존 성분에 대해 하나의 모델을 이용하여 설명하고 있다. 거기에서 제창된 모델에서는 해수의 주요 이온 농도가 퇴적물과의 화학 평형에 의해 지배된다는 가정을 두고 만들어지고 있다. 이 모델에서 특히 양이온이 퇴적물로 들어오는 관계를 다음과 같이 나타내고 있다.

양이온(나트륨이온, 칼륨이온, 마그네슘이온, ……)+

탄산수소이온+규산+양이온이 적은 알루미노규산

→양이온이 풍부한 알루미노규산+이산화탄소+물

이 반응은 완전히 가역적인 화학 반응이 아니라 하더라도 얼핏 보아 암석이 풍화를 받아서 양이온이 용액 중으로 용출해 오는 반응의 역관계와 유사함을 알 수 있다. 일반적으로 이와 같은 반응을 역풍화 작용이라고 부르고 있다.

크라머(Kramer, 1965)는 실렌의 평형 모델을 한층 발전시켜 해수의 10종류 성분에 대해서 계산하여, 그 계산 결과가 현재의 해수 화학 조성과 잘 일치하고 있음을 나타낸다고 보고하고 있다(표 2.8). 그러나 아쉽게도 이들 모델에 이용된 것과 같은 평형이 성립된다는 충분한 증거를 얻을 수 없으므로, 이와 같은 생각은 널리 받아들여지고 있지 않은 것 같다.

물론 해수 중의 주성분 농도가 화학적 평형의 사고 방식과 다른 동적 균형, 즉 단위 시간에 공급되는 양과 제거되어 가는 양의 균형에 의해 지배되고 있다고 보는 것이 훨씬 타당하다는 견해도 있다. 이것은 해수의 주

현 해수 농도(몰)	계산결과(몰)	해수 중의 이온	광물
0.48	0.45	나트륨이온(Na^+)	Na^-몬모리오나이트
1.0×10^{-2}	9.7×10^{-3}	칼륨이온(K^+)	K^-일라이트
0.56	0.55(정수)	염소이온(Cl^-)	0.55 (정수)
2.9×10^{-2}	3.4×10^{-2}	황산이온(SO_4^{2-})	$SrCO_3$, $SrSO_4$
1.1×10^{-2}	6.1×10^{-3}	칼슘이온(Ca^{2+})	회십자석
5.4×10^{-2}	6.7×10^{-2}	마그네슘이온(Mg^{2+})	클로라이트(녹니석)
-	2.7×10^{-6}	인산이온(PO_4^{3-})	OH-인회석
-	(1.7×10^{-3}기압)	이산화탄소(CO_2)	방해석
7.0×10^{-5}	2.4×10^{-5}	불소이온(F^-)	F-CO_3-인회석
7.9×10^{-9}	4.7×10^{-9}	수소이온(H^+)	전기적 중성

(Kramer, 1965)

표 2.8 현 해수의 화학 조성 모델 계산으로부터 구한 화학 조성

성분이 항상 일정한 농도를 유지하고 있는 상태, 즉 정상 상태로 유지되고 있지만 여기에서의 반응은 화학적인 평형과는 다르므로 가역적이 아니다. 이 경우 해수의 주성분이 탄산칼슘, 탄산마그네슘, 황산칼슘, 염화나트륨, 황화철과 같은 형으로 제거되어 가지만, 일부의 양이온(나트륨, 칼륨이온과 마그네슘이온)은 이들 반응으로부터 남게 된다. 이 남은 양이온은 알루미노규산과의 역풍화 작용에 의해 점토광물(몬모리오나이트, 클로라이트, 일라이트)로 되어 소실한다고 생각되고 있다(Mackenzie and Garrels, 1986). 그러나 이것을 유지하는 데에 충분한 양의 점토광물은 존재하지 않는다고도 하고 있다. 오히려 이와 같은 점토광물 이외의 화합물로서 제거되고 있을 가능성이 있음도 지적되고 있다. 역풍화 작용과 화학

평형의 사고 방식은 해수의 pH와 알칼리도를 논의하는 데에 무시할 수 없는 존재라고도 할 수 있지만, 이들 문제는 앞으로의 연구 과제이다.

기후 변동과 대기 중의 이산화탄소 레벨, 또는 해양 생물 활동의 변화 등의 영향을 받아 해양으로 공급되어 오는 물질량의 변화와 제거 속도에 변화가 있었다고 하더라도, 오랜 시간 간격으로 보면 적어도 과거 6억 년 정도는 해수의 주성분과 이들 농도가 거의 일정하게 유지되어 왔다고 하고 있다.

2.6.2 원소의 체류 시간

해양을 화학적 관점으로부터 봤을 때 상당히 장기간에 걸쳐 정상 상태를 유지해 온 증거가 퇴적물에 남아 있다. 또 해양 생물의 생활 양식으로부터도 해수의 화학 조성에 큰 변화가 없었던 것이 방증되고 있다. 바다가 정상 상태를 유지하고 있다면 해수의 각 성분(Mi)이 바다에 체류하고 있는 시간을 추정하는 것이 가능하다. 즉 각 성분이 바다로 운반되는 속도와 제거되는 속도가 잘 상응하고 있으므로 평균적인 체류 시간(Ji)은 다음과 같이 표현된다.

$$Ji = \frac{\text{바다에 용존하는 각 성분의 총량}}{\text{각 성분의 공급 속도(제거 속도)}} = \frac{\Sigma Mi}{(dMi/dt)}$$

공급(제거) 속도는 통상 연단위로 나타내므로 체류 시간도 연단위가 된다. 체류 시간의 계산 출발점은 하천이 해양의 용존 성분의 유일한 공급원이라는 생각에 기인하고 있다. 근년 해령으로부터의 분출물이 해수의

화학 성분	하천공급량 (×10^8톤/년)	해양에서 현존량 (×10^{14}톤)	체류 시간(×10^6/년)	
			(보정 없음)	(보정 있음)
나트륨이온	2.05	144	70.2	210
칼륨이온	0.75	5	6.7	10
칼슘이온	4.88	6	1.23	1
마그네슘이온	1.33	19	14.3	22
염소이온	2.54	261	103	(∞)
탄산수소이온	18.95	1.9	0.1	0.1
황산이온	3.64	37	10.2	11
산화규소	4.26	0.08	0.02	
철	0.22	0.000014	0.00006	
망간	0.001	0.00002	0.0002	
구리	0.0007	0.000021	0.03	
코발트	0.001	0.000001	0.0001	
아연	0.0007	0.000042	0.006	

(An Open Univ. Course Team, 1989)

표 2.9 하천이 공급하는 용존 화학 성분과 해양의 현존량 및 해양에서의 체류 시간

화학 조성을 결정하는 데에 무시할 수 없는 존재라고 하고 있지만 하천을 기준으로 한 계산도 그 나름대로의 의의를 갖고 있다.

각 성분의 해양으로의 공급량은 하천수의 연간 유입량과 성분의 평균 농도로부터 추정된다. 마찬가지로 해양에 존재하는 각 용존 성분의 총량은, 해수의 전량과 각 성분의 평균 농도로부터 산출된다. 이와 같이 해서 구해진 성분의 체류 시간의 일부를 표 2.9에 나타냈다. 주요 성분에 대해서는 순환염을 보정한 경우와, 하지 않은 경우의 2개 값이 기입되고 있다. 또한 이들의 계산에 이용되고 있는 값은 평균적인 것이어서 상당한 변동이

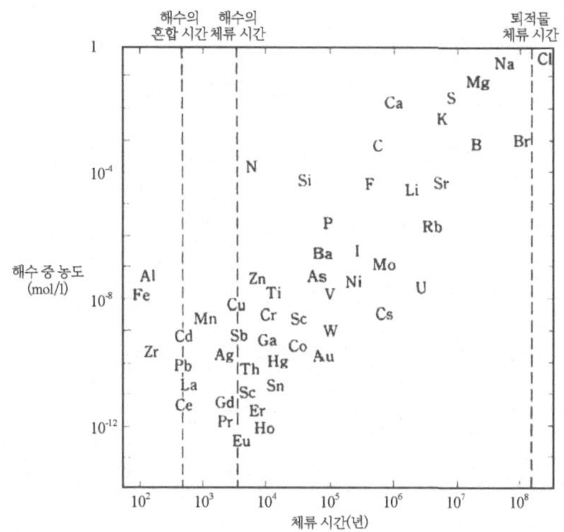

그림 2.9 원소 농도와 체류 시간의 관계 (An Open Univ. Course Team. 1989)

있고, 더욱이 한정된 관측 자료에 기인하고 있다. 이 때문에 계산 결과가 절대적으로 유효하다고는 할 수 없다. 이것은 이미 밝힌 것처럼 하천이 유일한 공급원이 아니기 때문이다. 가령 염소의 체류 시간으로만 보더라도 무한대도 아니고 1억 년도 아니다. 그 사이의 어느 값이라고 하는 것이다. 어쨌든 해수 중 각 원소의 농도와 평균 체류 시간 사이에는 그림 2.9와 같은 관계가 보인다. 주요 원소의 체류 시간은 100만~1억 년으로 길지만 미량 원소의 대부분은 1,000~1만 년으로 짧다. 특히 철과 알루미늄은 ~100년에 불과하다.

해수의 혼합 시간은 대서양 심층에서 300년 정도이고 태평양 심층수라도 600년 정도이다. 따라서 1,000년보다 체류 시간이 짧은 원소는 해양에서 불균일 분포를 할 가능성이 높고, 1,000년보다 긴 원소는 균일 분포

할 성질이 강하게 된다.

해수 중으로부터 용존 성분(원소)이 제거되어 가는 과정에 대해서는 이미 밝힌 것과 같이 무기화학적 기구와 더불어 생물에 의한 흡수·제거도 무시할 수 없는 존재이다. 그러나 생체 내로 들어온 원소는 해저로 도달하기 전에 빠르게 분해되므로 해수 중으로 용출하여 다시 생물에 이용되는 것이 많다. 이처럼 생물 활동과 깊은 관계를 갖는 원소는 생물과 수괴 사이를 몇 회라고 할 수도 없을 정도로 순환한 후에 해저로 소실하므로, 가령 체류 시간이 길더라도 불균일 분포를 하는 성질이 강하게 된다. 그 대표적인 예로 영양 원소인 인과 질소를 들 수 있다.

체류 시간이 짧은 용존 원소는 해양학적으로 활성이 높든가 또는 활동적이라고 생각된다. 활동적인 원소는 난용해성 화합물을 형성하여 빠르게 해수 중으로부터 제거되어 간다는 것이다. 화학적으로 보면 나트륨은 철보다도 반응성이 높다. 그러나 철은 나트륨보다도 훨씬 체류 시간이 짧으므로 해수 중에서는 활동적이라고 할 수 있다.

2.6.3 질소와 인의 분포

해양에 있어서의 영양 원소로는 인, 질소 그리고 규소가 있다. 이들 분포에 대해서는 다른 요소(염분, 수온, 산소)와 관련에 있으므로 해양의 넓은 범위에 걸쳐 많은 조사·연구가 이루어졌다. 그래서 오늘날은 이들 성분의 농도와 분포 양상을 입체적으로, 그리고 상세하게 묘사하고 있다. 영양 원소의 분포 상황은 물리화학적인 요소보다도 생물 활동에 의해 크게

* 농도는 모두 μmol/l

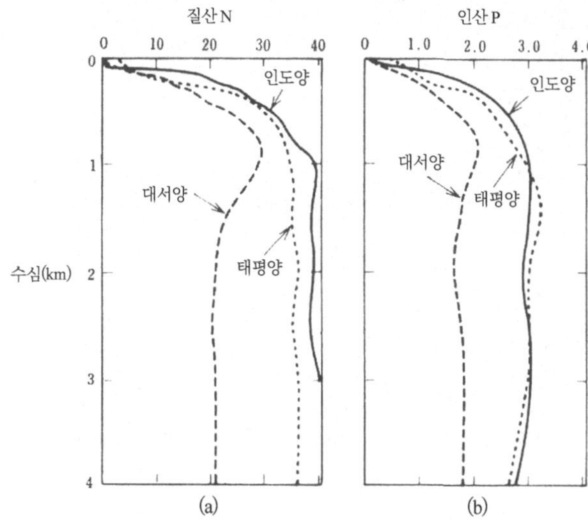

그림 2.10 해양에서의 질산염(a)과 인산염(b)의 수직 분포 (Sverdrup 등, 1942)

지배되고 있음이 알려졌다. 질산염과 인산염의 농도 분포 상황을 해석하면 해역과 수심에 관계없이 두 성분 사이에 직접적인 연관이 있음이 밝혀졌다.

이 농도비(N/P)는 16(원자량)에 가까운 값으로 이 값을 일반적으로 레드필드 비라고 부르고 있다. 그래서 식물 플랑크톤이 탄소, 질소, 인을 생체 내로 흡수할 때의 평균적인 비도 C:N:P = 106:16:1인 것으로 알려졌다. 그러나 환원 상태가 발달하고 있는 특수한 해역 등에서는 질산염과 인산염 사이에 직접적인 관계가 보이지 않는다.

그림 2.10에는 질산염과 인산염이 각 대양에서의 대표적인 수직 분포

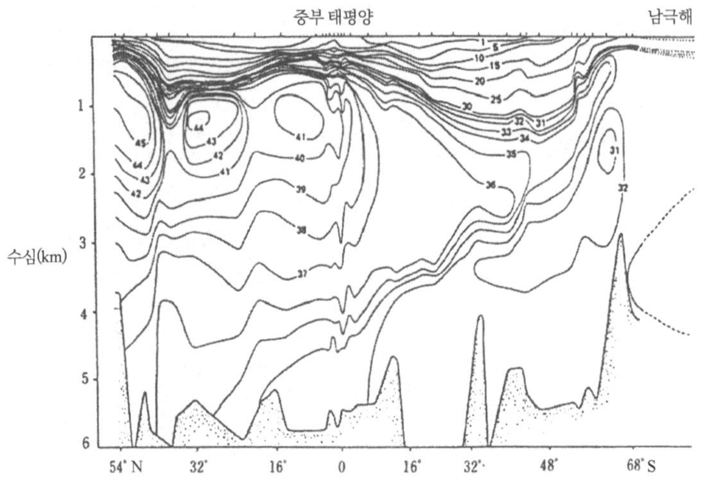

그림 2.11 해양에서의 질산성 질소(μgatom/kg)의 수직 분포 (Sharp, 1983)

를 나타내고 있는데 두 성분의 분포에는 좋은 유사성이 보인다. 즉 ① 식물 플랑크톤에 소비되므로 농도가 적은 표층, ② 수심이 증가함에 따라 농도가 급속히 증가하고 있는 중층, ③ 농도가 극대로 달하는 층, 그래서 ④ 극대층을 지나면 농도 변화가 작은 두꺼운 층으로부터 되고 있고, ⑤ 심층수 중의 농도가 대서양보다도 태평양에서 높게 나타나고 있다. 이 현상은 심층수의 대순환 기구와 밀접하게 관련하고 있다.

그림 2.11에는 대양 전체에 걸쳐 질산염의 남북 단면도가 하나의 전개도로 그려져 있다. 농도가 낮은 표층수는 중위도 해역에서 두껍고 열대 해역에서 얇게 나타나고 있다. 농도가 낮은 층은 밀도 약층(염분·온도가 크게 변화하는 층)의 위에 위치하고 있다. 이 약층을 경계로 하여 농도 구배가 크게 되고 있다. 또 인산염이 극대치를 나타내는 층보다는 어느 정

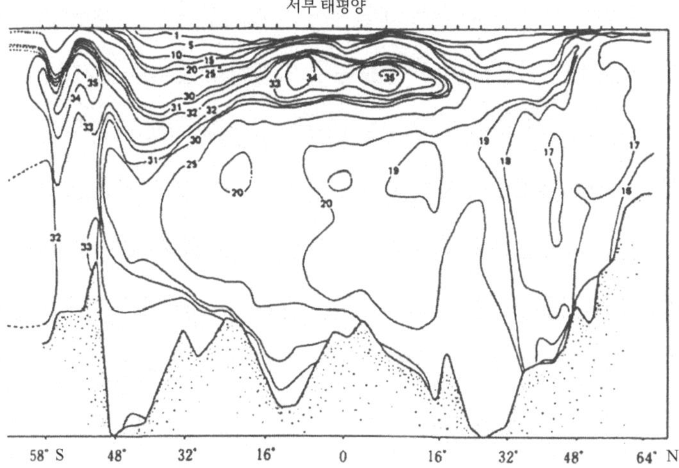

도 낮은 곳에 산소 극소층이 나타나고 있는데, 이것은 일반적으로 해양에서 볼 수 있는 현상이다. 그러나 고위도 해역이 되면 밀도 약층(온도 약층)이 소실하므로 상하층의 수괴 혼합이 일어나기 쉽다. 그 때문에 농도 구배도 작게 된다. 이러한 상황을 남극 해역은 잘 나타내고 있다. 적도 주변에서는 농도가 높은 심층수가 용승하고 있는 양상이 보이게 된다. 이 경향은 대서양보다도 태평양에서 현저하다.

대서양 심층수의 농도는 북에서 낮고 남에서 높게 되지만, 태평양에서는 반대로 북고남저이다. 심층에서는 질산염과 마찬가지로 다른 영양염(인, 규소)도 이와 같은 분포를 하지만, 이 상황은 심층수의 대순환 기구와 관계하여 설명할 수 있는데 이 시나리오는 다음과 같다.

심층수는 해양의 극히 제한된 장소에서 형성된다. 대표적인 수역이 그린랜드 해역과 남극 해역이다. 그린랜드 해역에서는 이미 생물 활동에 의해 영양염류가 다 사용되어 버린 표층수가 침강하여 심층수가 되고, 이것이 대서양을 남하하여 남극 해역에 도달한다. 거기에서 대륙붕을 따라 침강해 오는 남극 주변수와 혼합하여 인도양을 거쳐 태평양으로 들어와 북상하게 된다. 심층수가 극히 제한된 수역에서 형성된다고 하더라도, 그것에 상당하는 수량이 어딘가의 해역에서 용승류가 되어 표층으로 회귀하지 않는다면 대순환 기구는 성립되지 않을 것이다. 용승은 수역에 따라 다소의 강약이 있지만 심층수의 형성 장소만큼 국소성이 명확하지는 않다.

영양염이 풍부한 심층수가 용승에 의해 표층으로 올라오면 해류에 의해 이송되는 과정에서 영양염은 식물 플랑크톤에 소비되어 식물 입자로 변화해 간다. 생물 입자는 수주를 침강해 가지만 그 사이에 분해되어 다시 영양염으로 환원하여 해수 중으로 방출된다. 심층수는 이동해 가는 과정에서 항상 표층으로부터 분해되며 침강해 오는 유기물의 보급을 받으므로 점차 영양염 농도가 높게 된다. 이러한 것으로부터 장거리를 이동해 온 심층수일수록 영양염 농도가 높게 됨을 알 수 있다. 따라서 심층수 경로의 종착점이라고도 할 북태평양 심층에서 영양염 농도가 가장 높게 나타나게 된다.

2.6.4 미량 원소의 분포

미량 금속 원소도 다른 원소와 마찬가지로 하천을 통해서 운반되는 양이 많으므로 연안·하구역의 해역에서는 외양역에 비해 농도가 1~2단위 높은 경우가 적지 않다. 그러나 하천에서 유입해 오는 미량 금속 원소의 대부분은 하구역의 큰 환경 변화(pH, 이온 농도)에 따라 응집·침전물이 되어 해저로 제거되어 간다. 또 생물 활동도 활발하므로 생물 입자에도 흡착·포착되어 침전·제거되어 간다. 이렇게 해서 해저로 침적한 금속 원소의 일부는 입자로부터 용리하여 해수 속으로 회귀해 오게 된다. 퇴적 환경이 환원 상태인 경우에는 산화 환원 반응에 예민한 원소의 용출이 현저하다.

연안 해역과 달리, 외양역 표층수 중의 용존태 미량 금속 원소의 농도와 분포는 대기로부터의 공급과 생물 활동에 의해 크게 좌우된다. 브루랜드(Bruland, 1983)는 미량 원소를 관측한 자료에 근거하여 분포 변화를 몇 개의 형태로 나눴다.

그 양상은 다음과 같이 요약된다.

(1) 보존형

표층으로부터 심층에 걸쳐 비교적 균일하게 분포하고 있다. 그 대표적인 원소로 루비듐과 세슘이 알려져 있다. 또 금과 은도 여기에 속한다고 생각되지만 아직 충분히 해명되어 있지 않다.

(2) 영양염형

이 범주에 속하는 원소는 다시 3개의 형으로 세분된다. ① 인과 질산염처럼 비교적 얕은 층 내에서 재생되고 중층에서 극대치를 나타내는 원소로서 대표적인 예로 카드뮴을 들 수 있다. ② 더욱 심층까지 재생이 계속되므로 극대층이 깊은 층에서 보인다. 여기에 속하는 원소로는 아연, 게르마늄, 바륨이 알려져 있다. ③ 니켈과 셀렌은

①과 ②를 조합한 것 같은 수직 분포를 한다고 한다. 이들 영양염형 미량 금속 원소 농도는 영양염과 마찬가지로 연대가 오래될수록 점차 증가하고 있다. 즉 태평양 심층수의 농도가 대서양에서보다도 높게 나타나고 있다.

(3) 표층 풍부형

이 형에 속하는 원소는 대기와 하천으로부터 해양의 표층으로 공급되어 빠르게 제거되는 성질이 강하므로 체류 시간이 짧다. 납이 대표적인 원소이다. 크롬(III), 비소(III)도 이 범주에 속한다고 생각된다.

(4) 중층 극소형

이 형의 수직 분포는 해면으로부터 공급된 원소가 입자에 포착되어 침강·제거되어 가는 과정과, 해저 또는 해저 가까이에서 입자로부터 용출한 후에 확산과 이류에 의해 심층으로부터 중층으로 향하여 운반되는 과정의 복합에 의해 형성된다고 생각되고 있다. 따라서 표층과 심층에서 농도가 높고, 중층에서 낮다. 구리, 주석, 알루미늄이 이 형에 속하는 것으로 알려져 있다. 북태평양 중앙부 표층의 알루미늄은 북대서양에서보다도 8~40배나 낮다(Orians and Bruland, 1986).

(5) 중층 극대형

중앙 해령 부근 해역에서 보이는 형으로, 열수 분출물의 영향을 받고 있는 원소로 되어 있다. 망간이 좋은 예이다.

(6) 빈산소층(중층)에서 극대 또는 극소치를 나타내는 형

동부 태평양과 인도양에서는 현저한 빈산소층이 존재하지만, 이 부근에서 망간(II)과 철(II)은 높은 값을 나타낸다. 한편 크롬(III)은 낮은 농도를 보인다. 빈산소 상태보다도 더욱 환원 상태가 발달하고 있는 환경(일반적으로 해저 부근에서 잘 보임)에서는 황화수소의 발생이 보인다. 이 부근에서 산화 환원 반응에 예민한 원소는 큰 농도 구배를 나타낸다.

2.6.5 질소의 수지

해수에서 질산과 인산의 조성비(N/P)는 식물 플랑크톤이 섭취할 때의 값, 즉 레드필드 비에 가깝다. 그러나 표층수는 일반적으로 이들 영양염류가 결핍되어 있으므로 두 원소가 동시에 증식의 제한 인자가 되는 경향이 크다고 보는 견해도 있다. 그러나 해양에서는 질소가 제한 인자가 되는 경향이 크다는 견해도 있어서 의견이 나눠지는 것 같다. 질소가 제한 인자가 되는 이유는 다음과 같이 설명되고 있다. 유광층 내에서 생물 생산의 대부분은 영양염의 재순환과 용승에 의해 공급되지만, 인의 공급원은 궁극적으로 하천이다. 하천의 N/P비(7.2)는 레드필드 비보다도 작다. 그러나 하천으로부터는 철산화물 등에 흡착된 입자상의 무기태 인도 다량으로 운반되 오고 있다. 그중 일부는 해수와 혼합하는 과정에서 수중으로 용출된다. 또 담수역에 비해 해양 생물(주로 남조류)에 의한 질소 고정량은 많지 않다고 지적되고 있다. 그래서 오늘날에는 대기로부터의 질소 공급이 없

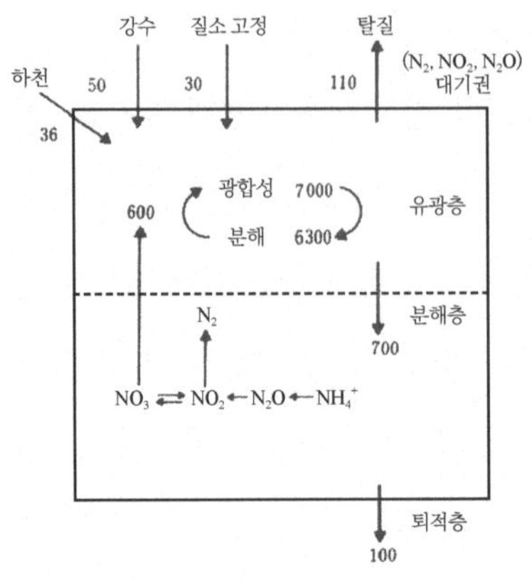

그림 2.12 해양에서의 질소 수지
(×100만 톤N/년)

다면 연안·하구역의 생물 생산에 질소가 제한 인자가 될 가능성이 크다고 생각되고 있다.

해양을 대국적이고 장기적인 관점으로 보면, 질소원은 무한에 가깝다고 할 수 있지만 인광석 자원은 유한이므로 제한 인자가 될 가능성을 부정할 수 없다. 또 최근의 연구에 의하면 외양의 용승역과 남극 해역들에서는 오히려 철과 기타의 필수 미량 원소가 생물 생산의 제한 인자 역할을 하고 있다는 견해가 활발히 논의되고 있어 주목되고 있다(Martin 등, 1987; Marra and Heinenmann, 1987; Lohrenz 등, 1990).

해양에서 고정되는 질소량은 연간 ~3,000만 톤으로, 이것은 해양의 기초 생산에 필요한 총질소의 0.4%에 불과하다(그림 2.12). 그 외에 바다로 공급되는 질소원으로서는 하천으로부터 3,600만 톤과 강우에 의한 5,000만 톤이 있다. 이들의 총계가 1억 1,600만 톤이 되지만 이것은 연간 소비량의 겨우 1.6% 정도에 불과하다. 심층으로부터 용승에 의해 운반되는 양도 ~9%로 작다. 따라서 해양의 기초 생산에 기여하고 있는 대부분의 질소는 유광층 내에서의 재생과 순환에 의해 공급되고 있다는 것이다. 이와 같은 현상은 다음 항에서 기술하는 인에 있어서도 마찬가지이다.

해양에서 유광층 내의 영양염류는 광합성 활동에 의해 유기물이 되고, 그 일부는 분립과 유기 쇄설물 같은 형태로 심층으로 소실되어 간다. 생산을 언제나 유지하기 위해서는 유기물로 유실되어 가는 양만큼의 영양염류 보급이 필요하다. 이 경우 유광층 이외의 계통으로부터 공급되는 질소(주로 질산염)에 의한 생산을 신생산이라고 부르고, 유광층 내에서 유기물 분해로 생긴 질소(이 경우는 주로 암모니아)에 의해 유지되는 생산을 재생 생산이라고 한다. 따라서 유광층으로부터 침강해 가는 유기물량은 신생산량과 거의 같게 되고 있다. 이 신규 생산을 유지하게 하는 영양염류는 심층수로부터의 용승, 대기로부터의 입자와 강수, 또는 유광층 내에서의 질소 고정 작용 등에 의해 공급되고 있다. 연안 해역에서는 육지로부터의 보급도 크다. 총생산에 대한 신생산의 비율은 해역에 따라 크게 달라서 외양의 빈영양역에서 낮고(5% 정도), 연안의 용승역에서 높은(45%) 경향을 보인다.

대기 중의 질소가스는 영양염형이 되어 해양으로 공급되어 옴과 동시에, 해양은 대기로 영양염의 일부를 질소가스로서 방출하고 있다. 탈질 작용은 극도로 산소가 결핍한 동부 태평양의 산소 극소층과 같은 수역에서 현저하여 그 양은 5,000만~6,000만 톤N/년으로 추정되고 있다(Lui and Kaplan, 1984; Codispoti and Christensen 등, 1987). 또한 연안역 유기물이 풍부한 퇴적물 중에서도 탈질 활동은 활발하여 5,000만 톤N/년으로 추정되고 있다. 이와 같이 해양으로부터 탈질 작용에 의해 대기로 방출되는 질소량이 대기로부터 유입되는 양보다도 많은 것이 아닌가 하는 견해가 오늘날 일반적이다. 또 질화와 탈질 과정에서 아질산과 일산화탄소로 유실해 가는 양도 무시할 수 없다고 생각되고 있다(Hahn, 1981).

해양에서의 질소 고정과 하천으로부터의 질소 공급량이 제한되어 있고, 또한 탈질에 의한 소실이 크다고 하는 이들 조건은 해양의 기초 생산을 유지해가는 데에서 질소가 제한 인자가 될 수 있는 요소임을 더욱 크게 하고 있다. 따라서 육지와 용승역으로부터 멀리 떨어진 외양의 빈영양 수역에서는 대기에서 강하해 오는 입자와 강수가 질소 보급에 크게 공헌하고 있다. 1989년 프로스페로(Prospero)와 사보이(Savoie)는 북태평양으로 날아 오는 질산의 40~70%가 중국 대륙으로부터 운반되는 토양 입자에서 유래하고 있다고 추정하고 있다. 토양 입자는 인과 철의 공급에도 역할을 하고 있다(Duce, 1983). 또 화석 연료의 소비에 의해 대기 중으로 방출되고 있는 질소 산화물 4,000만~6,000만 톤N/년(Warneck, 1988)도 무시할 수 없는 존재로 되고 있다.

질산이 해수에 녹지만 지질 연대를 통해서 볼 때 해수 중의 질산 농도가 크게 변화했다고 하는 확실한 증거를 잡는 것은 곤란하다. 그러나 퇴적물에 남아 있는 유기태 질소의 변화는 해수 중의 질소 농도를 아는 하나의 실마리임을 나타내고 있다. 1989년 알타벳(Altabet)과 커리(Curry)에 의하면 퇴적물 중 유공충에 포함되는 $^{15}N/^{14}N$가 과거의 해양 화학 기록을 재현하는 데에 유용하다고 보고 있다. 그 이유는 이 비율이 당시의 해양에 있어서 질소 고정과 탈질의 비율을 잘 반영하고 있기 때문이라고 하는 것이다.

정상 상태라고 가정 하면 해양에서 영양염으로서의 질소 잔류 시간은 약 6,000년이지만, 매크엘로이(McElroy, 1983)는 정상 상태를 부정하고 있다. 그것은 오늘날의 해양이 탈질 작용으로 공급해 오는 것 이상의 질소를 소실하고 있기 때문이라고 하고 있다. 또 그는 빙하기(약 1만 년 전)에는 다량의 질소가 바다로 공급되었지만, 그 후 오늘날까지 점차로 감소해 오고 있다고 한다. 이와 같은 그의 주장은 빙하기의 퇴적물에서 유기물 함량이 높은 것과 당시의 유공충에 포함된 $^{15}N/^{14}N$의 측정 결과와도 잘 부합되고 있다. 매크엘로이의 제언은 질소 순환을 생각함에 있어서 의미하는 것이 크다.

이와 같이 정상 상태라고 가정 하면, 물질 순환을 논의함에 있어서 편리하기는 하나 현실적으로 맞지 않는 경우도 있다. 현재 대기 중의 이산화탄소 농도는 증가 일로에 있다. 지구상에서의 질소 사이클에 있어서도 마찬가지라고 할 수 있다. 인공비료 생산량이 급격히 증가하여 최근에는 ~5,600만 톤N/년에 달하고 있다. 또 자동차 등의 배기가스에 포함된 질소 산화물도 4,000만~6,000만 톤N/년으로 자연계의 순환계에 큰 부하를 주고 있다. 만약 탈질 현상이 없으면 대기 중 질소가 점차로 감소해 가고, 반면에 해수 중의 질산 농도가 증가·축적하게 된다. 그러나 실제로 해양은 원래부터 육상으로부터의 다량의 탈질에 의해서 생물이 이용할 수 있는 질소의 보급이 제한되고 있다. 생물에 의한 질소 고정과 탈질 작용이 공존함으로써 막힘 없이 지구상의 질소 순환이 유지되고 있는지도 모른다.

2.6.6 인의 수지

인은 질소와 달라 대기 중에서 안정한 가스로는 존재하지 않으므로 대기와 해양간의 출입이 작다. 바다로 공급되는 인의 대부분은 하천으로부터이다. 하천수 중 인의 최초 기원은 암석의 풍화에서 유래하고 있다. 이미 앞에서 밝힌 것처럼 암석과 퇴적물 중의 인의 대부분은 난용해성 화합물로 존재하고 있다. 그 일부가 풍화 작용에 의해 수중으로 용출됐다고 하더라도 철, 알루미늄과 칼슘이라는 원소와 다시 난용해성 물질을 형성하든지, 또는 점토광물에 흡착되어 불용성 인이 됨으로써, 식물 플랑크톤에 이용되지 않는 형이 되어 용액 중으로부터 제거되어 간다. 이처럼 인은 물에서 용해하기 어려운 화합물로 존재하는 것이 많으므로 생물 생산에 제한 인자가 되기 쉬운 원소로 취급되는 경우가 적지 않다.

인간 활동은 자연계에서 인 순환계와 깊은 관계를 갖고 있다. 즉 산림 벌채에 의한 표토 유출의 가속화, 인비료의 사용과 유출, 공장과 가정 배수 중의 인 증가 현상 등이 그것이다.

근년 인광석의 이용이 지수함수적으로 증가하고 있어서 그 대부분이 (~85%) 화학 비료의 제조에 사용되고 있다. 특히 인 생산량은 1955년경부터 급격한 상승 경향을 보이고 있다. 세계적으로 내만·하구역의 부영양화 현상이 사회적 문제가 된 것도 이 무렵부터이다. 이것은 하천으로부터 바다로 운반되는 비옥한 토양이 화학 세제와 생활 배수와 함께 내만·하구역으로 인을 다량으로 공급함으로써 부영양화 현상을 한층 촉진시키는 방향으로 작용하고 있음을 증명하고 있다. 화학 비료와 표토의 유출량 증가에 따라 바다로 반입되는 인의 총량이 급증하고 있는 것은 사실이지만, 이들 중 어느 정도가 해양 생물 활동에 이용되는 잠재적 가능성을 갖는가에 대해서는 잘 모르고 있다. 또 인간 활동에 의해 증가해 온 용존태 인 중 어느 정도가 점토광물에 흡착되며, 불용성 인 화합물이

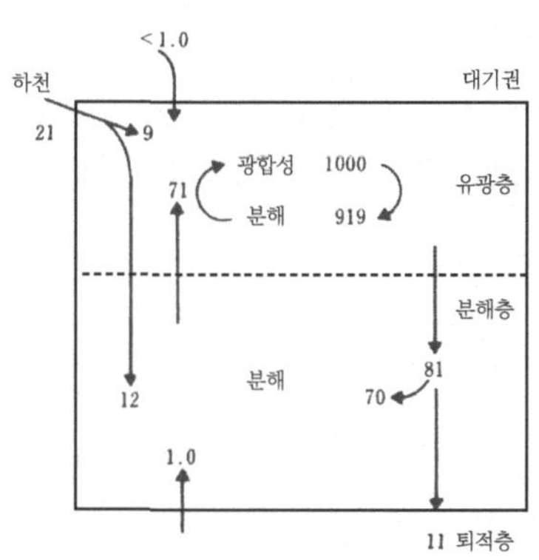

그림 2.13 해양에서 인의 수지(×100만 톤P/년)

되어 제거되는지도 불분명하다. 인간 활동에 의해 급증한 인이 해양에서 어느 방향으로 이행해 가는지에 대해 정량적으로 추정하는 것은 더욱더 곤란한 문제여서 앞으로의 검토 과제라고 할 수 있다. 그런데 해양 오염과 부영양화 현상을 논의하는 경우 문제가 되는 것은 생물에 이용 가능한 인, 즉 용존태 인과 그 가능성을 갖는 인 화합물의 잠재적 양이다.

인간 활동이 활발해짐에 따라 인이 바닷물로 반입되는 양도 급증하여 내만·하구역에서 적조·청조 현상을 일으킴으로써 수질과 저질 악화 정도와 범위를 가속적으로 확대시키고 있다. 이 경향은 외해수와 교환이 나쁜 폐쇄성이 큰 해역에서 현저하다. 그러나 이와 같은 수역에 있어서도 인은 부하되어 오는 양의 증가에 비해 퇴적물 중에 매몰하여 남는 비율이 작은 반면, 빠르게 만 밖으로 유출하는 성질이 강한 원소임이 도쿄만의 예에서 나타나고 있다(鎌谷과 前田, 1989). 이와 같은 관점으로부터 볼 때 내만·하

구역에서 인에 의한 부영양화 현상은 인의 부하량을 삭감시킴으로써 비교적 빠르게 회복될 수 있다고 생각된다. 바꿔 말하면 물의 교환을 촉진시킴으로써 많은 문제가 해결된다고 하는 것이다.

해양에 있어서 인의 수지를 그림 2.13에 나타냈다. 해양에 용존하는 무기태 인의 총량은 ~850억 톤인데, 바다를 주수온 약층으로 단순히 2층으로 구분하면 표층(0~200m)에 포함되는 인의 비율은 전체의 겨우 0.2%에 불과하고, 하층(200~3000m)에 99.8%로 다량 존재한다. 식물 플랑크톤으로 존재하는 인은 4,200만 톤이고 식물 플랑크톤이 연간 소비하는 인은 10억 톤/년이라고 한다. 만약 공급도, 분해에 의한 재생도 없다면 표층수 중의 인은 0.2년 이내에 전부 소비되고 말 것이다. 해양 전체의 인의 양을 생각해도 겨우 85년의 생산을 유지할 정도에 불과하다. 이와 같이 볼 때 해양에 있어서 생물 생산이 항상적으로 유지되기 위해서는 유광층으로의 인 보급이 빠르게, 그것도 원만하게 진행되지 않으면 안된다는 것이다. 그림 2.13에 나타낸 것처럼 해양의 유광층 내에서 식물 플랑크톤에 흡수된 인의 90% 이상이 빠르게 분해하고 재차 생물에 이용되며 나머지의 약 10%가 심층으로 운반되지만, 그 대부분은 또 퇴적물 중으로 들어가기 이전에 분해되고 있다. 따라서 해저에 매몰되는 인의 양은 표층에서 생물에 이용되는 양의 겨우 ~1%이다. 해수 중에 용존해 있는 인은 빠르게 생체 내로 흡수되어 입자 형으로 변환되지만, 분해도 빨라서 생물과 환경수 사이를 빠른 속도로 회전하고 있으므로 해양계로부터 제거되기는 어려운 원소이다. 그 때문에 인의 해양 체류 시간이 7만 년으로 비교적 길다(그림

2.9 참조).

오늘날 바다로부터 제거되고 있는 인의 양은 280만 톤/년인데, 그 대부분이 광합성과 박테리아에 의해 만들어지는 난분해성 유기태 인(200만 톤/년) 및 탄산칼슘에 흡착한 인(70만 톤/년)으로 해저에 침적하고 있다(Berner and Berner, 1989). 그 외로 해수 중 용존태 인의 일부가 열수 광상으로부터 분출하는 철이온이 해수 중에서 수산화물로 응집·침전할 때에 흡착해서 제거되고 있다. 또 소량이지만 어류의 골격이 되어 소실하고 있다.

2.7 인간 활동이 자연계에 미치는 문제점

지구가 탄생한 극히 초기 무렵 물은 대기 중에 수증기로 존재하고 있었다고 한다. 수증기는 온실 효과 역할을 하므로 지구의 냉각화를 지연시키는 쪽으로 작용 하고 있었다고 생각된다. 그러나 지표면이 100℃ 이하로 냉각되어 다량의 수증기가 응집함으로써 해양이 형성되었다. 대기 중에 남은 소량의 수증기와 이산화탄소가 그 후도 적당한 온실 효과를 유지하고, 또 해양이 큰 열량 조절 기관으로 역할함으로써 지표를 적당한 온도(~33℃)로 유지시켜 왔다. 이처럼 지구가 지닌 환경 조절 기능이 생명의 탄생과 진화를 가능하게 했다. 지구의 진화는 30억 년 이전부터 시작되었다고 하는데 그 무렵의 순환수 양은 현재의 순환수 양과 그렇게 차이가 없었다고 추정되고 있다.

해수면의 상승과 하강 현상은 지각 변동에 의한 해저 지형 변화 또는 기후 변화에 따른 빙하의 소장에 의해 일어나고 있지만, 과거 200만 년 동안

(제4기)에 16회의 빙하기가 존재했다는 기록이 남겨져 있다. 그래서 약 1만 8,000년 전을 최대로, 최근의 빙하기의 빙하량은 4,200만 km^3로서 이것은 전해수의 3%에 상당하는 양이라고 추정되고 있다. 그러면 당시의 해수면은 현재보다는 약 120m 밑에 있었던 것이 된다.

빙하기가 어떻게 해서 찾아오는지에 대해 몇 개의 설이 있지만, 그것은 별개로 하더라도 빙하가 확대되는 것에 따라 물질의 순환 기구에 변화가 생긴 것은 확실한 것 같다. 물의 순환 양상은 물론이지만 해류와 해양과 대기간의 가스 교환에도 영향을 미치고 있었다는 것이다. 빙하기가 최대인 무렵의 강수량은 오늘날보다 14% 정도 적었다고 한다. 그 때문에 지구의 넓은 범위에 걸쳐 사막이 발달했는데 당시의 사막은 오늘날보다도 물기가 있었다고 보고 있다. 또 당시는 사막으로부터 다량의 표토가 바람에 의해 바다로 운반되었다고 한다. 이것이 하나의 요인이 되어 해양의 높은 생산성이 유지되고 있다는 생각이 최근 강하게 대두되고 있다(예, Martin 등, 1990). 또 바람에 의한 표토 침식이 오늘날 황하 현탁물의 기원이 되고 있는 황토층을 형성한 것도 이 무렵의 일이다. 빙하기 해수면 저하로 노출된 비옥한 천해 퇴적물이 풍화에 의해 해양으로 유출되어 해양의 기초 생산을 높은 상태로 유지하게 했다는 주장도 있다.

이와 같이 자연 현상 변화로 물을 비롯한 물질의 움직임이 크게 변화하고 있는데, 인간 활동도 자연에 대해서 어떤 영향을 끼치고 있어서 그 정도가 오늘날 한층 심해지고 있다.

현재 황하로부터 바다로 반입되고 있는 현탁물 부하량은 11억 톤/년인데 2,000년 전에 비하면 약 10배 정도 증가했다고 추정하고 있다(Milliman, 1990). 그 주요 원인은 중국 북부의 황토층이 농업화 촉진에 따라 심하게 유실되고 있기 때문이라고 생각되고 있다.

황하의 예를 그대로 동남아시아의 다른 지역에 적용할 수 있는 것은 아니지만, 아시아 하천으로부터 유출해 오는 다량의 현탁물이 인간 활동에 의한 영향을 강하게 받고 있는 것만은 사실이다. 이것은 특히 자연 보호가 불충분하기 때문이라고 하고 있다. 오늘날 아시아와 대양주 지역의 현탁물 부하량은 인간이 농업을 경영하든지 또는 삼림을 벌채하지 않았던 무렵에 비해 5배 정도 증대하고 있다고 추정되고 있다. 이처럼 추정을 해 나가면 2,500년 전에 세계의 전 하천으로부터 바다로 운반된 현탁물량이 70억 톤/년이 되므로 이것은 오늘날 값(135억 톤/년)의 약 50%에 해당한다. 또 당시 아시아 및 대양주 지역으로부터 바다로 운반된 현탁물량은 전 세계의 약 30% 정도로 추정된다(Milliman. 1990). 단, 이것은 세계의 다른 하천이 그 사이에 현재와 같은 상황이었다고 하는 가정 하에서의 계산이다(이와 같은 것은 있을 수 없는 가정이지만).

오늘날 세계 대하천의 대부분은 발전 도상 국가를 관통하여 하천 유역의 인간 활동과 깊은 관계를 갖고 있다. 이들 국가들은 앞으로 수력 발전, 농업 용수 또는 생활 용수 확보라는 수자원의 유효 이용을 목적으로, 또는 하천의 범람으로부터 인명과 재산을 보호하기 위해 댐과 인공 호수의 건설을 추진할 것이다. 이들 공사에 의해 하천 유량은 안정하겠지만 하천 유량의 저하는 하천이 운반하는 토사와 현탁물의 격감을 의미하기도 한다.

이들의 감소는 하구역의 델타 지대와 해안선의 침식을 가져옴과 동시에 망그로브의 소실이라는 현상을 일으키게 된다. 또한 하천 유량의 감소가 해수의 하구역 침범을 쉽게 하므로 하구역으로 염분 피해를 가져오게 하는 원인이 되기도 한다.

이와 같은 재해의 대표적인 예로서, 황하와 나일강을 들 수 있다. 황하의 범람을 막기 위해 하구역 수로 개수 공사가 시행됐는데 이것에 의해 구 하구역 침식이 급격히 진행되었다고 하는 기록이 남아 있다. 나일강 상류에 다목적의 아스완 하이댐이 건설됨으로써 지중해로의 하천 유입량이 종래 100km^3/년으로부터 3km^3/년 이하로 저하하여 연안·하구역의 생물 환경을 크게 바꾸었다고 하는 보고가 있다(Wahby and Bishara, 1981). 그것에 의하면 최근 동부 지중해의 멸치 어업이 치명적인 타격을 받았다고 하는 것이다. 이것은 나일강으로부터의 영양염류 공급이 극도로 저하하여 어류의 먹이가 되는 플랑크톤의 증식량이 감소한 때문이다. 하천 유입량의 감소에 의해 나일강 하구의 염분은 미묘하게 증가하고 있지만, 그 때문에 어류의 산란장으로서 또는 유어의 좋은 서식장인 습지대에 심각한 피해가 미치고 있다. 토사가 감소함에 따라 해안 침식이 급격히 진행되고 있다. 댐 건설로 홍수 피해는 없어졌지만 하천이 갖는 오염 물질의 희석 효과, 자정 작용, 그리고 세정 기능이 극도로 저하하므로 하류역에서는 수질 오염이 심각한 문제가 되고 있다. 델타 지대의 도시에서는 지하수 사용량이 현저히 증가하고 있다. 그 때문에 지반 침하가 생기고, 거기에 지구 온난화에 따른 해수면 상승이 상승 효과로 되어 나타나, 오늘날의 이집트

전국토 거주 지역의 25% 정도가 21세기 중반 이전에 침수되는 상황으로까지 침하할 것이라는 비관적인 예측을 밀리만(Milliman, 1989)은 하고 있다. 이집트문명은 나일강 범람으로 가져오는 다량의 비옥한 토양과 물에 의해 발전되어 왔는데, 댐 건설이라는 인간의 잘못으로 생태계가 바뀌어 6,000년에 걸친 문명이 소멸될 위기에 직면하게 될지도 모른다.

해발이 겨우 5m도 되지 않는 토지가 국토의 50%를 차지하고, 거기에 대하천이 관통하고 있는 방글라데시도 유사하게 심각한 문제를 안고 있다. 우기에는 하천의 범람과 사이클론에 의한 높은 파도로 매년 막대한 피해를 보고 있다. 이와 같은 비참한 재해를 없애기 위해서 하천의 개수, 호안 공사가 이루어지고, 또한 부라마푸트라강 상류에 댐 건설이 계획되고 있는 것 같다. 공사의 진전으로 주변을 자연 재해에 대한 공포로부터 구할 수는 있겠지만, 나일강 하구역에서 보인 것 같은 하천 유량의 감소는 하구역의 망그로브(홍수림)가 또 다른 재해로 영향을 받게 된다. 또한 지반 침하로 국토의 많은 부분이 유실될 것이 확실하지만 그 속도와 넓이에 대해서는 예측 불가능한 것이 현실이다.

일본으로 눈을 돌려보더라도, 근년 연안 침식이 진행되고 있음이 건설성 조사에서 밝혀지고 있다. 침식 정도는 1978년부터 1991년의 13년 동안 전국에서 총연장 약 750km에 달하고 평균 폭이 37m로 추산되고 있다. 면적으로 약 28km^{2}의 해안이 소실된 것이 된다. 이것은 전국 해안선 34,000km의 2.2%에 상당한다. 그 원인의 대부분이 해변을 형성하는 모래가 어항과 방파제로 막히든지, 또는 댐과 호안 공사로 인해 하천으로부터의 토사 유입이 감소한 때문이다. 이처럼 인간의 생활과 활동을 위해 항만과 댐 건설, 또는 하천의 호안 공사가 필요하지만 환경 파괴라는 문제와는 항상 상반되고 있음을 잊어서는 안된다.

인구 증가와 도시 집중화, 거기에 화학 공업의 급격한 발전으로 다양한 물질이 다량으로 하천과 해양으로 반입되고 있다. 이런 것에 의해 자연의 조화가 파괴되어 자연 정화 능력이 크게 압박되고 수질과 저질 악화가 급속도로 진행되고 있다. 특히 인과 질소 증가는 내만·하구역의 부영양화를 한층 촉진시키는 방향으로 작용 하여 적조 발생과 청조 현상을 일으켜, 생물 생산의 장소인 연안·내만역 어장 환경이 파괴·상실되게 되는 중대한 문제에 직면하고 있다. 인공 유해 물질의 생물에 의한 농축 현상은 사람들에게 불안을 주어 큰 사회 문제가 되고 있다. 생산성이 높아 '천연의 이상적인 생물 생산 시스템 공장'이라고 할 수 있는 해양의 기능과 구조를 유효하고 지속적으로 이용하기 위해서는 기초적인 조사·연구가 강력히 요망되고 있다.

제3장

해양 환경과 생물 활동

지구는 그 표면의 71%를 덮는 해수의 순환과 해수와 대기의 상호 작용에 의해 생물로서는 살기 좋은 온난한 환경이 되고 있는데, 이와 같은 환경은 생물 활동에 의해 형성되었다고 한다. 생명은 30억 년 전에 바다로부터 탄생하여 그 후 해수 중에서 번영했던 남조와 녹조가 대략 20억 년 정도 전부터 대기 중으로 산소를 대량으로 방출하게 되자 대기의 조성이 점차 현재와 가까운 것이 됐다. 대기 중 산소 농도의 상승으로 오존층이 형성되어 생물에 유해한 자외선이 거기에서 흡수되게 되자 생물이 육상으로 진출하였고, 이윽고 인류의 출현을 맞이하게 되었다. 단일 종류로서는 현재 남극 크릴에 버금가는 생물량을 갖고 있다고 할 정도로 증가한 인류가 석탄, 석유 등의 화석 연료로부터 원자력에 의한 에너지까지 이용하는 소비 문명을 만들어내자 각종 생물이 지구 환경에서 급속한 변화를 가져오기 시작했다.

이산화탄소의 증가에 의한 지구 온난화가 그 하나의 예로서, 그것의 수지에는 해양과 거기에 살고 있는 생물이 크게 관여하고 있다. 이 장에서는 해양 환경과 거기에 사는 생물의 관계, 인류의 활동이 해양 환경에 미치는 영향들에 대해서 살펴보기로 한다.

3.1 해양의 생태계와 환경

3.1.1 1차 생산자: 식물 플랑크톤

생물의 몸은 대부분이 물로 되어 있기 때문에 비중이 1에 가까우므로 바다를 삶의 장소로 하는 생물은 쉽게 물에 뜰 수 있다. 그래서 해양 생물은 표면으로부터 심해저까지 분포하여 수직적인 서식지 분할을 하고 있다. 한편 공중에 오랫동안 떠 있을 수 있는 생물은 없으므로 육상에서는 생물이 지표 또는 거기에 뿌리를 내리는 식물과, 그 위에서 생활하고 있어도 기껏해야 수십 m까지 높이의 공간에만 고밀도로 분포하고 있다.

해양 생물은 생활 형태로부터 크게 3가지로 구분된다. 바다 중에 부유하는 세균류로부터 대형 해파리까지 유영력이 작아서 물에 부유하며 생활하는 플랑크톤(부유 생물), 많은 어류와 오징어, 고래 등 큰 유영력을 갖고 있어서 스스로의 힘으로 이동하는 넥톤(유영 생물), 그리고 해조·권패·문어·게·해면·갯지렁이 등 해저에 의존해서 생활하는 벤토스(저서 생물)가 그것이다. 한편 생물을 생태학적 역할로부터 구분하면 생산자, 소비자와 분해자의 3개로 나눌 수 있다. 생물은 생존을 위해 탄수화물과 지방, 단백질 등의 유기물을 필요로 하는데, 이들 물질을 무기물로부터 만들어 낼 수 있는 독립 영양 생물로서 주로 광합성을 하는 식물이 생산자이고, 다른 생물을 포식해서 생활하는 것을 소비자, 또 생산자와 소비자의 유해와 배설물을 분해해서 에너지를 얻고 있는 세균류와 곰팡이류를 분해자라고 한다. 소비자 중 생산자를 직접 섭취하는 것은 1차 소비자, 1차 소비자를 포식하는 것을 2차 소비자, 이어서 2차 소비자를 포식하는 것을 3차 소비자라고 부른다. 1차 소비자를 2차 생산자라고 부르는 경우가 있기 때문에 생산자를 특히 1차 생산자 또는 기초 생산자라고 부르는 경우가 많다. 이처럼 생물 군집을 영양 방법에 따라서 단계적으로 나누는 것을 영양 단계라고 한다. 1차 생산자는 빛 에너지를 화학 에너지로서 고정하여 모든 생물에게 생활의 기초가 되는 유기물을 만들어 내고 있으므로 생물 군집의 기초가 되고 있다.

1차 생산자의 활동과 해양 환경의 관계에 대해서 먼저 살펴보자. 해양에서 1차 생산자로는 벤토스 중 종자 식물인 거머리말 등의 해초류와 미역과 다시마 등의 해조류가 있고, 또 많은 미세조류가 식물 플랑크톤으로 존재한다. 광합성에 이용되는 빛은 파장이 400~700nm 사이의 가시광으로 대기에서는 거의 흡수되지 않고 지구 표면에 도달한다. 한편 해수 중에서 물 자체는 적생광을, 물에 녹아 있는 유기물(용존태 유기물)은 청색광을 잘 흡수하므로 가장 깨끗한 외양이라도 수심 150m에 도달하는 빛의 세기는 해수 표면 바로 밑의 빛에 비해(상대 조도) 1% 이하로 된다. 연안과 내만에서는 식물 플랑크톤과 테트리터스라는 생물의 유해와 배설물, 그리고 이들의 분해물로부터 되는 세편 등에 의한 흡수도 커서, 도쿄만 등에서는 수심 1m 정도에서 상대 조도가 1% 이하로 되어 버린다. 광합성에 의한 유기물의 생산 속도는 어느 정도 빛이 강할 때까지는 광량에 비례한다. 광합성 속도가 호흡에 의한 유기물 분해 속도와 같게 되는 빛의 세기를 보상점이라 하고, 1일당 광합성량과 호흡량이 같게 되는 빛의 세기가 도달하는 수심을 보상심도라고 한다. 보상심도는 일반적으로 상대 조도가 1% 되는 수심으로, 식물이 광합성에 의해 성장할 수 있는 곳인 유광층이라고 불리우는 심도보다 얕은 층이다. 해양의 평균 수심이 3,800m이고 유광층이 겨우 150m이지만, 저서 식물이 생육할 수 있는 것은 연안의 제한된 수역뿐이므로 대부분의 해역에서는 식물 플랑크톤이 유일한 1차 생산자이다.

또 1차 생산은 표층인 150m까지에서 이루어질 뿐이므로 그 이심에 서식하는 생물은 모두 유광층에서의 1차 생산에 에너지를 의존하고 있다.

3.1.2 식물 플랑크톤이 많은 바다와 적은 바다

식물 플랑크톤의 분포 양상은 일정하지 않고 종류와 크기도 해역에 따라 크게 다르다. 식물 플랑크톤 생물량이 많은 곳에서는 1차 생산량도 크다. 그림 3.1에는 세계의 해양에서 유광층 내의 수주 $1m^2$당 연간 1차 생산량을 고정된 탄소량으로 나타낸 것이다. 높은 1차 생산량을 갖는 해역은 연안역, 고위도 해역, 적도역, 아프리카 북서해안 및 동해안, 남북아메리카 서해안 등이고, 태평양, 대서양의 아열대 해역에서는 1차 생산력이 낮다.

해양에 있어서 1차 생산량은 무엇에 의해 결정되는 것일까? 적도와 고위도 해역에서 생산량이 많은 것은 수온과 빛 에너지에 의해 결정되는 것이 아니다. 광합성에 필요한 재료 중 물은 무한으로 존재하고 또 이산화탄소도 물에 녹아서 탄산이온과 중탄산이온으로 다량 존재하므로 광합성 제한 요인이 되지 않는다. 이들 외에 생물은 대단히 많은 원소를 필요로 하는데, 특히 아미노산과 단백질의 구성 요소인 질소와 핵산 등의 원료가 되는 인을 다량으로 필요로 하므로 그 염을 다량 영양염이라고 부른다. 이들은 표층의 해수 중에서 분포 농도가 낮은 경우가 많아 식물 플랑크톤의 성장을 제한한다. 그 밖에도 효소의 구성 요소 등으로서 필수이지만 필요로 하는 양이 극히 적은 화합물을 미량 영양소라고 부른다. 미량 영양소는 요구되는 양이 소량이지만 분포 농도가 극히 적어 제한 인자가 되는 경우가 있다. 남극해에서는 철이 1차 생산을 제한한다고 한다. 영양염류의 지리 분포와 수직 분포는 어느 것이나 비슷한 경향을 나타내는 것으로 알려졌다. 그 예로서 중요한 무기 질소 화합물의 하나인 질산염에 대해 세계 해양의 표층 분포를 그림 3.2에 나타냈다. 영양염 분포는 1차 생산량의 분포와 일치하여 고위도 해역과 적도역에서 높은 값으로 분포하는데 이들의 공급량이 1차 생산량을 결정한다고 생각된다. 영양염 농도가 높은 해역을 부영양역, 낮은 해역을 빈영양역이라고 한다.

3.1.3 해양 구조와 영양염 분포

유광층 내에서 영양염이 적게 되는 이유는 무엇일까? 또 유광층 내로 영양염이 공급되는 기구에는 어떤 것이 있을까? 중위도 지역의 수온의 수직 분포 연 변화를 생각해 보자. 겨울에는 해수면이 냉각되어서 무거워져 표층수가 침강해 가므로 수직 혼합이 일어나 표층 부근의 물이 잘 혼합되어 균일한 수온이 된다(혼합층). 봄이 되면 표층 해수가 따뜻해져서 가벼워진 물이 하층수와 혼합되기 어렵게 되므로 표층수와 심층수의 수온 차이가 점차 크게 되어 수심이 깊어짐에 따라 함께 수온이 급격히 내려가는 층(계절적 수온 약층)이 형성된다. 먹이사슬 과정에 있어서 질소의 순환을 그림 3.3에 나타냈다. 해수 중에 존재하는 가장 안정한 무기 질소는 질산염이다. 유광층 내의 질산염은 식물 플랑크톤 세포에 흡수되어 유기물로 된다. 식물 플랑크톤이 동물에게 먹히어 유기물의 일부가 동화되어서 체성분이 되지만 일부는 소화되지 않고 분으로 배설된다. 또 동물 플랑크고위도 해역, 적도 해역, 연안의 천해역 등에서 높은 생산량이 보인다.

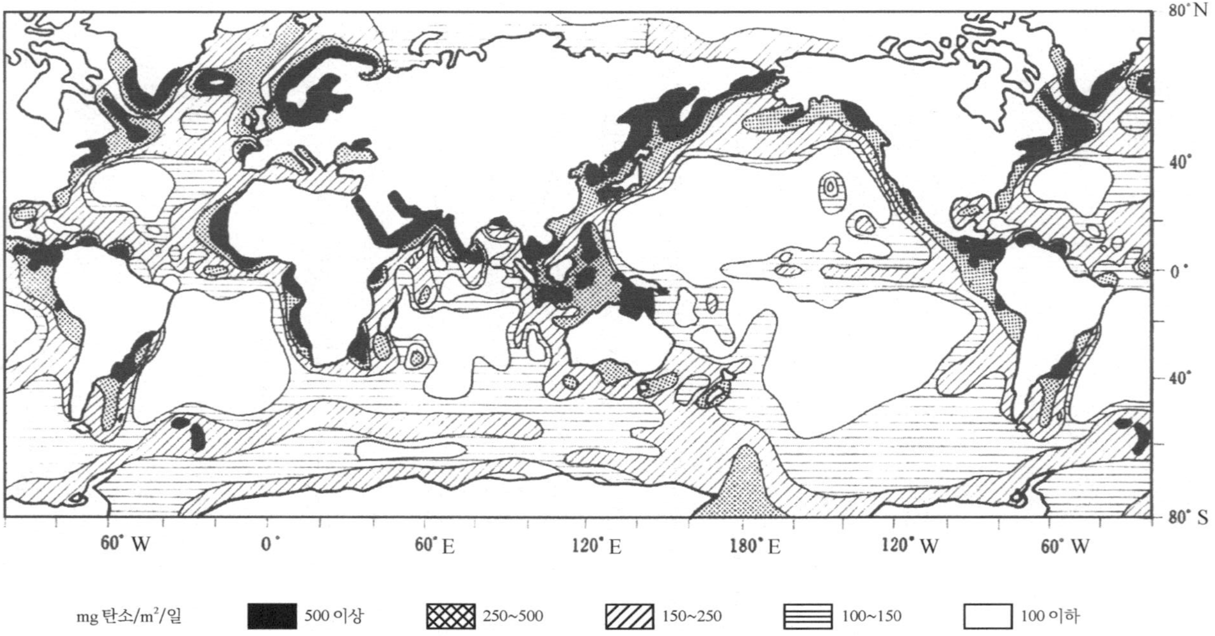

80° N
40°
0°
40°
80° S
60° W
0°
60° E
120° E
180° E
120° W
60° W

mg 탄소/m²/일
500 이상
250~500
150~250
100~150
100 이하

그림 3.1 세계 해양의 1차 생산량

고위도 해역(겨울철의 혼합에 의함)과 적도 해역(적도용승에 의함)에서는 심층의 영양염이 표층으로 공급되므로 높은 값이 보인다. 영양염이 표층에 고농도로 분포하는 해역은 1차 생산량이 많은 해역과 잘 일치하는 것에 주목할 것.

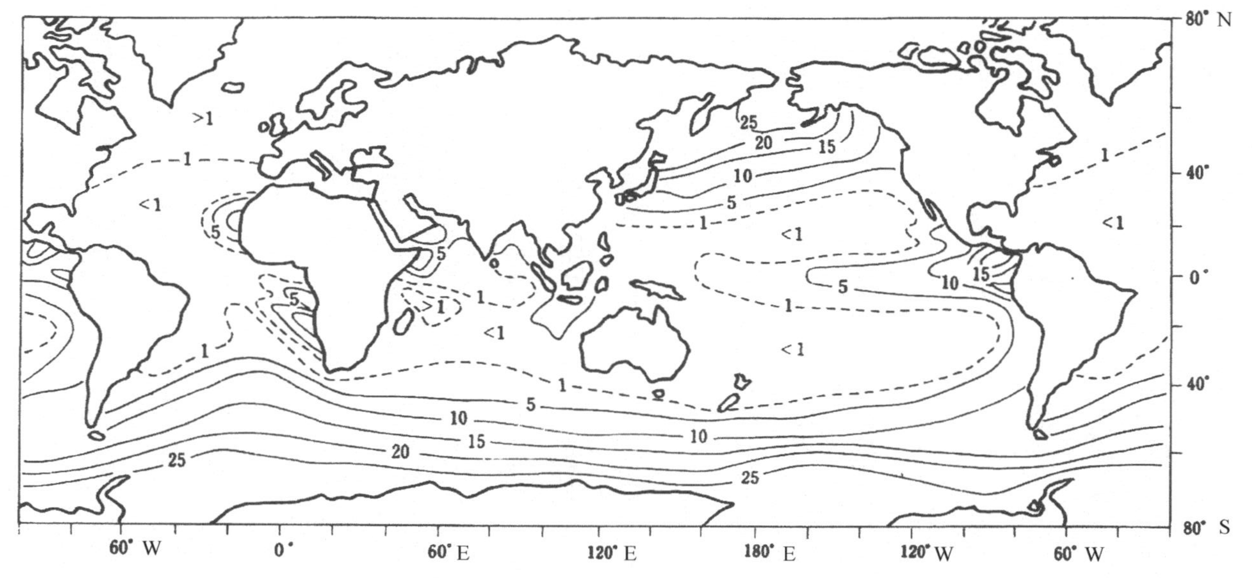

그림 3.2 세계의 해양 표층에서의 질산염 분포(단위: μg-at N/l)

톤의 구성 성분 중 유기태 질소의 일부는 대사 활동에 의해 무기화되어 요중의 암모니아로 배설된다. 유광층 내에서 암모니아는 식물 플랑크톤에 이용된다. 재생한 암모니아를 이용해서 이루어지는 유기물 생산을 재생 생산이라고 부른다. 한편, 분립은 침강 속도가 빠르므로 분립에 포함된 유기질소는 유광층 내에서는 분해되지 않고 심층으로 운반된다. 심층으로 침강하는 입자는 세균 활동에 의해 서서히 분해되어 암모니아성 질소가 재생되는데, 유광층 이심에서는 식물이 성장할 수 없으므로 이 암모니아가 이용되지 않고 산화되어 아질산을 거쳐 질산성 질소로 축적된다. 영양염의 깊은 곳으로의 수송에는 분립 외에 플랑크톤과 그 유해 등의 침강도 기여하고 있다.

또 많은 동물 플랑크톤과 심해 어류 등이 주간에는 심층에 있다가 야간에 천층으로 이동하여(일주 수직 이동) 활발히 섭이하기 때문에, 이들 생물간의 먹고 먹히는 관계를 통해서 유기물이 심층으로 수송되고 그것과 함께 영양염도 심층으로 수송되게 된다. 이와 같은 기구에 의해 심층에서 고농도로 된 영양염은 해수의 혼합과 상방향으로의 흐름(용승류)에 의해 다시 표층으로 운반된다. 물질의 농도에 차이가 생긴 경우에는 분자 운동과 난류에 의해 농도 차이가 해소된다(확산). 그러나 이것에 의한 물질의 수송 속도가 느려져, 특히 해수의 밀도 차가 큰 수온 약층을 경계로 하여 영양염이 표층으로 수송되는 속도가 대단히 작게 된다. 계절적인 수직 혼합이 강하게 일어나는 고위도 해역과 적도 해역, 페루 외해 등 용승이 일어나는 해역의 표층에 영양염이 고농도로 분포하는 반면, 강한 수온 약층 분립과 유해로서 침강하는 유기물은 세균류에 의해 분해되고, 유기태 질소는 암모니아(NH_4), 아질산(NO_2)을 거쳐 질산(NO_3)으로 된다. 온도 약층이 발달하는 해역에서는 심층으로부터의 질산염 공급 속도가 늦어지므로 표층은 빈영양이 된다. 폐쇄성 해역에서는 다량의 침강 입자 분해 때문에 산소가 소비되므로 저층은 빈산소가 된다. 침강 입자는 탄소를 심층으로 수송하는 중요한 역할을 한다.

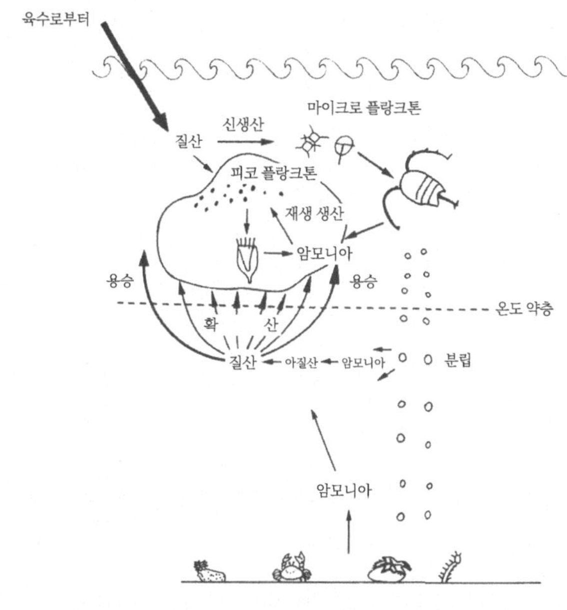

그림 3.3 해양에서의 질소 순환

이 항상 형성되고 있는 아열대 해역에서 영양염이 고갈되는 이유가 이와 같이 해서 설명된다. 또 연안에서는 영양염류가 육지로부터 담수와 함께 공급된다. 질산염을 이용해서 이루어지는 유기물의 생산을 신생산이라고 하며, 1차 생산 전체에서 차지하는 신생산 비율이 높은 해역일수록 높은 생산력을 갖고 있음이 알려지고 있다.

3.1.4 해역에 따른 생태계의 특징과 생산성

해양에서의 생물 분포를 보면, 예를 들어 극지역과 열대역과 같이 멀리 떨어진 해역뿐 아니라 쿠로시오의 중심과 그 주변 육지측과 같은 인접한 해역에서도 종 조성이 전혀 다른 경우가 있다. 생태계를 구성하는 종이 크게 다른 원인은 1차 생산자인 식물 플랑크톤의 종류와 크기가 크게 다르고 그것을 먹이로 하는 생물에도 차례로 차이가 있기 때문이다. 중요한 식물 플랑크톤을 그림 3.4에 나타냈다. 플랑크톤을 크기에 따라 나누면, 부영양역에 분포하는 식물 플랑크톤은 규조류와 와편모조류로 대표되는 비교적 대형의 식물 플랑크톤(마이크로 플랑크톤, 20~200μm)이고, 특히 용승역에서는 군체를 이루는 규조류가 주체이다. 그것에 비해 빈영양역에서는 평균적인 식물 플랑크톤의 크기가 매우 작다. 나노 플랑크톤(2~20μm)이라고 하는 각종 편모조류, 그리고 작은 피코 플랑크톤(2μm 이하)이라고 하는 단세포성 남조류와 원시 녹조가 여기에 분포한다. 후자는 확실한 핵을 갖지 않는 원핵 생물로서 세균과 마찬가지로 단순한 세포구조의 생물이다. 빈영양 해역일수록 작은 크기의 식물 플랑크톤이 우점하는 이유는, 저농도의 영양염을 섭취하기 위해서는 부피에 비해 표면적이 큰 쪽이 유리한 때문이라고 생각된다.

다음으로 소비자에 대해서 보면 바다에서는 먹고 먹히는 관계가 비교적 가까운 크기의 생물간에서 이뤄지고 있으므로 피코 플랑크톤이 1차 생산자인 경우에는 이들이 생산한 에너지가 먹이사슬을 통해서 어류까지 도달하는 데에 많은 영양 단계를 필요로 한다(그림 3.5). 각 영양 단계

A~C: 규조　D~F: 와편모조　G: 각종 소형편모조
A~F는 마이크로 플랑크톤, G는 나노 플랑크톤으로 분류된다. 피코 플랑크톤은 이 스케일에서는 점으로 밖에 되지 않는다. 크기의 차이에 주목할 것.

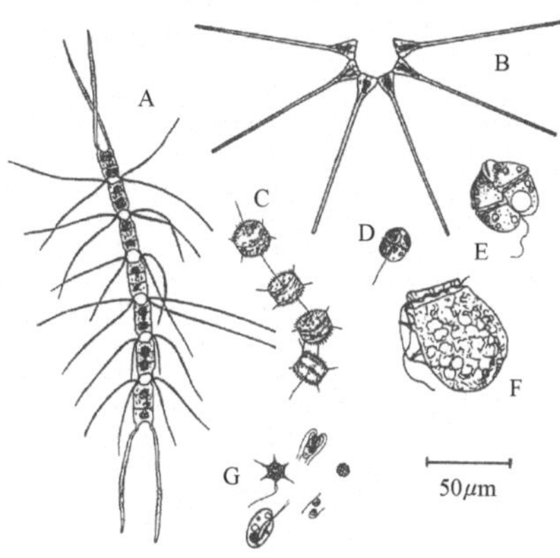

그림 3.4 다양한 식물 플랑크톤

위는 용승역, 아래는 아열대의 빈영양역 등에서 보임

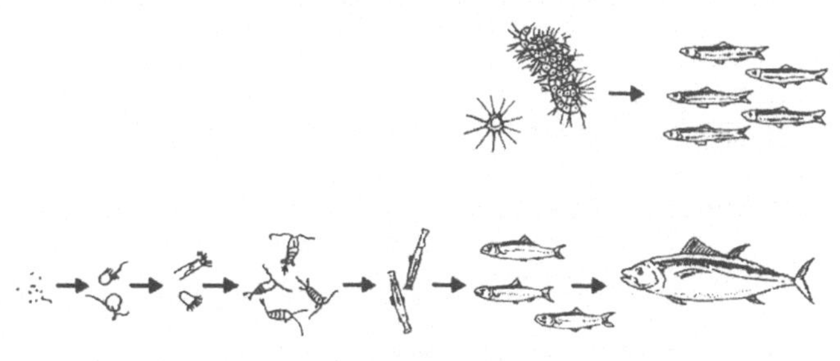

그림 3.5 먹이사슬의 극단적인 2개의 예

를 통과할 때에는 호흡 등에 의해 많은 에너지가 소실되므로, 영양 단계를 1단계 올릴 때마다 다음 단계의 생물량은 대략 1/10 정도로 낮아진다. 부영양역에서는 규조 등 마이크로 플랑크톤 크기의 1차 생산자가 주체이므

빈영양 해역에서는 식물 플랑크톤세포로부터 침출하는 용존태 유기물을 에너지원으로 하는 종속 영양 세균과 미세한 식물 플랑크톤 등의 피코 플랑크톤을 기점으로 하는 미생물간의 먹이사슬이 형성되고 있다. 빈영양 해역에서는 마이크로 플랑크톤 크기의 대형 식물 플랑크톤이 극히 적어서 요각류 등의 갑각류 플랑크톤이 섭식할 수 있는 크기의 플랑크톤에 이르기까지 많은 영양 단계를 거치지 않으면 안된다. 피코 플랑크톤에 흡수된 영양염과 고정된 유기물은 요각류 등의 대형 포식자에 도달하기 전에 분해·소비되어 미생물 간에 순환하는 것이 된다.

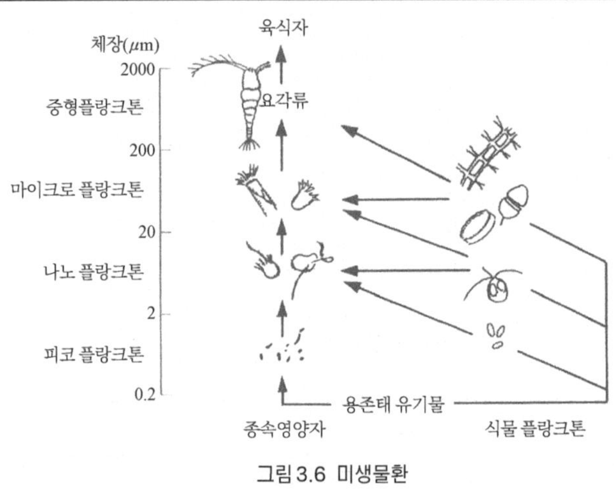

그림 3.6 미생물환

로, 1차 소비자는 주로 요각류 등의 갑각류 플랑크톤이다. 빈영양역에서는 1차 생산자가 피코 플랑크톤, 1차 소비자는 편모충, 2차 소비자는 섬모충이어서 요각류는 그 위의 3차 소비자가 된다. 만약 1차 생산자의 생물량이 양해역에서 같다 하여도 요각류의 생산량은 100대 1이 된다. 실제로 부영양 해역 1차 생산자의 생물량은 빈영양 해역의 그것에 비해 훨씬 크므로 그 차이가 더욱 크게 된다. 어류 자원이라는 관점에서 보면 빈영양 해역에서 어획 가능한 어류는 요각류를 먹는 화살벌레 등의 동물 플랑크톤, 그 위에 위치하는 샛비늘치 등의 소형 어류, 그보다 다시 상위에 있는

참치와 가다랑어 등이 되므로 이들 어류가 6차 소비자가 되기 때문에 그 생산량은 피코 플랑크톤의 생물량에 비해 100만분의 1이라는 극히 작은 양이 된다. 이것에 비해 페루 외해의 용승역에서는 군체를 이루는 대형 규조류를 멸치류인 앤초비가 먹고, 그것을 인간이 어획하므로 1차 소비자를 이용하는 것이 되어 1차 생산자 생물량의 1/10을 이용할 수 있다는 것이 된다. 남극에서는 규조를 남극 크릴이 먹고 그것을 수염고래가 먹는다. 인간은 이전에는 2차 소비자인 고래를, 지금은 1차 소비자인 남극 크릴을 어획하고 있다.

최근 빈영양 해역에서는 해수 중에 녹아 있는 유기물(용존태 유기물)을 에너지원으로 하여 살고 있는 부유성 종속 영양 세균의 생물량이 1차 생산자의 생물량에 비해 무시할 수 없음이 알려지게 되어, 그림 3.6에 나타낸 것처럼 미생물환이라고 불리우는 미생물간 물질 순환계의 중요성이 생각되고 있다. 용존태 유기물은 빈영양 하에서는 식물 플랑크톤의 광합성 생산물 일부가 세포 내에 고정되지 않고 침출하든지, 또는 동물 플랑크톤이 섭취할 때에 먹이의 일부가 먹다 남겨져 해수 중으로 용출되는 것 등에 의해 생산된다. 미생물환 내의 미소 동물 플랑크톤은 어느 것도 큰 분립을 만들지 않으므로 유기물과 영양염이 깊은 곳으로 거의 수송되지 않고 표층 내에서 순환한다. 빈영양 해역에서는 영양염이 육지와 심층으로부터의 공급이 거의 없으므로, 혼합층 내에 남아 있는 암모니아를 이용하는 피코 플랑크톤에 의한 재생산과 용존태 유기물을 이용하는 종속 영양 세균의 역할에 의해서 제한된 자원을 유효하게 이용하고 있다. 반면,

부영양 해역에서는 심층과 육지로부터 공급되는 영양염을 이용한 신생산으로 다량의 생물 생산이 이루어짐과 동시에 많은 유기물과 영양염을 심층으로 수송도 하고 있다.

이상과 같이 생태계를 구성하는 생물종과 생물량은 1차 생산자의 크기와 양에 따라 결정되고 있는데 이것은 영양염의 공급 형태, 즉 해양의 물리적인 구조에 의해 결정되고 있다.

3.2 인류의 활동과 해양 환경

3.2.1 해역의 부영양화

영양염은 지금까지 기술한 것처럼 식물 플랑크톤의 성장에 필수인 물질로서, 공급량이 많은 해역에서는 생물 생산이 풍부하지만 과잉으로 공급되는 경우에는 생태계를 파괴하게 된다. 가정과 공장 폐수로부터 영양염이 폐쇄적인 해역에 다량으로 유입하면 식물 플랑크톤이 고밀도로 증식한다. 특히 여름에는 성층이 발달하므로 식물 플랑크톤이 표층에 집중해서 적조 상태가 되고 거기에서는 광합성에 의한 산소 발생으로 용존 산소가 포화한다. 한편 저층에는 대량의 분립과 생물 유해가 침강하여 세균의 역할에 의해 분해되지만 이때에 산소가 소비되고, 수온 약층이 있기 때문에 표층으로부터의 산소 보급이 안되므로 저층은 빈산소 또는 무산소 상태가 된다. 그 결과 저층에서는 어패류가 살 수 없게 된다. 대도시 주변에서는 해역으로 흘러 들어오는 질소 영양 중 반이 산업 폐수로부터, 반은 가정 폐수로부터 된다고 하여 우리들 생활 자체가 해역의 부영양화와 연

일본 근해에서 정어리, 전갱이, 고등어 등 플랑크톤 식성의 다획성 부어류 증가는 인구 증가와 잘 일치하고 있다. 인간 활동에 의한 부영양화가 어류의 증가를 촉진시키고 있는지도 모른다.

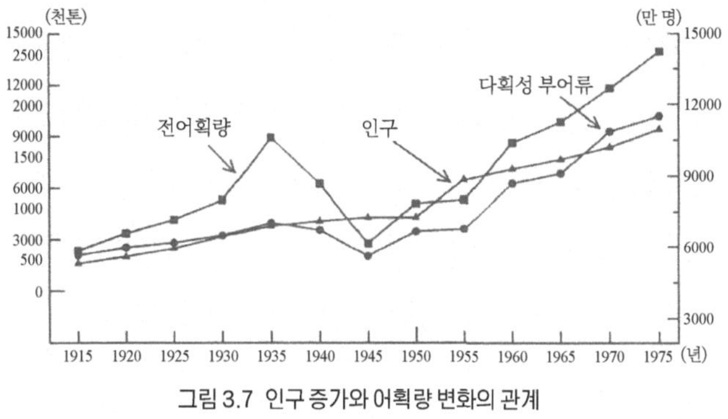

그림 3.7 인구 증가와 어획량 변화의 관계

계되고 있다. 한편 질소가 내만으로부터 제거되는 과정에는 질소가스로서의 대기 속 방출(탈질)과 외양으로의 유출이 있다. 탈질 작용은 간석 지에서 주로 관찰되므로 간석지의 매립은 부영양화를 촉진시킨다. 해수 중의 질소 영양을 줄이기 위한 폐수 처리는 인위적인 탈질이어서 높은 경비가 요구되는데 그 때문의 에너지 사용은 다음에 기술할 지구 온난화와 연계되게 된다. 이들은 과밀한 인간과 공장 집중이 가져온 환경 오염이다.

만 밖으로의 질소 유출은 표층으로부터 영양염으로 유출하는 부분, 플랑크톤 등 생물체로서의 수송, 해저로 침강하는 펄 속에 포함됨으로써의 유출 과정 등이 생각된다. 표층에서의 유출은 외해의 부영양화와 연결되어 부어류 자원을 증가시키는 결과가 되고 있다는 견해도 있다. 그림 3.7은 인구의 증가와 다획성 부어류의 어획량 증가가 잘 일치하고 있음을 보여주고 있다. 또 저층을 미끄러지듯 내려가 심해저로 운반되는 유기물은 벤토스의 생물량을 증가시킬 가능성이 있다.

화석 연료의 연소로 방출되는 질소 산화물은 산성비의 근원이 되어 삼림을 황폐화시키는 것이 문제가 되는데, 해양에서는 질소 영양 공급원이 되어 식물 플랑크톤의 증식을 촉진시킨다. 연안수 유출로 인한 외해에서의 부영양화는 기껏해야 쿠로시오의 내측인 육지에 가까운 해역 정도일 테지만, 강우에 의한 영양염 공급은 더욱 멀리 떨어진 외양역까지 미친다. 철 등의 미량 영양소가 대기를 통해 운반됨으로써 외양의 생산성을 높이고 있다는 보고도 있다.

3.2.2 지구 온난화와 해양의 생태계

지구 온난화는 석탄과 석유 등의 화석 연료 사용과 삼림 벌채로 대기 중의 이산화탄소 농도가 상승하여 그것이 적외선을 흡수함으로써 대기 온도가 상승하는 현상이다. 해수 온도의 상승과 극지역 얼음의 융해 등은 기온 상승을 가속화시킨다고 생각되고 이들 결과로 일어나는 기상 변동, 해면 상승 등이 인류에 중대한 피해를 끼친다고 예상되고 있다. 인류 활동에 의한 이산화탄소의 증가분은 탄소량으로 1년에 60억 톤이라고 하는데, 그중 대기 중으로의 이산화탄소 증가분이 약 반 정도이고, 나머지 대부분은 바다에서 용해된다고 생각된다.

해수 중에 녹아 있는 이산화탄소량은 대기 중에 존재하는 양의 약 50배 정도라고 추정되는데 수온과 pH의 작은 변화에 따라서도 크게 다르다. 또 생물 활동이 심층수로의 탄소 수송에 기여하고 있다고 생각되고 있다.

이것은 3.1.1에서 기술한 유기물의 수송 과정으로서 '생물 펌프'라고 부른다. 내만수의 유출과 산성비에 의한 연안과 외양의 부영양화는 탄소 저장고로서의 생물량 증가와 연결되므로 이산화탄소를 감소시키기 위해서는 유리하게 작용한다. 한편, 부영양화는 1차 생산자의 종류와 크기를 바꿔서 생태계를 영양 단계가 적은 단순한 것으로 변화시킨다. 일반적으로 단순한 생태계는 환경 변화에 대해 취약하다. 엘니뇨 발생으로 페루 외해에서 용승이 일어나지 않게 되면 앤초비가 격감하여 바다새가 다량으로 죽는 것이 좋은 예라고 할 수 있다.

이상과 같이 인류의 활동이 지구 환경과 생태계에 큰 영향을 주고는 있지만, 인류가 일으키고 있는 하나하나의 변화가 인류 생활 자체 또는 지구 환경에 어떤 영향을 주는가를 단기간의 결과를 가지고 평가하는 것은 곤란하다. 지금까지 보아 온 것처럼 화석 연료의 사용이 이산화탄소를 증가시키기는 하지만, 동시에 발생하는 질소 산화물은 외양역의 부영양화를 촉진시켜 생물 펌프를 활성화함으로써 탄소를 심층으로 운반하고 있다. 또 인구 증가에 따른 해역의 부영양화는 연안의 1차 생산과 부어류 자원의 증가, 이산화탄소 감소 등 긍정적인 면이 있는 반면 내만역 생태계의 파괴, 어획 가능한 어종의 변화(일반적으로 고급 어종은 감소), 생태계의 단순화 등 부정적인 면도 있다. 단편적으로 알려져 있는 여러 가지 일들을 종합하여 장래를 예측할 수 있을만큼 우리들이 아직 충분한 자료를 갖고 있지 않다. 현재 대규모 해양 환경 조사와 탄소의 순환, 생물 활동의 관계 등을 밝히기 위한 많은 국제 공동 연구가 진행 중이다.

제4장

지구 규모로 본 어장 환경과 그 변동

4.1 21세기를 향해서

일본 주변 해역에서 1980년대에 400만 톤을 상회하고 있던 일본의 정어리 어획량이 1991년에는 200만 톤대로 떨어져 어분 가공 업계와 양식 업계에 심각한 영향을 주었다. 정어리 어획량은 역사적으로 보아 큰 변동을 반복해 오고 있다. 그러나 이것은 일본 주변 해역에만 한정한 현상이 아니라 세계 각지의 정어리 어획량 변동에서도 공통으로 나타나고 있다는 것이 최근 주목되고 있다. 그 원인은 대기 대순환에 따른 편서풍·무역풍 등의 풍계 변동이 해류계에 변동을 일으킴으로써 지구 규모의 해황 변동에 의해서 발생하는 자원 변동이라고 생각하지 않을 수 없다. 어장 환경을 지구 규모로 볼 필요성이 여기에 있다. 21세기를 향해서 대기 중의 이산화탄소 등 온실 효과 가스의 증가로 지구 온난화가 걱정되고 있는 이때, 해양 표층 수온의 상승은 넓은 해양에 있어서 공통된 환경 조건의 변화로 취급할 필요가 있다. 또 1963년 겨울 일본 주변 해역에서 발생한 이상 냉수의 시기에 유럽의 북해에서도 저서어류의 대량 폐사 현상이 일어났다. 이것은 편서풍 파동의 정체에 따른 북반구 이상 기상의 한 예로서, 이와 같은 이상한 어해황은 지구 규모로 볼 수밖에 없다.

4.2 어장 환경과 자원 환경

4.2.1 어장 형성과 환경 조건

어획 대상이 되고 있는 어류의 서식 장소인 '어장'과 어획량, 그리고 환경과의 종합적인 관계를 일반적으로 '어해황'이라고 표현하고 있다. 여기에서의 환경은 일반적으로 '해황'이라고 하여, 수온 염분·해수 밀도·유동·수중 조도·탁도·용존 산소량·영양염류·플랑크톤의 종류와 양 등 많은 요소의 분포를 종합한 바다의 상태를 가리키고 있다. 어장은 2개의 수괴가 만나는 해양 전선역(조경역), 섬과 곶 주변에 생기는 와류역, 하층으로부터 영양염 공급이 있어서 식물 플랑크톤이 풍부한 용승역, 육지에서 담수와 영양염이 공급되어 복잡한 해황을 갖는 대륙붕역, 얕은 여울로 흐름에 흐트러짐이 생기는 연안역 등 먹이 생물이 풍부한 장소, 또는 산란을 위해 어류가 농밀군을 형성하며 기술적으로 어획이 가능하고 경제적으로도 채산이 맞는 제한된 해역과 제한된 시기에 형성된다. 일반적으로 시장가치가 높은 성어가 어획 대상이 된다. 다획성 어류에 관해서는 어장 환경 정보의 필요성이 높아짐에 따라 비교적 자료의 축적이 많으며, 어장 형성 기구에 대해서도 잘 알려져 있다.

어업 정보 서비스센터가 5일마다 간행하고 있는 「어해황속보」가 해양의 천기도에 해당하는 대표적인 어해황도이다. 다만, 해황으로서 이용되고 있는 것은 자료 취득이 가장 쉬운 해면 수온의 분포 정보로 거의 한정되고 있다.

4.2.2 발생 초기의 생잔과 환경 조건

해양 생물 자원의 영속적인 유효 이용을 위해서는 그 자원 생물의 산란·부화로부터 자어·치어·미성어·성어의 전 생활사를 통해서 환경과의 대응을 잘 이해할 필요가 있다. 특히 산란 직후로부터 자치어기에 걸쳐서의 환

●: 북상군 ●: 색이북상군 ●: 색이남하군 ●: 남하군
●: 월하군 ●: 산란준비군·산란군 ●: 월동군 ---▶ 산란회유경로

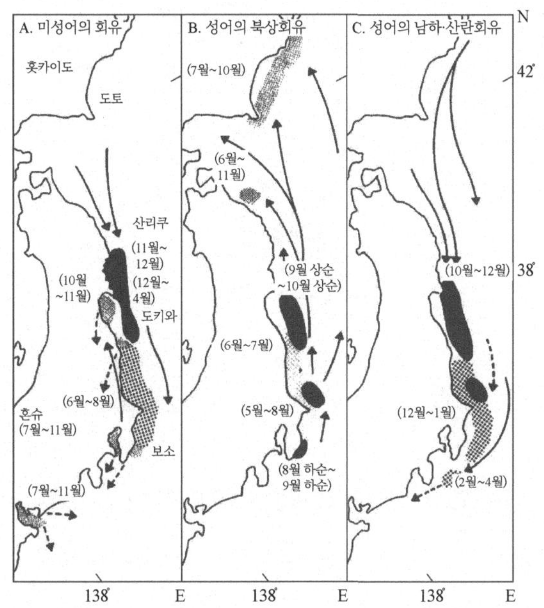

그림 4.1 정어리 태평양계군의 회유상정도 (平本, 1991)

경 조건은 생잔율에 중대한 영향을 끼치고 나아가서는 자원 변동과 큰 관계를 갖는다. 정어리 등의 발생 초기 생잔 요인으로서 이토(伊東, 1982)는

(1) 무기적 요인—수온, 염분, 산소, pH, 압력, 자외선, 물리적 자극 등

(2) 생물적 요인—먹이, 식해, 질병, 경합 등

(3) 난, 치자어 자체의 질적 요인—친어의 영양 상태, 친어의 연령 등

을 들고 있다.

충분한 유영력을 갖지 않은 자치어가 흐름에 따라 수온 염분 등 환경

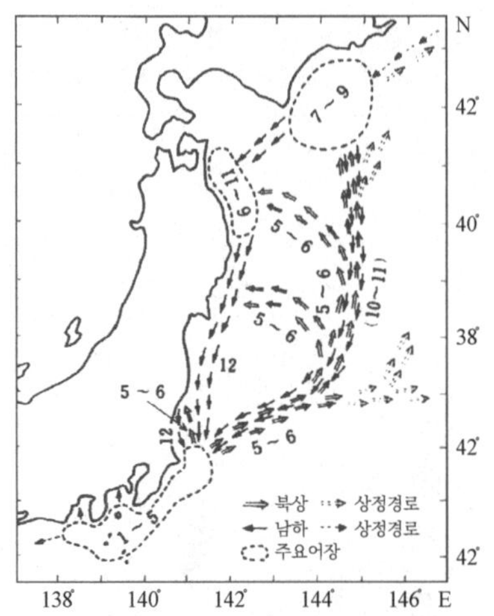

그림 4.2 고등어 태평양계군의 회유상정도 (宇佐美, 1968)

조건이 생존에 적합하지 않은 해역으로 운반된 경우, 또는 먹이가 충분하지 못한 경우에는 생잔율이 극히 낮게 된다. 또한 동물 플랑크톤이 어란과 자어를 잡아먹는 것이 어종 교체와 자원 변동에 중요한 역할을 하고 있다는 주장도 있다.

최근 활발한 재배 어업은 험준한 발생 초기 단계의 수온 염분 등 환경 조건을 인위적으로 조정하고 필요한 먹이를 충분히 주며, 외부의 적에 의한 식해를 없애서 생잔율을 비약적으로 높이고 있다.

4.2.3 부어류의 회유와 어장

정어리, 고등어, 꽁치, 가다랑어, 참다랑어, 연어·송어 등의 표층 회유어, 이른바 부어류는 먹이와 산란을 위해 해황 조건이 다른 넓은 해역을

: 소량어획 : 중간어획 : 대량어획 [0세어의 회유경로(a), 中井 1962년을 증보]

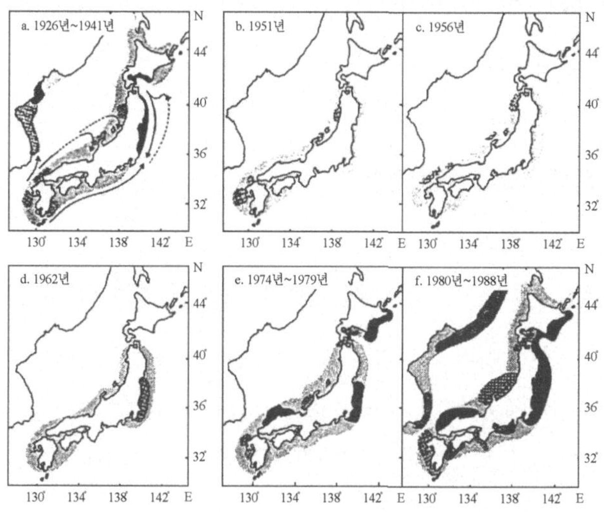

그림 4.3 극동수역에서 정어리어장의 변천 (平本. 1991)

회유하고 있다. 이것은 표지 방류, 체장 측정, 연령 사정, 성숙도 등의 해석에 의해 꽤 잘 알려져 있다. 예를 들면 정어리와 고등어는 쿠로시오의 영향을 받고 있는 일본 남부 연안역에 산란하고, 봄에서 여름에 걸쳐서는 플랑크톤 등 먹이 생물이 풍부한 오야시오(親朝) 수역에까지 먹이를 쫓아 색이회유하고 있다(그림 4.1, 그림 4.2). 참다랑어는 동중국해의 산란장으로부터 동태평양 또는 호주 근해까지 대회유를 한다. 따라서 어류와 환경문제를 생각할 때, 어장 환경에 한정해서 고찰하는 것만으로는 불충분하므로 그 어류의 전 생활사를 통해서 행동 범위에 따른 환경까지도 대상으로 하지 않으면 안된다.

정어리의 경우, 어장이 매년 동일 해역에 형성되는 것이 아니라 풍어기에는 그림 4.3에서처럼 홋카이도 주변까지 호어장이 되고, 그 분포역이 북태평양 외해로까지도 확대된다.

4.3 대규모적인 어해황 변동

4.3.1 엘니뇨 현상

이전에는 크리스마스 무렵에 페루와 에콰도르 연안에 큰비를 몰고 오는 국지적인 현상이라고 생각하고 있던 엘니뇨가, 적도 태평양 전역에 걸쳐 대규모적인 대기-해양 상호 작용에 따라서 일어나는 현상인 것임이 밝혀졌다.

금세기에 가장 강력한 엘니뇨 현상이라고 하는 1982~83년 겨울의 해면 수온 편차의 분포를 그림 4.4에 나타냈다. 동부 적도 태평양에서는 평년보다 3~4℃나 고온인 해역이 퍼져 있다. 이 고온역에서 XBT(투하식 표층 수온)를 이용한 수온의 수직 분포도에 의하면 그림 4.5처럼 약 100m 깊이까지 해면과 거의 같은 수온이 되고 있어서 표준 편차의 3배를 상회하는 이상 고온을 나타내고 있다.

보통의 해에는 무역풍에 의해 적도 태평양 서부에 온수가 쌓이고, 중앙부로부터 동부에서는 영양염이 풍부한 하층수의 용승 때문에 저온역이 되며 유광층에서는 식물 플랑크톤의 증식이 활발히 이루어진다. 그런데 무역풍이 약해지면 서부에 쌓이고 있던 온수가 적도로 전해 퍼지는 장주기파(적도 켈빈파)가 되어 페루 등 동부 해역에 도달한다. 전형적인 엘

점선은 평년보다 저온, 가는 실선은 고온을 나타냄.

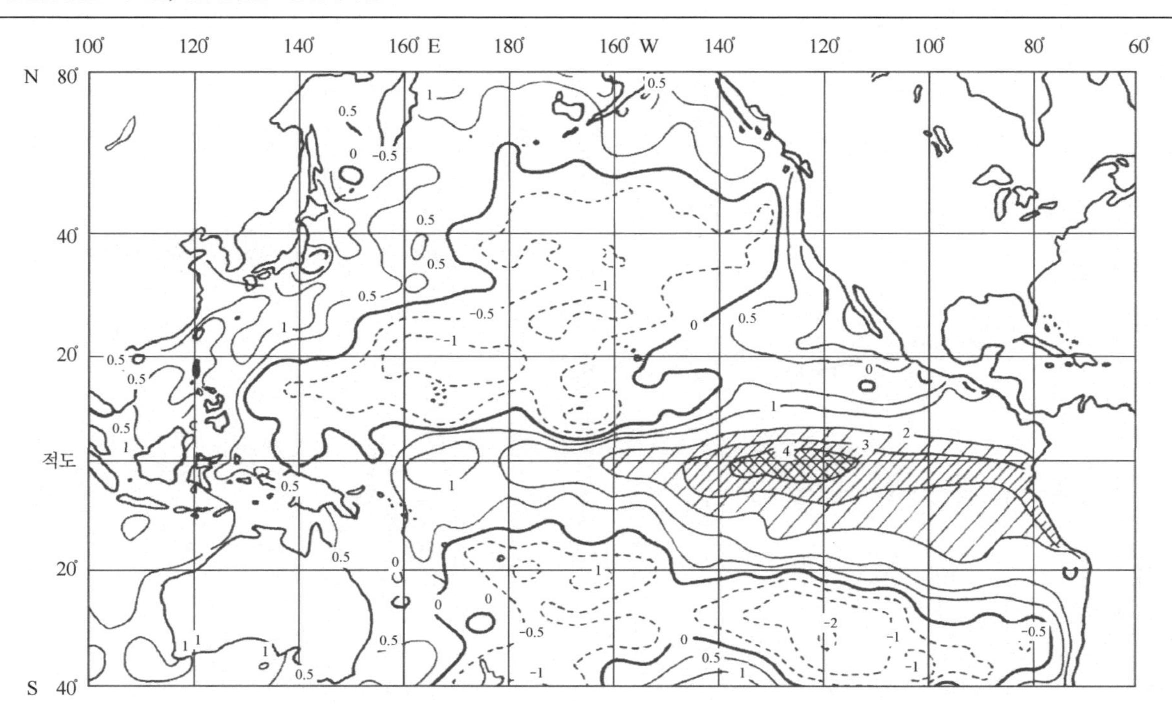

그림 4.4 1982년 12월~1983년 2월의 해면 수온 편차도 (Quiroz. 1983)

실선은 1982년 11월에 1° S, 95° W를 중심으로 한 위도 2°, 경도 10°의 눈금으로 관측된 것. 점선은 평년치와 표준 편차의 3배를 나타냄.

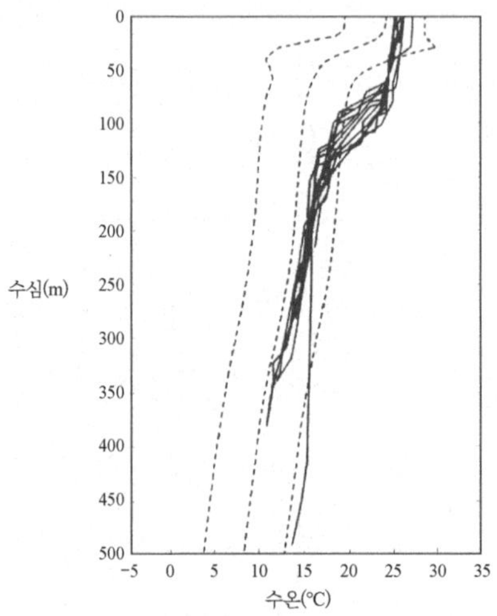

그림 4.5 XBT에 의한 수온의 수직 분포도(Krueger, 1983)

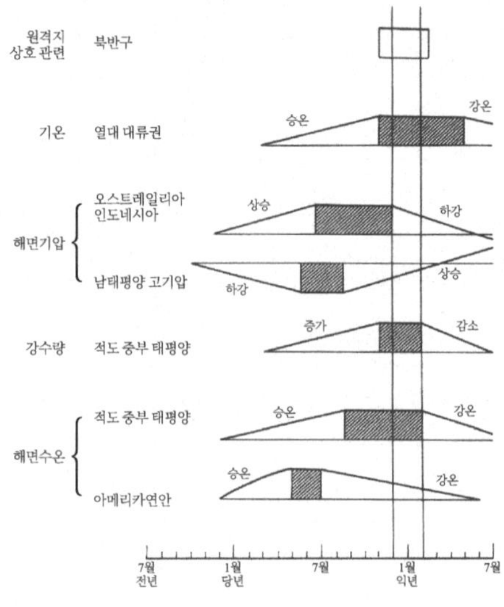

그림 4.6 엘니뇨 현상 변화의 모식도 (Horel et al., 1981을 개정)

윗그림의 회색부분은 Arntz et al. (1990)에 의한 수온 2° 이상 고온의 엘니뇨 발생 해를 나타낸다.

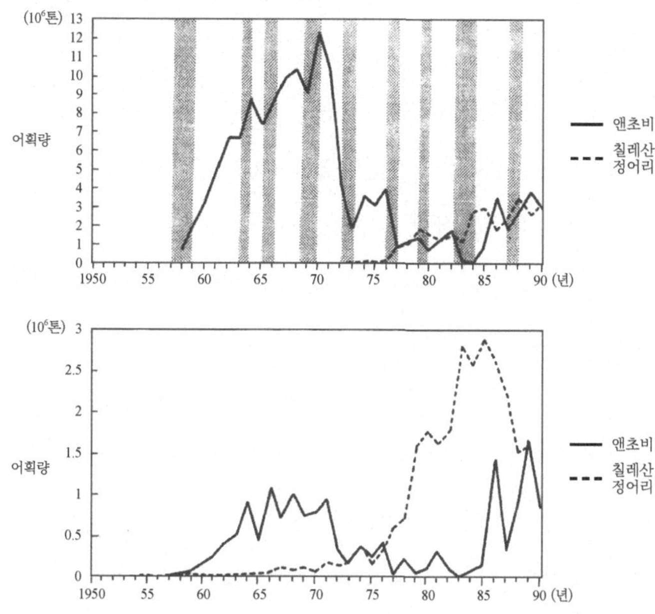

그림 4.7 페루(위)와 칠레(아래)에 있어서 앤초비와 칠레산 정어리의 어획량 경년 변동

니뇨 현상시 해면 수온의 상승, 강수량의 증가, 태평양 양단의 해면 기압 변화, 열대 대류권의 기온 상승, 텔레커넥션(원격지 상호 관련)이 일어난다. 이들의 모식적인 시간 경과를 그림 4.6에 나타냈다. 이 그림에서처럼 남미 부근의 남태평양 고기압과 인도네시아 부근의 기압 변화에 역상관이 보이므로 남방진동(Southern Oscillation)이라고 부른다. 엘니뇨 현상과 남방진동은 연동적이므로 그 첫 문자를 따라서 엔소(ENSO)라고 한다.

4.3.2 앤초비의 어획량 변동

페루 연안 앤초비(멸치류, Engraulis ringens)의 어획량은 엘니뇨 현상의 발생에 따라 크게 변동하는 것으로 잘 알려져 있다. 특히 1960년대 후반에 보인 1,000만 톤 전후의 어획량은 그림 4.7에서 보이는 것처럼 1972~73년에 있었던 엘니뇨 현상 때문에 200~300만 톤으로 격감했다.

그 이유로는 온수의 두께가 증가하여 유광층의 영양염이 적어지게 되므로 해양 생태계에 있어서 먹이사슬의 저변을 유지하는 식물 플랑크톤의 증식이 제약을 받게 되어 그것으로 인해 앤초비의 먹이가 부족한 까닭이라고 생각되고 있다. 이것은 식물 플랑크톤량이 어류 자원량을 크게 좌우하는 전형적인 예로 되고 있다.

그러나 그림 4.7에서처럼 엘니뇨 현상이 수년마다 발생하지만 앤초비의 어획량이 반드시 엘니뇨 현상과 딱 들어맞게 대응해서 변동하고 있는 것도 아니다. 또 근년 엘니뇨 현상이 때때로 일어났음에도 불구하고 칠레산 정어리(Sardinops sagax)의 어획량은 현저히 증가하고 있다. 이것은 엘니뇨 현상과 해양 생물 자원 변동의 관계가 교과서적인 설명만으로는 불충분하여 생태계의 복잡성을 잘 보여주고 있다.

4.4 수산 자원의 장기 변동과 어종 교체

4.4.1 부어류 어획량의 장기 변동

일본산 정어리처럼 자원 증대기에 북태평양 중앙부까지 분포역을 확대하는 종도 있지만, 정어리류는 대체로 연안 근해역에 분포하여 대량으

그림 4.8 태평양에서 정어리류의 어획량 경년 변동

그림 4.9 정어리 어획량의 장기 변동 (黑田, 1991을 개정)

로 어획되고 있다. 태평양에 서식하는 정어리류의 1953년 이후 어획량 변동 양상을 FAO 어업 통계 연보에 의해 그림 4.8에 나타냈다. 여기에서 주목할 것은 일본산 정어리(Sardinops melanostictus)와 칠레산 정어리가 1976년 이후 증가 경향이 잘 일치하고 있다는 점이다. 또한 양적으로는 적지만 캘리포니아산 정어리(Sardinops caeruleus)의 증가 경향도 유사하다. 어획 변동량은 자원 수준·어선·어구·어법·어장·법규제·수요와 시장 가격·승무원의 숙련도, 그리고 시대에 따라 또 단기적으로도 변화하는 성

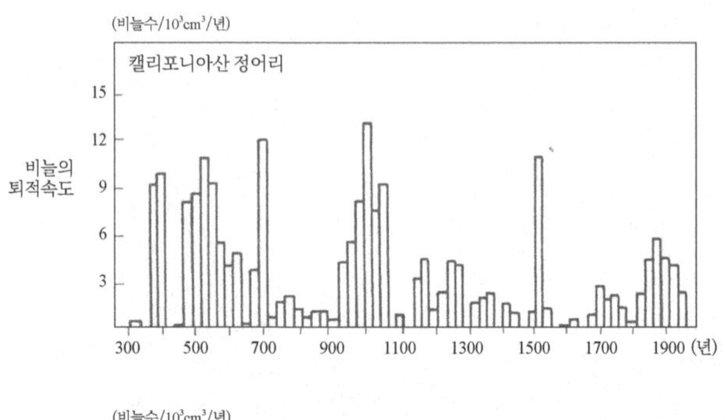

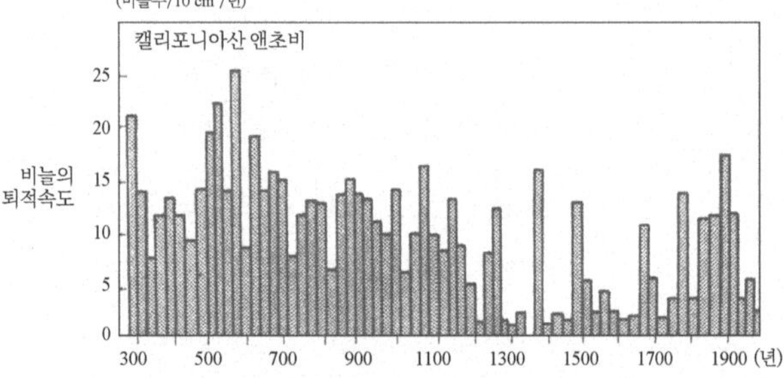

그림 4.10 산타바바라 해분에서 캘리포니아산 정어리(위)와 캘리포니아산 앤초비(아래)의 비늘 퇴적 속도 장기 변동 (Sharp, 1992)

격을 갖고 있으므로 그것이 반드시 자원량을 반영하여 변화한다고는 말할 수 없지만 대체적으로 보면 자원 변동을 나타내고 있다고 생각된다.

정어리, 청어 등의 어획고를 기재한 고문서가 16세기부터 남겨져 있는데 그 기록에 의하면 수십 년 주기로 풍어와 흉어가 반복되고 있다. 무동력 어선으로 조업하던 시대에는 극히 연안 지선까지 회유해 온 어류만이 어획될 뿐이므로 주기적인 풍어기와 흉어기는 자연 현상에 의해 큰 자원 변동이 일어나고 있었음을 짐작할 수 있다. 일본산 정어리에 대한 장기 어획의 풍흉 모습을 그림 4.9에 나타냈다. 지역 또는 사용한 자료에 따라 풍어와 흉어 시기에 약간의 차이가 있지만 대체적으로 일치하여 약 70년 주기로 풍흉을 반복하고 있다.

동부 태평양 산타바바라 해분에 있어서 4세기 이후의 1,700년 간에 이르는 퇴적물 조사로부터 얻어진 캘리포니아산 정어리와 캘리포니아산 앤초비(Engraulis mordax)의 비늘 퇴적 속도를 그림 4.10에 나타냈다. 일본 근해에서 어획량 변동 경향과 마찬가지로 앤초비에 비해 정어리 쪽이 크게 변동하고 있다. 퇴적 속도의 자료가 비교적 좁은 해역에 대해서 얻어졌으므로 정어리류의 자원 변동을 정확하게 반영하고 있는지의 여부가 남아 있기는 하나 대단히 중요한 자료이다.

4.4.2 어종 교체

FAO의 어획 통계 자료에 따른 1912~90년까지의 일본, 한국, 구소련에 의한 일본 주변 해역에서의 중요한 부어류 자원의 어획 구성비를 보면, 그림 4.11에서처럼 탁월종이 연대에 따라 크게 변하고 있어서 어종 교체가 현저하게 일어나고 있음이 인정된다. 1910~25년에는 청어가, 1925~40년에는 정어리가 탁월하며 이 두 종을 합친 것만으로 전체의 80% 이상이 어획되고 있다. 그 후는 꽁치, 전갱이, 멸치가 주체를 이루고, 1970년 전후에는 고등어가 탁월하며 1978년 이후에 다시 정어리가 급증하고 있다. 그런데 최근에는 고등어와 정어리가 급감하고 꽁치가 증가하고 있다.

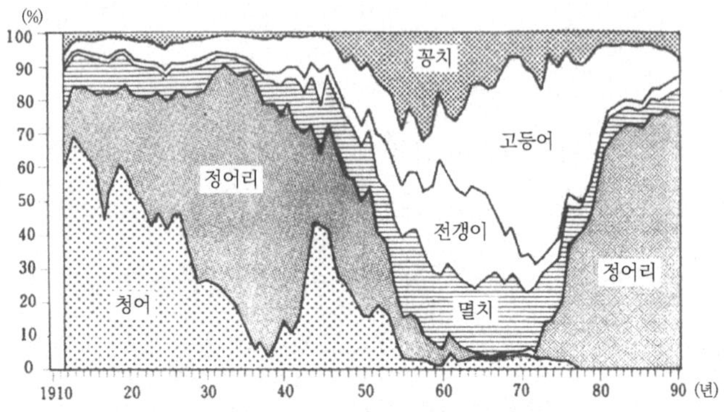

그림 4.11 일본 주변 해역에서 부어류 어획량 비율의 경년 변동 (Chikumi, 1985에 추가)

4.4.3 러셀 사이클

영국 해협에서 장기간에 걸친 해양 관측과 해양 생물 채집에 의하면 정어리의 알과 청어, 플랑크톤 조성, 인산염 농도 등에서 40년 정도로 장기 변동이 일어나고 있음이 러셀에 의해 발견되었으므로 이것을 러셀 사이클(Russell cycle)이라고 부르고 있다(Cushing, 1986). 이것은 온난기와 한랭기에 영국 해협 주변 해역의 생태계 구조가 크게 변화하는 것과 같은 현상이다.

북해 및 북대서양 동북부에 있어서 식물 플랑크톤과 동물 플랑크톤 현존량의 추이를 보면, 1950년대에 비해 1970년대가 감소하고 있다. 그 원인으로 1970년대는 북쪽으로 부는 바람이 강하여 표층 혼합층이 발달해서 식물 플랑크톤 생산이 늦어진 때문이라고 설명되고 있다(Dickson et al., 1988).

4.4.4 수산 자원 변동의 요인

중요 부어 자원에 있어서 지구 규모의 장기적인 큰 변동이 있음은 전술한 바와 같이 의심의 여지가 없다. 그러면 무엇이 원인이 되어 이와 같은 변동이 생기는 것일까. 오랫동안의 중요한 과제로서 여러 가지 설이 나오고 있다. 즉 환경 변동을 중요시하는 설, 어획 압력의 증대 때문이라는 설, 그리고 생물 자체 또는 종간 관계에 있다고 주장하는 설 등이다.

정어리 자원의 경우는 1940년 전후와 1980년대의 고온기에 자원의 증대가 보였고, 1890년대와 1960년대의 저온기에는 감소하고 있다. 더욱 자세하게 살펴보면, 산란장 및 자치어 육성 해역은 평년보다 고온 쪽이 자원 증대를 위해 좋은 조건이고, 그 후의 먹이를 찾는 해역은 오히려 저온 쪽이 좋은 환경 조건이었다(友定, 1988). 여기에서 주의할 점은 널리 이용되는 수온 조건이 식물 플랑크톤까지 포함하는 종합적인 해황 중 하나의 지표에 지나지 않는다는 것이다.

4.5 세계적인 이상 기상에 따른 어해황 변동

4.5.1 1963년 1월의 이상 기상과 이상 냉수

1963년 1월에는 아시아 대륙 남동부·동남아시아, 북미 대륙 중부, 중부 유럽에 있어서 보기 드물게 혹한이 찾아들었다. 반면 캄차카반도 북부, 그린랜드 남동쪽 해상, 아시아 대륙 서부에서는 이상 고온이 생겼다. 그 원인은 편서풍 파동이 크게 사행하며 정체했기 때문에 남북 순환이 활발해져서 한기의 범람이 계속된 지역과 온기의 북상이 계속된 지역이 만들

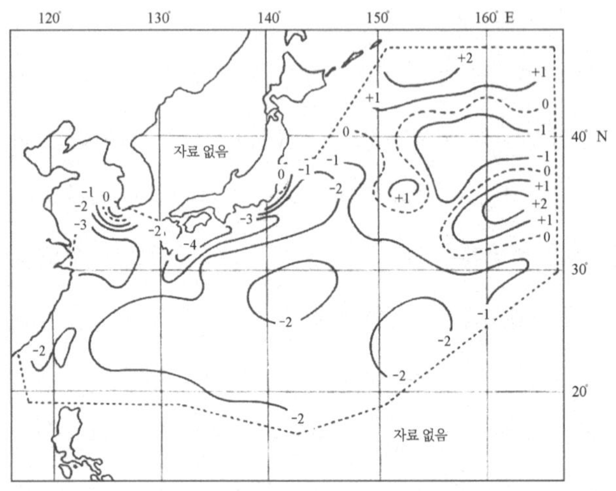

그림 4.12 1963년 2월 중순의 해면 수온 평년과의 차이도(1950~59년의 평균) (일본 기상청, 1963)

어졌기 때문이다. 일본에서는 호쿠리쿠(北陸)·야마게(山陰) 지방에 기록적인 폭설이 있었다.

규슈(九州) 서방 및 시고쿠(四國) 남방 해역 등에서는 한랭한 강풍이 계속 불어서, 그림 4.12에서와 같이 표층 수온이 평년보다 3~4℃나 이상하게 내려가고 4월경까지도 이상 냉수 현상은 지속됐다.

4.5.2 이상 냉수가 수산 생물에 미치는 영향

1963년 1월의 이상 기상에 따른 이상 냉수 발생으로 일본 연안 각지에서는 근년에 없었던 연안 저서 어류 등의 대량 사망 현상이 발생했다. 같은 시기에 유럽 북해 남부에서도 넙치 등 저서어류의 대량 사망이 있었다. 북해 남부에 있어서 저서어류의 대량 사망은 1929년과 1947년에도 있었지만, 1963년에 가장 광범위하게 발생하였으므로 드물게 보이는 이상 냉수가 일어났음을 말해 주고 있다.

일본 근해에서는 이 이상 냉수 현상이 어류의 성장과 생식소 발달을 억제해서 산란기를 늦추게 하고, 또 도피 행동이 일어나 분포의 남방 집중을 가져오게 함으로써 어획 시기가 늦어짐을 보였다.

4.6 수온의 장기 변동 실태와 그 요인

지구 규모로 본 해양 생물 자원의 장기 변동 기구를 규명하기 위해서는 먼저 각 해양에서의 환경 변동 실태를 알 필요가 있다. 그러나 해양은 너무나 넓으므로 조직적이고 계속적인 관측은 극히 한정된 해역에서만 이루어지고 있을 정도이다. 최근에는 인공위성을 사용한 지구 규모의 해면 수온, 구름량, 결빙역 등의 관측이 실시되고 있는데, 지구 규모로 100년을 넘는 기간의 해양 환경 자료로는 해수면 수온 정보에 한정되고 있다.

4.6.1 관측법의 차이와 자료의 비교

해양의 장기 변동을 생각할 때, 시대 변화에 따른 서로 다른 측정기와 관측법에 의해서 얻어진 자료를 비교하지 않으면 안된다. 해면 수온(SST; sea surface temperature)은 채수 그릇으로 수심 1m 이내의 해수를 떠올려 해수용 봉상 온도계를 이용하는 가장 간편하고 확실한 측온법, 선박의 엔진 냉각수 취입구 부근에 전기 온도계를 부착하여 측정하는 인테이크법, 그리고 인공위성 또는 항공기에 탑재된 적외 방사계에 의한 방법이 대표

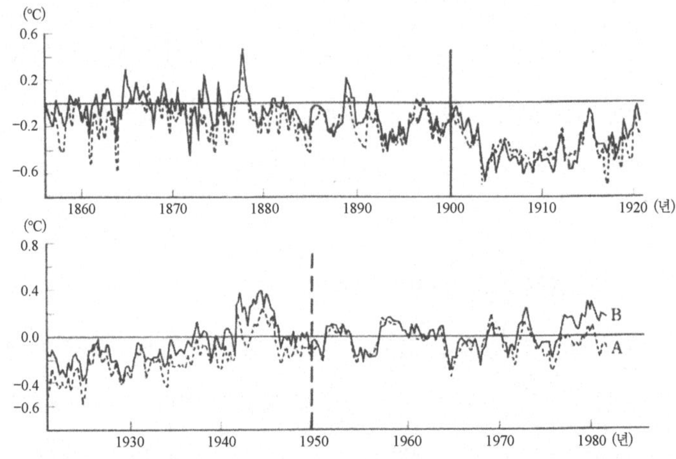

그림 4.13 1951~60년을 기준으로 한 해면 수온과 기온편차의 경년 변화(Folland et al., 1984)

적인 관측법이다. 인테이크법의 측온 깊이는 배의 흘수에 따라 달라서, 소형선에서 1~2m 정도의 깊이로부터 대형 유조선이 석유를 만재했을 때의 20m 정도 깊이까지 크게 다르다. 한편 적외 방사계는 해면 하 겨우 0.2mm 정도의 표피 수온만을 측정하고 있다.

일반적으로 해양 표층에서는 바람에 의한 난와류 혼합, 해면 냉각에 따른 대류 혼합에 의해 표층 혼합층이 형성되고 있다. 특히 겨울에는 표층 혼합층이 100~300m에까지 발달한다. 따라서 어떤 해면 수온의 관측법에 의해서도 거의 동일 수온을 얻을 수 있다. 다른 견해로부터 보면, 해면 수온의 측정에 의해 표층 어류의 유영 환경 수온을 알 수가 있다. 그러나 봄부터 여름에 걸쳐 해면 도달 일사량의 증대에 의한 해면 수온 상승 때문에 수온 약층이 발달하므로, 관측법의 차이에 따른 측정 수온치에 차이가 생기게 되어 자료의 취급에는 충분한 주의가 요구된다.

4.6.2 광역에서의 수온의 장기 변동 실태

그림 4.13은 1856~1981년의 125년 간에 걸쳐 세계의 해양에서 일반 선박이 관측한 4,600만 개의 해면 수온과 2,400만개의 야간 해상 기온 자료를 이용해서, 1951~60년을 기준으로 한 편차의 경년 변화이다. 1905~10년에 가장 차갑고, 1940년대에 가장 따뜻했던 시기였음을 나타내고 있다. 그러나 수온 변화의 진폭은 작아서 해양이 지구의 기후 조절 역할을 담당하고 있음을 알 수 있다.

일본 기상청이 정리한 그림 4.14는 북반구를 위도 30°씩 3개로 구분해서 나타낸 평균 지상 기온의 평년 편차에 대한 경년 변화이다. 가는 선은 연 평균치, 굵은 선은 5년 이동 평균치로서 오차를 고려하여 상하로 폭을 잡아 표현했다. 고위도대 쪽에서 기온 변화 진폭이 크며 1930년대에 고온이 현저하게 나타난다. 저위도 쪽의 진폭은 작다.

해면 수온 측정에 인테이크법이 보급된 1950년 이후의 각 해역별 월 평균 해면 수온 편차 변화를 그림 4.15에 나타냈다. 태평양의 적도역에서는 4년 주기가 탁월하고 다른 해역에 비해 진폭이 크다. 북대서양에서는 1968년 이후의 수온이 1961년 이전보다 낮게 변화하고 있다. 엘니뇨 현상이 보이는 태평양 적도역은 다른 해역에 비해 수온 편차 변동이 큰 것이 특징이다.

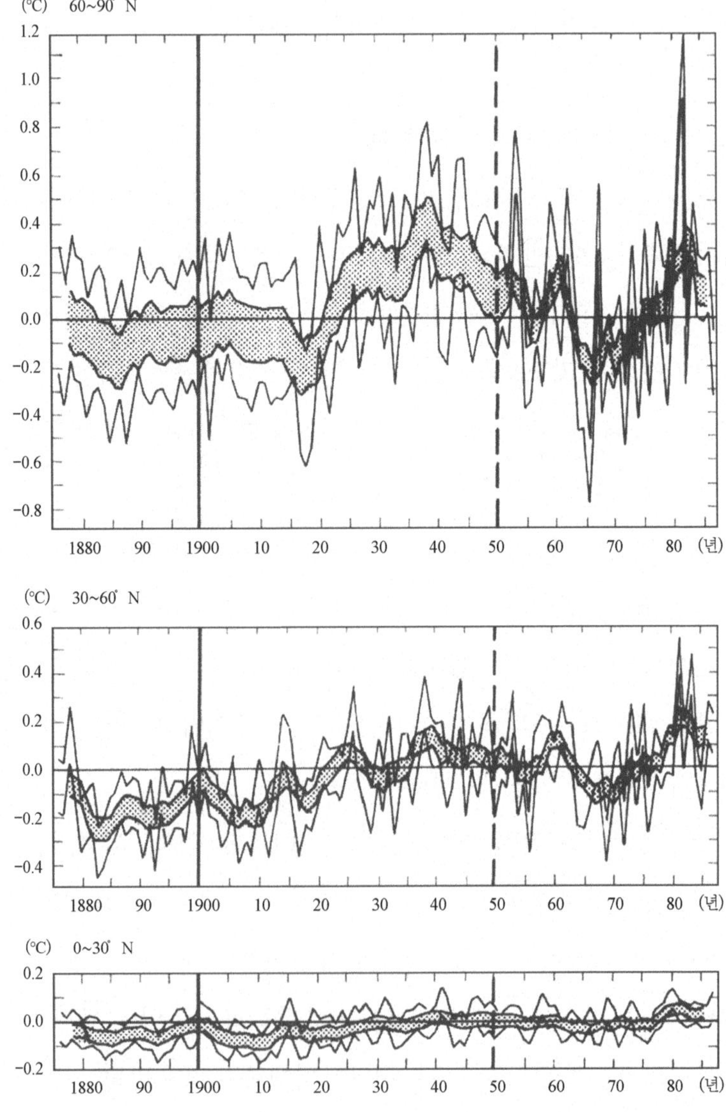

그림 4.14 북반구 각 위도대에서 평균 지상 기온의 평년 편차 경년 변화(일본 기상청, 1989)

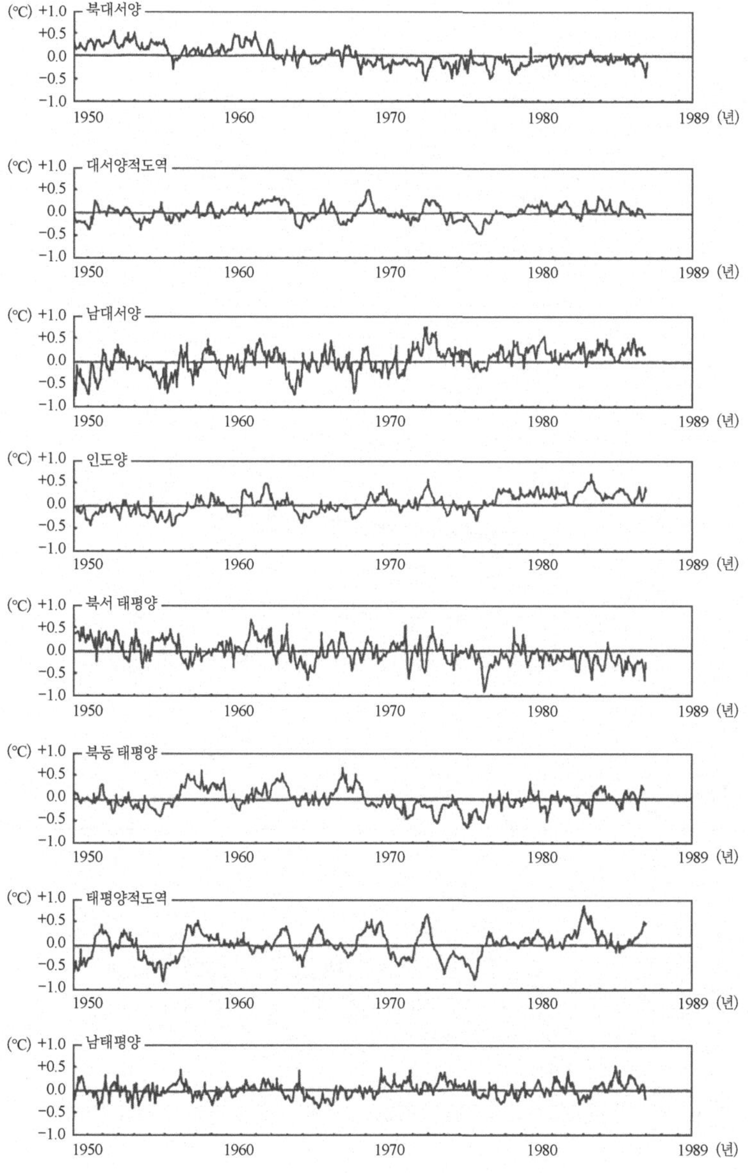

그림 4.15 각 해역에서 월평균 해면 수온 편차의 변화 (일본 기상청, 1989)

a. 지구 전체 0.12°/년
b. 북반구 0.16°/년
c. 남반구 0.10°/년, 95%의 신뢰 한계를 점선으로 나타냈음.

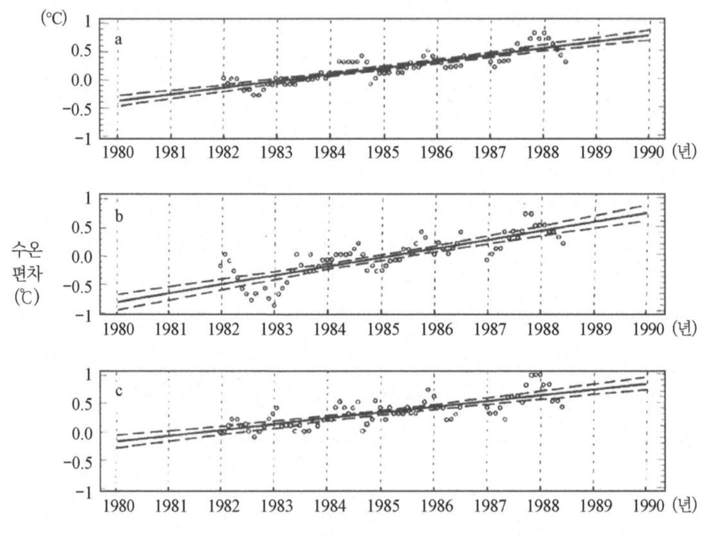

그림 4.16 위성 관측에 의한 월평균 해면 수온 편차의 변화 (Strong, 1989)

점선은 표준 편차

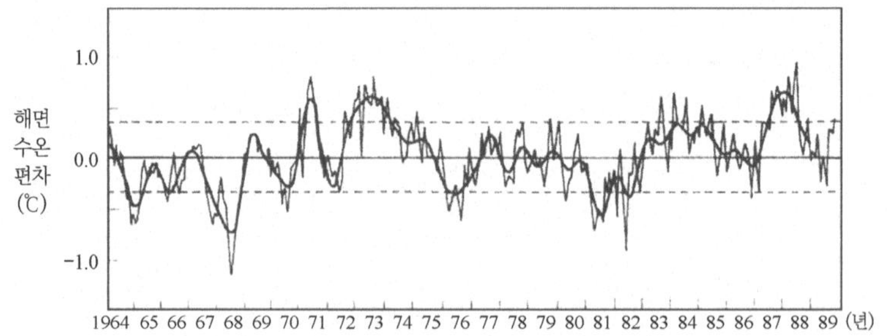

그림 4.17 열대 대서양 2~20° S에 있어서 1964~89년의
월평균 해면 수온 편차의 경년 변화 (Servain, Seva and Rual, 1990)

1982~88년 NOAA위성의 AVHRR(Advanced Very High Resolution Radiometer)자료로부터 남북위도 60° 범위를, 위도 경도 2.5°의 눈금으로 나눠서 구한 월평균 해면 수온 편차의 변화를 그림 4.16에 나타냈다. 지구 전체로는 0.12℃/년, 북반구에서는 0.16℃/년, 남반구에서는 0.10℃/년의 비율로 어느 것도 상승 경향을 나타내고 있다. 일반 선박에 의해 얻어진 수온 자료가 주로 일정 항로에 한정되므로 넓은 해역의 변화를 짐작할 수 없는 단점이 있는 반면 위성에 의해 얻어진 자료는 실제 변화를 나타내고 있다고 생각된다. 다만 자료 취득 기간이 짧은 문제가 있기는 하다.

정기선 항로에 부착한 수온 자동 기록 장치의 자료는 해양의 관측 방법으로서 대단히 중요한 수단이다. 그림 4.17은 유럽으로부터 남아메리카로의 항로상에서 열대 대서양 2~20°S에 걸쳐 1964~89년까지 월평균 해면 수온 편차의 경년 변화를 나타낸다. 표준 편차는 ±0.3℃ 정도로 작지만 1968년과 1981~82년에는 저온이, 1971년, 1973년과 1987~88년에는 고온이 나타났다.

중요한 어장이 되고 있는 연안 용승역은 풍계 변화의 영향을 받는다. 그림 4.18은 1950~86년에 있어서 캘리포니아(북위 39°), 이베리아반도(북위 43°), 모로코(북위 28°), 페루(남위 4.5~14.5°)에서 해안을 따른 바람 응력의 경년 변화를 나타내고 있다. 바쿤(Bakun, 1990)은 지구의 온난화가 연안을 따라 적도로 향해 부는 바람의 응력을 높여 세계 각지에서의 연안 용승을 강하게 한다고 하고 있다. 그러나 샤프(Sharp, 1992)는 같은 자료로부터, 모로코를 제외한 바람의 응력이 1968~72년에 크게 바뀌어

가로선은 평균, 점선은 장기 경향

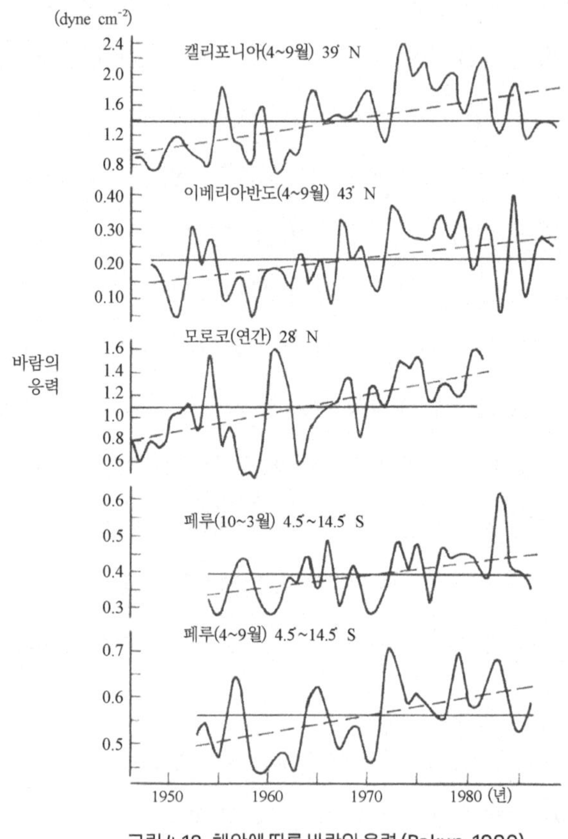

그림 4.18 해안에 따른 바람의 응력 (Bakun, 1990)

그 후는 감소 경향이라고 하고 있다.

4.6.3 특정 해역에 있어서 해양 변동의 실태

전술한 것처럼 지구 전역의 장기간에 걸친 해양 변동 실태는 해면 수온

○은 엘니뇨 발생 중인 것을 나타냄.

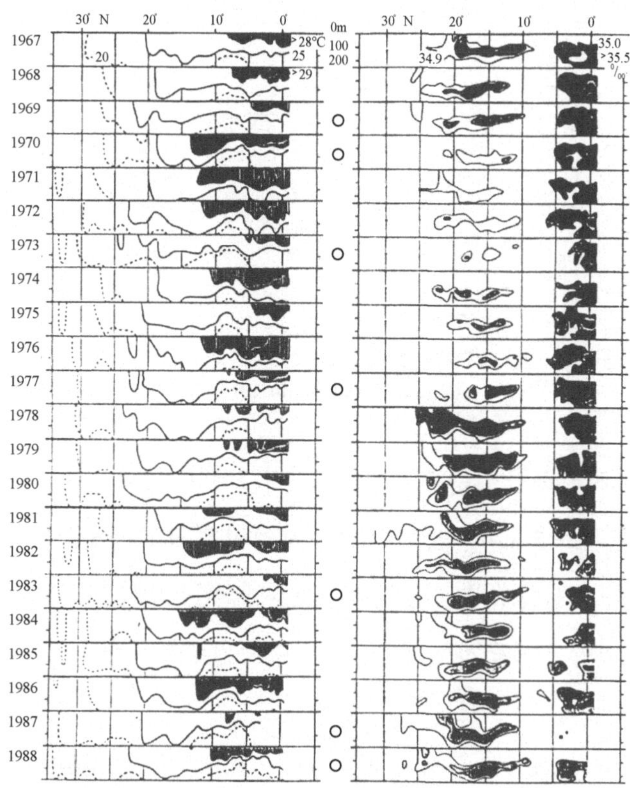

그림 4.19 137° E선에 있어서 매년 1월의 표층 수온(29, 28, 25, 20°)(왼쪽) 및 표층 고염분(35.5, 35.0, 34.9)(오른쪽)의 수직 분포 (일본 기상청, 1989)

정보에 의존할 수밖에 없지만 특정 해역에서는 각종 해황 요소의 관측 자료가 계속해서 얻어지고 있다.

그림 4.19는 기상청의 료호마루(凌風丸)가 1967년 이후 매년 1월에 실시하고 있는 동경 137° 선상의 정기 관측에 따른 150m까지의 표층 수온

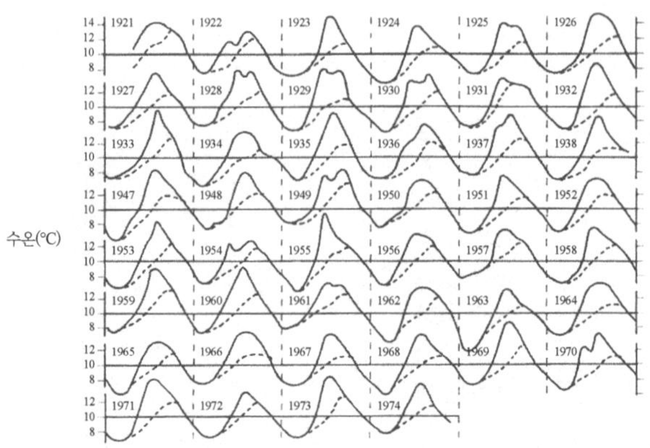

그림 4.20 영국 해협의 E1점에 있어서 월별 해면 수온과 저층 수온의 경년 변화 (Maddock and Swann, 1977)

과 250m까지의 표층 염분 수직 단면도이다. 29℃ 이상의 고온부는 검게, 28~29℃는 세로줄로 나타냈다. 해마다 변동이 꽤 크고 적도 부근의 수온 분포가 엘니뇨 현상 발생 중에 현저한 저온경향이 보인다. 또 염분변동은 아열대 고기압의 발달 정도에 따른 증발량과 강수량을 반영하고 있다고 생각된다.

영국 해협의 관측점 E1에 있어서 1921~74년에 걸친 월별 해면 수온과 저층 수온의 경년 변화를 그림 4.20에 나타냈다. 가을부터 겨울에 걸친 해면 냉각기에는 수직 혼합이 활발하여 해면과 저층 수온이 등온이 되고, 봄부터 여름의 표층 승온기에는 성층이 발달하는데 계절적인 수온 변화 양상이 해마다 꽤 다르게 됨을 알 수 있다. 1972년에는 해면과 저층 수온차가 상당히 작지만, 1947년에는 차이가 크다. 그것은 그 해의 기상 조건의 차이에 의한 것이라고 생각된다.

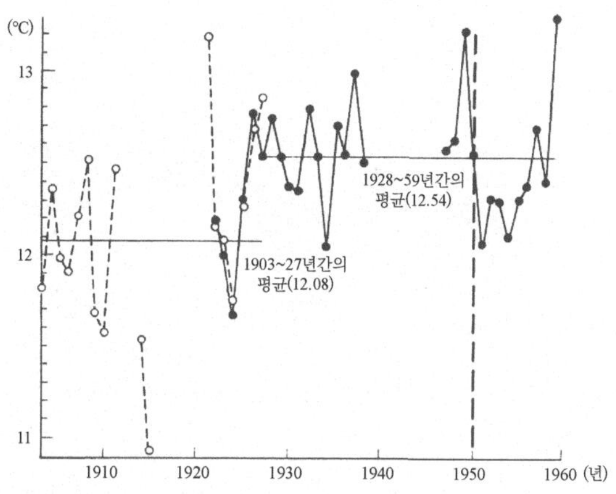

그림 4.21 영국 해협 E1점에 있어서 연 평균 해면 수온의 경년 변화 (Southward, 1960)

이 관측점 E1에 있어서 연 평균 해면 수온의 경년 변화를 보면, 그림 4.21처럼 1903~27년의 평균치에 비해 1928~59년의 평균치가 0.46℃ 높다. 이와 같이 장기간의 수온 자료를 해석하면 약간이지만 평균 수온이 상승함을 알 수 있다. 따라서 해양 분야에서도 기상 통계에서 하고 있는 것처럼 30년 평균을 평균치로 하고 있다.

1946~63년에 있어서 영국의 편서풍 파동 상태를 나타내는 남북 지수 편차와 북해 동부의 표면 염분 편차, 그리고 바렌츠해(Barentz sea)에서의 0~200m 수온 편차의 변화를 보면 남북 지수가 높은(편서풍 파동이 작음) 때에는 고염분·고온이, 남북 지수가 낮은(편서풍 파동이 큼) 때에는 저염분·저온이 분명하게 나타나고 있다. 이것은 풍계의 변화에 따라 해류계의 강약이 결정되고 있음을 나타내고 있다(Dickson et al., 1975).

산리쿠(三陸) 외해를 남하하는 오야시오 제1분지(제1관입)는 때로는 치

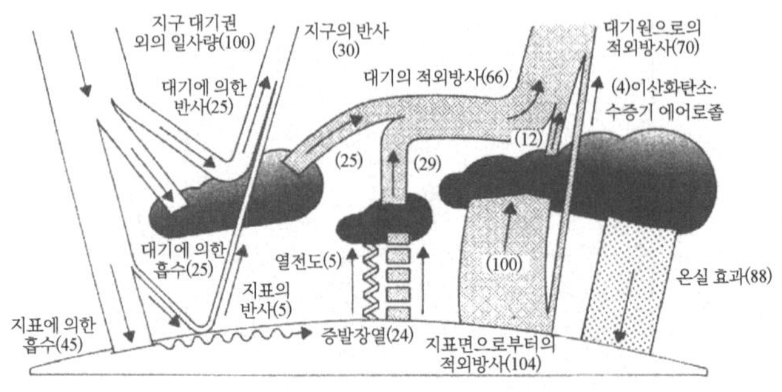

그림 4.22 지구의 열수지 모식도 (Schneider, 1987)

바현(千葉縣) 쵸시(銚子) 외해 부근까지 이상 남하하는 경우가 있다. 이것은 겨울철 계절풍이 강하므로 일어나는 현상이라고 생각되고 있다. 1981년 3~4월, 1984년 2~5월 등에서 보이고 있다.

지구 규모의 해양 변동을 생각할 때 중요한 요소는 해수가 빙점하 2℃도 부근까지 하강하여 결빙하는 해빙의 면적이다. 남극 대륙 주변과 북극해 등의 해빙 면적은 고위도에 있어서 겨울철 한랭한 정도를 나타내고, 오츠크해 등에서 보이는 해빙 분포는 풍계와 해류 변동의 상황을 나타내고 있다.

인공위성 닌버스7호에 탑재된 마이크로 파방사계(SMMR)로 1978년 10월부터 1987년 8월까지 2일마다 관측한 자료를 근거로 한 북극해에서의 빙역 면적 변화를 보면 8.8년 사이에 2.1%의 감소가 보였다(Gloersen and Campbell, 1991).

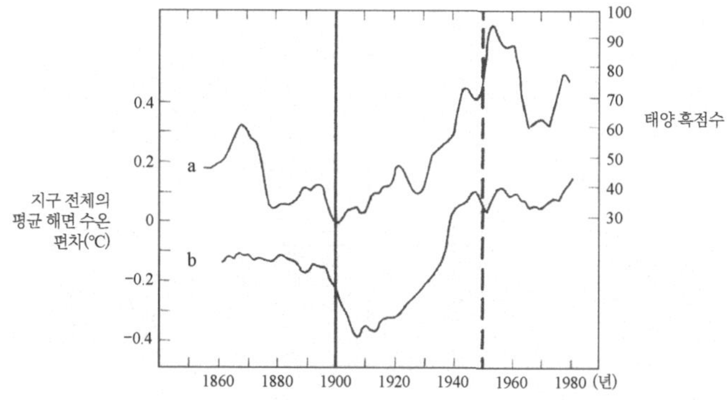

그림 4.23 11년 이동평균한 (a) 태양 흑점수와 (b) 지구 전체의 평균 해면 수온 (Reid, 1987)

검은 점은 남극 얼음에 갇혀진 기포 성분, +표는 하와이의 마우나로아 관측소에서 측정한 연 평균치

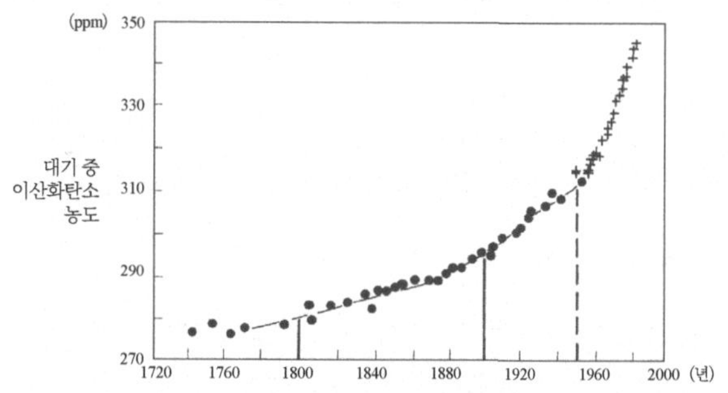

그림 4.24 대기 중 이산화탄소의 농도 (Siegenthaler and Oeschger, 1987)

4.7 지구 온난화

부어 자원의 서식 환경 중 중요한 요소인 표층 수온은 태양 단파 방사의 계절적 변화와 대기-해양계의 에너지 균형을 반영하여 변동한다. 대기는 바람을 통해서 운동 에너지를 해면으로 주고, 해양은 태양 방사 에너지를 축적하여 열 에너지를 대기로 주고 있다. 지구의 열수지 모식도를 그

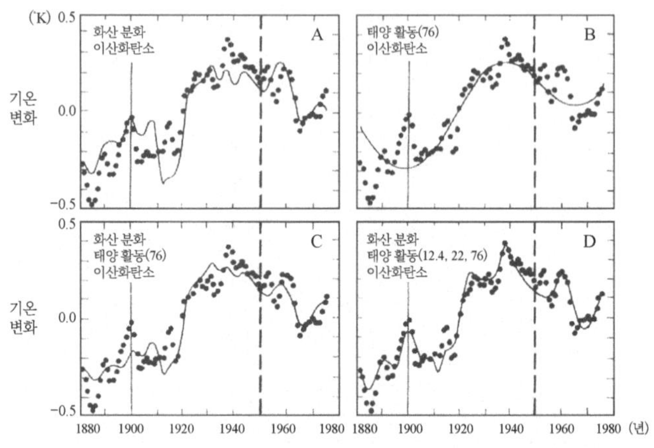

그림 4.25 북반구에서 관측된 기온 변화(검은점)에 대응시키기 위해 태양 활동, 이산화탄소, 화산 분화의 외력을 이용한 기후 모델(실선) (Gilliland, 1982)

림 4.22에 나타냈다.

태양 활동의 지표가 되는 태양 흑점수와 지구 전체의 평균 해면 수온은 그림 4.23처럼 뚜렷한 대응을 보이면서 변화하고 있다. 이것은 태양 활동이 장기적인 해면 수온의 변동에 크게 관여하고 있음을 나타낸다.

기후 변동과 크게 관련을 갖는 요인은 대기 중의 이산화탄소 농도와 화산 분화에 따른 에어로졸의 양이다.

남극 대륙의 얼음 기둥 표본 분석과 하와이섬의 마우나로아에서 관측되고 있는 이산화탄소 농도의 경년 변화를 보면, 그림 4.24처럼 근년에 증가 경향이 현저하다. 이것은 화석 연료 소비의 급격한 증대와 삼림 벌채 면적의 확대에 따른 것으로서, 가까운 장래에 온실 효과에 의한 지구 온난화가 도래한다고 우려하고 있다.

시나리오 A: 온실가스가 1970년대, 80년대처럼 연간 1.5%씩 증가
시나리오 B: 온실가스 방출이 어느 정도 감소
시나리오 C: 온실가스 방출이 1990년 이후 극적으로 감소하고, 2000년 이후는 증가하지 않음

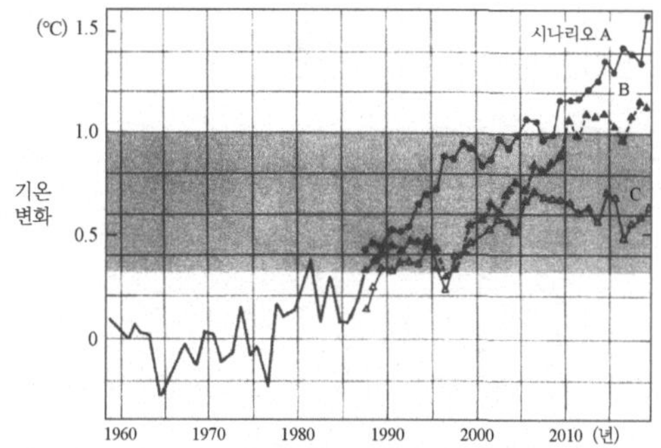

그림 4.26 고다드 우주과학 연구소의 대기 대순환 모델에 의해 1951~80년 평균에 대한 지구의 연 평균 기온 경년 변화와 예측(화산 분화를 포함한다. 어두운 부분은 가장 따뜻했던 6천 년경과 12만 년 전경의 지표기온이다.) (Hansen et al., 1988)

한편, 대규모 화산 분화에 의해 성층권까지 뿜어져 올라가는 대량의 에어로졸(대기 중의 미립자)은 2년 이상에 걸쳐 태양 방사를 차단하여 지표 도달 일사량을 감쇠시킴으로써 일시적인 저온에 의해 냉해가 일어나는 것으로 알려지고 있다.

북반구에서 1880년 이후 약 100년 간 관측된 기온 변화에 대응시키기 위해 태양 활동, 이산화탄소, 화산 분화 등 외력을 이용한 기상 모델에 의하면 그림 4.25처럼 깨끗한 일치가 보이고 있다. 이것은 기후 변동의 주요한 원인으로서 이 3가지를 고려한다면 좋은 결과를 나타낼 수 있음을 보여주고 있다.

앞으로 이산화탄소의 증가로 지구의 기온은 어떻게 바뀌어 갈까? 고

다드 우주과학 연구소의 대기 순환 모델에 의한 예측에서는 그림 4.26처럼 3개의 시나리오가 제시되고 있다. 시나리오 A에서처럼 1970년대 이후 매년 1.5%씩 대기 중의 이산화탄소가 증가하고 있는 경우, 2020년에는 1951~80년의 평균 기온보다 1.5℃ 상승한다는 결과가 얻어졌다. 이 상태는 인류가 아직 경험해 보지 못한 고온이다.

4.8 전망

정어리 등 부어류 자원의 지구 규모적 큰 어획량 변동과 탁월 어종의 교체 현상 등을 생각하기 위해서는, 어업에 직결하는 어장 환경이라는 좁은 생각에서 벗어나 대기-해양 상호 작용과 그것에 따른 식물 플랑크톤, 동물 플랑크톤까지를 포함하는 복합적인 자원 환경의 관점이 필요하다.

성층권에 있어서 프레온 가스의 증가로 자외선 흡수의 중요한 역할을 하고 있는 오존층을 파괴함으로써 남극과 북극에 생긴 오존 구멍이 최근 주목되고 있다. 오존층 파괴가 해면 도달 자외선량을 증가시켜 식물 플랑크톤 증식을 감소시키는 것은 아닌지 염려되고 있다.

한편, 식물 플랑크톤으로부터 방출되는 디메틸황하물(DMS)이 대기 중에서 산화하여 황산염에어로졸로 되고 운립 형성을 위한 응결핵이 되어 구름량을 증가시킬 가능성도 지적되고 있다(Charlson et al., 1987).

정지 기상 위성 '히마와리'에 의한 일본 열도 남방 외해에서의 1월 평균 구름량 분포를 보면 그림 4.27처럼 추운 겨울이었던 1984년은 구름량이 많고, 따뜻한 겨울이었던 1979년은 구름량이 적어 그 차이가 2, 즉 추

(a) 1984년(추운 겨울)　(b) 1979년(따뜻한 겨울)

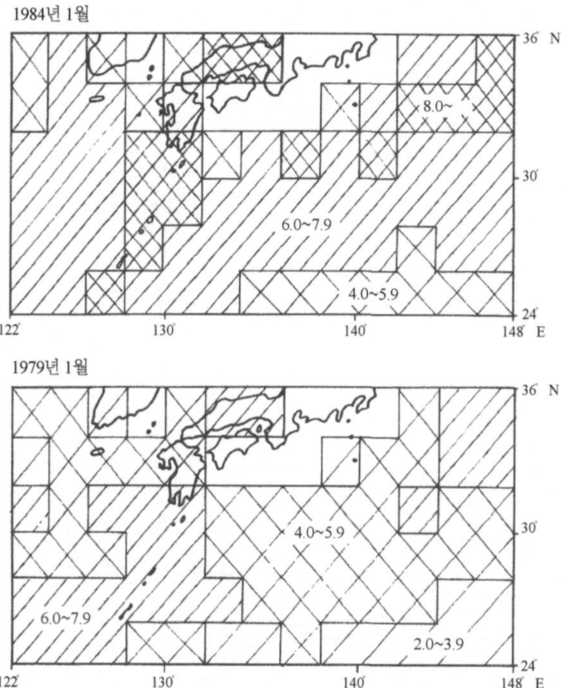

그림 4.27 기상 위성 GMS(히마와리)에 의한 1월 평균 전 구름량 분포

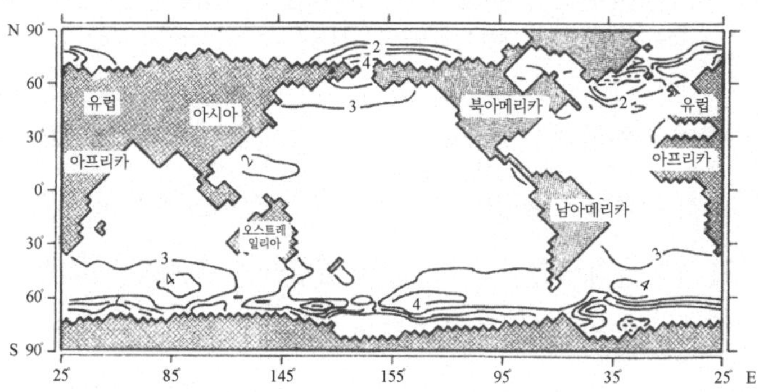

그림 4.28 수치 계산에 의한 50년 후의 해면 수온 변화 분포 (Mikolajewicz et al., 1990)

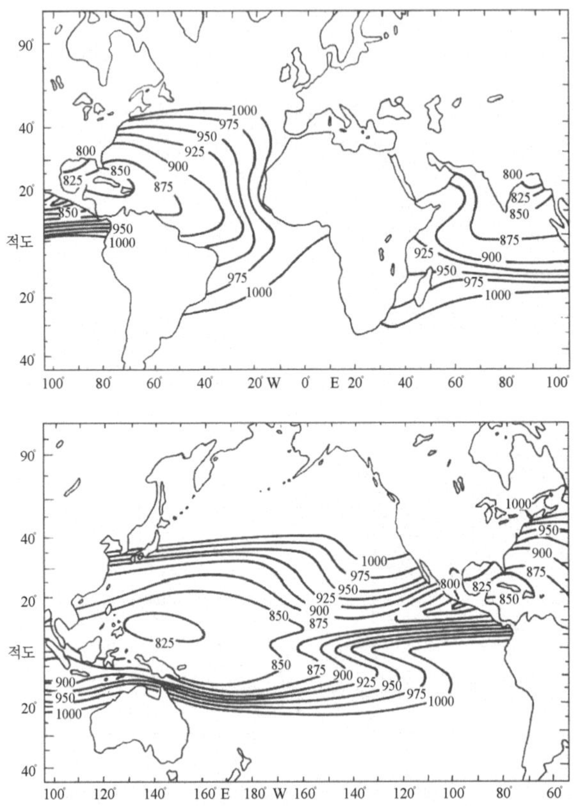

그림 4.29 이산화탄소 농도가 현재의 2배로 된 경우, 8월의 평균 해면 수온 상승치를 사용한 대순환 모델에 의한 태풍·허리케인의 최저 중심 기압 (Emanuel, 1987)

운 겨울 쪽이 따뜻한 겨울보다도 20% 정도 구름량이 많은 결과로 나왔다. 해양 상에서 구름량의 증감에 따른 일사량의 변화는 해면 도달 일사량을 변화시켜 식물 플랑크톤의 증식 조건에 영향을 준다. 해양 기초 생산력의 변화가 나아가서는 중요 어류의 자원 변동을 가져오게 할 가능성이 있다.

그림 4.28에 나타낸 것처럼 지구 온난화에 따라 50년 후에는 고위도의

해면 수온이 3~4℃, 일본 주변 해역에서도 2℃ 정도 상승한다고 예측되고 있다. 만약 어장의 표층 수온이 상승할 경우, 당연히 어장의 이동이 생각되고 더 나아가 지속적인 고수온 환경은 해양 생태계를 크게 바꿔 버릴 가능성이 있다.

이산화탄소 증가에 따른 해면 수온 상승은 열대 저기압의 에너지원인 대기 중의 수증기량을 증가시키므로 그림 4.29와 같이 중심 기압이 850hPa 이하로까지 발달하는 태풍 허리케인을 발생시켜 현재와는 비교도 되지 않을 정도의 폭풍, 고파, 고조시 어항·양식 시설과 어선 등에 대해 파괴적인 연안 재해를 다발시킬 염려가 있다.

복잡한 인과관계를 갖는 수산 자원 변동의 기작을 해명하여 수산 자원을 영속적으로 유효하게 활용하기 위해서는, 전 지구 규모의 해양 환경 관측을 근거로 환경 예측에 의한 과학적인 자원 관리의 확립이 필요하다.

지구 생태계는 수억 년을 거치면서 균형적으로 유지되어 왔는데, 선진국을 중심으로 한 최근의 인위적이고 급격한 환경 부하는 되돌이킬 수 없는 생태계 파괴를 야기시키고 있다. 인류를 자연과 대비하고 인류를 위해 자연을 조정하려는 생각을 버려서 인류도 지구 생태계의 일원에 지나지 않는다는 깨달음을 강하게 갖고 나갈 필요가 있다.

제5장

지구적 규모의 해양 오염

이 장에서는 인간이 합목적적으로 합성 이용하는 유기 화합물(화학 물질이라고도 부름)로 인하여 생기는 해양 오염에 대해 기술하기로 한다.

해양 오염은 내만, 연안역으로부터 다시 널리 퍼져 외양으로까지 미치고 있다고 지적된 지 오래되었다. 그러나 오염 물질의 측정자료가 적으므로 자료를 가지고 외양의 오염에 대해 실증적으로 기술하는 것은 대단히 어렵다. 그 이유는 각종 오염 물질 농도가 너무나 낮기 때문이다. 오염의 정도가 가장 높다는 도쿄만조차도 어떤 오염 물질 농도는, 예를 들어 세로 50m, 가로 20m, 깊이 1.5m 수영장에 작은 숟가락 1/5 정도의 양 이하(대개의 경우, ppt)밖에 존재하지 않는다. 그러나 생태계에 미치는 영향은 무시할 수 없다고 생각된다. 이들 오염 물질의 측정에 필요한 노력과 시간은 농도의 저하에 대해 지수함수적으로 상승하는 것이 알려져 있으므로 외양해수에서는 그 농도 측정이 얼마나 어려운 일인지 상상이 될 것이다.

그럼에도 불구하고 지구적 규모의 해양 오염에 대해 일본과 깊은 관계가 있는 태평양을 중심으로 오염 물질 차원에서 유기 염소계 화합물을 다룬 에히메(愛媛) 대학의 다쓰가와(立川) 교수가 말하고 있는 것처럼, 자연계에서 이들 유기 염소계 화합물이 거의 분해되지 않고 생물체 내에 축적되기 쉬운 점과 이들 화합물 분석을 위해 고감도 전자 포획 검출기가 부착된 가스 크로마토그래피가 보급되고 있는 점은 이들 관측 자료를 공표할 수 있게 하는 중요한 이유가 됐다.

5.1 환경 오염 물질로서의 유기 염소계 화합물

현재 공업적으로 생산되는 인공 화합 물질 종류는 대략 7만 종이라고 하는데, 생산 및 폐기 과정에서 부차적으로 생성되는 화합물까지 합하면 그 수가 10만 종을 넘는다고 추정된다. 이들 방대한 수의 인공 화학 물질 모두가 환경을 오염시켜 인간의 건강에 해를 끼치고, 또 생태계에 악영향을 미치는 것은 아니다. 지금까지 세계각지에서 환경 오염 물질 때문에 사회적으로 가장 관심을 집중시키게 한 것은 유기 염소계 화합물인 DDT, BHC(HCH), PCB이다.

DDT, 정확히 p, p'-DDT(p, p'-dichlorodiphenyl-trichloroethane)는 1874년 차이드라가 처음으로 합성한 이후 1939년 뮬러가 그 강력한 살충력을 발견할 때까지 거의 주목되지 않고 있었다. 이 유기 염소계 화합물은 강한 살충력과 잔효성(장기간 살충력을 지속하는 것), 그리고 인간에 대한 낮은 급성 독성 때문에 주목을 받았고, 그 이후 유사한 각종 유기 염소계 화합물이 합성되어 이용되게 되었다. 특히 일본과 깊은 관계에 있는 제2차 대전의 발발이 이 DDT의 대수요를 야기시켰다. 열대 정글에서 전투력을 유지하기 위해 병사들을 전염병으로부터 보호할 필요가 있었으므로 이 살충제가 다량으로 이용되었다. 당초는 100%가 군수용이었고 전쟁 후 민간용으로 해금되어 농약과 공중 위생 목적으로 사용되었다. DDT의 이용으로 전염병이 근절되고 다시 세계의 식량 생산이 비약적으로 향상하는 것이 기대되어, 그 업적으로 뮬러가 1948년 노벨 의학·생리학상을 받았다.

BHC(1, 2, 3, 4, 5, 6-benzene hexachloride, HCH라고도 함)는 1825년

영국의 패러데이가 합성하고 1912년 린덴에 의해 4종의 이성체의 존재가 지적되었다. 그 후 1942년 스레이드에 의해 γ-이성체의 강력한 살충력이 발견되기까지 DDT처럼 주목을 받았다. 세계대전 후 벼룩, 이, 파리, 모기의 구제를 위해 공중 위생적 입장에서부터 사용된 DDT, HCH가 그 강력한 살충 효과를 갖는 이유 때문에 농약으로도 주목되어 1971년경까지 각국에서 널리 사용되었다. 그러나 DDT, HCH 모두 잔류성이 높고 생물 농축성도 높으므로 선진국에서는 1972년경까지 생산이 중지되어 사용 금지되었지만 열대 지역의 개발 도상 국가에서는 공중 위생적 이유로 지금도 이용되고 있다. HCH의 생산 기술은 비교적 간단하여 생산 경비가 싸므로 세계 각국에서 대량으로 합성하였다. 일본에서의 누적 생산고는 다쓰가와에 의하면 DDT가 3만 톤, HCH가 40만 톤에 달한다고 추정되고 있다. 농약의 경우 자연 환경에 직접 살포되고 경우에 따라서는 비행기에 의한 공중 살포가 이루어지므로 지구적 규모로 오염이 확산되고 있음은 극히 당연한 일이다.

한편 PCB(폴리염화비페닐)로 알려진 유기 염소 화합물군은 1881년 슈미트(Schmidt)와 슐츠(Scultz)에 의해 발표되었고, 공업적으로 유용한 화합물군으로 알려지게 된 것은 1930년부터라고 한다. 이론적으로는 염소 원자가 1~10개 들어 있는 210종의 화합물 존재가 가능하지만, 실제로는 염소 원자수 4~8이 수소 원자와 치환된 폴리염화비페닐이 주성분이라고 보고되고 있다. 이 용도는 DDT, HCH와 달라서 주로 공업적으로 이용되어 농약처럼 직접 자연 환경에 살포되지는 않는다. 생산량의 60~65%

PCB의 구조식에 있어서 n는 염소 원소 수가 0~5개 들어감.
양n가 0인 경우는 비페닐이 된다.

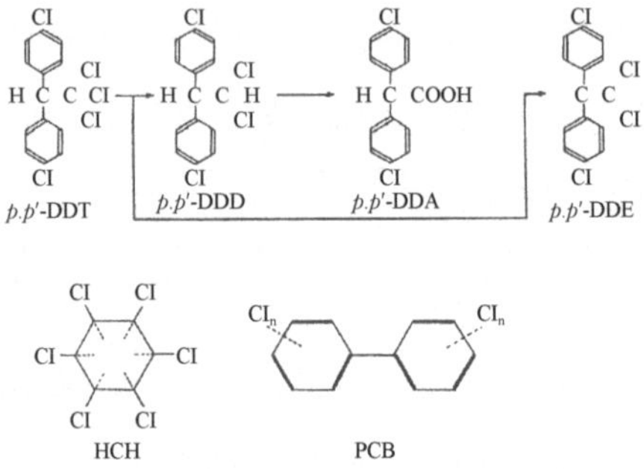

p,p'-DDT p,p'-DDD p,p'-DDA p,p'-DDE

HCH PCB

그림 5.1 이 장에서 취급하는 유기 염소계 화합물의 화학 구조식

는 전기 콘덴서 및 트랜스의 절연 매체로 이용되고 거의 밀폐된 형태로 사용되었다. 또한 가열 매체로서 10~15%, 인쇄용 잉크의 용제로서 10~15%, 그리고 합성수지의 가소제로서 5~10%가 주요한 용도였다. 일본에서 PCB가 유명해진 것은 가네미유증 사건인데 가열 매체로서 사용되고 있던 PCB가 식용유 중으로 새어나와 혼합된 결과, 그것을 먹은 사람들에게서 피부병이 나타나 사회 문제가 된 것이다.

이들 화합물의 화학 구조식을 그림 5.1에 나타냈다. DDT는 자연계에서 일부 변화하여 p, p'-DDE, DDD, 다시 DDA로 변화한다. 전체 DDT는 이 4종 합계를 의미한다. HCH의 경우 입체 이성체가 9종 있음이 알려졌는데, 주요한 이성체는 α, β, γ, δ의 4종이다. 전체 HCH는 이 4종의 이성체 합계이다. PCB의 경우 분자식은 같지만 구조식이 다른 것을 상당히 얻을 수 있다.

화합물명	분자량	물에 대한 용해도 (ppm, 25℃)	증기압 (mmHg, 25℃)
PCB화합물	189-499		2.8-320×10^{-6}
2-모노클로로비페닐	189	5.9	
2, 2', 3, 3', 4, 4', 5, 5'-오크타클로로비페닐	430	0.007	
DDT화합물			
p, p'·DDT	354.5	0.0032	2.5×10^{-5}
p, p'·DDD	320	0.015	2.9×10^{-6}
p, p'·DDE	318	0.0047	3.2×10^{-6}
HCH화합물			
α-HCH	291	1.6	1.6×10^{-4}
β-HCH	291	0.7	0.23×10^{-4}
γ-HCH	291	7.9	1.8×10^{-4}
δ-HCH	291	21.3	0.76×10^{-4}
클로로포름	118.5	8200	150.4
4염화탄소	154	785	90.5
트리클로로에틸렌	131.5	1100	57.9
테트라클로로에틸렌	166	150	14.0

표 5.1 대표적인 유기 염소계 화합물의 물리화학적 성질

5.2 DDT, HCH, PCB의 물리화학적 특성

이들 화학 물질이 환경으로 방출될 경우 대기권 및 수권에서의 거동은 기본적으로 이들 화합물의 물리화학적 성질, 특히 분자량, 증기압, 물에 대한 용해도 등에 의해 추정이 가능하다. 여기에서 거론하고 있는 유기염소계 화합물은 일반적으로 분자량이 작은 것일수록 증기압이 높고 물에 대한 용해도도 크다. 단지 여기에서 말하는 증기압과 용해도는 언제나

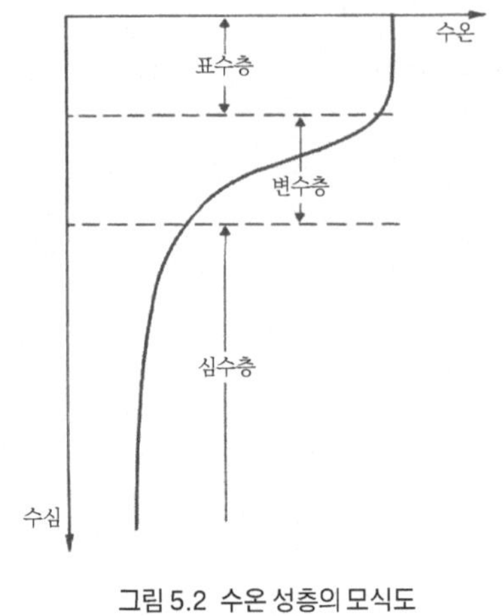

그림 5.2 수온 성층의 모식도

사용되는 냄새가 있음, 냄새 없음, 용해됨, 용해 안됨이라는 값보다도 2~8단위 작다. 그러나 이와 같은 미세한 값이 지구적 규모의 환경 오염을 생각하는 데 있어서 극히 중대한 의미를 갖는 것으로 알려져 있다. 표 5.1에는 몇 개의 분자량이 작은 유기 염소 화합물, DDT, HCH, PCB의 물에 대한 용해도와 증기압을 나타내고 있다.

물에 대한 용해도가 큰(물에 녹기 쉬운) 화학 물질일수록 하천수와 해수에 용해되어 고농도로 되고 물의 유동과 함께 확산되어 먼 곳으로 운반되기 쉽지만, 수면으로부터 증발하기 쉬운 것이 많다. 한편 용해도가 작은 것은 수중에서 현탁 입자 등에 흡착되기 쉬워 이들의 침강에 의해 하구역과 연안역의 저니 중으로 축적된다. 즉 먼 곳으로는 운반되기 어려운 것임을 의미한다. 증기압이 높은 물질일수록 가스상으로 되기 쉬우므로 대기의 이동에 의해 장거리 이동한다. 또 대기와 해수간의 분배는 물에 대한 용해도가 극히 적으므로 기본적으로는 분자량의 크기로 결정되어, 분자량이 클수록 해수 중 농도가 크게 되지만 천연 해수 중의 현탁 입자에 흡착되기 쉬워 침강에 의해 실질적으로 농도가 낮아지는 경향이 있다.

5.3 마슈코에 있어서의 HCH

일반적으로 중고위도 지역에 있어서 수심이 깊은 호소에서는 수온이 봄철 전층에서 거의 4℃(밀도가 최대)로부터 일사량이 강하게 됨에 따라 표층으로부터 점차 따뜻해져서 그림 5.2에서와 같은 수온 성층 구조가 만들어진다. 따뜻해져 수온이 높아지면 표층수의 밀도가 작아지므로 밀도가 큰 심층수와 혼합하지 않게 된다. 즉 6월부터 9월에 걸쳐 대기권으로부터 호수로 내려와 수면을 통해 용해된 물질은 심층으로 내려가 혼합함이 없이 표층에 머물면서 시간이 지남에 따라 농도가 증가하는 것으로 생각된다.

일본 국립환경연구소에서는 지구적 규모의 환경 오염 관측 지점으로서 마슈코(摩周湖)를 선택하여 장기적인 수질 변화를 감시하기 위해 몇 개의 유기 염소 화합물 값을 측정하고 있다. 마슈코를 선택한 주요한 이유는 집수역 내가 특별 보호구여서 장차 개발될 염려가 없고, 또한 주위 5km 이내에는 집, 공장, 밭, 목장이 거의 없어 오염 물질 발생원이 없으므로 좋기 때문이다.

호수의 수온 성층 구조가 강하게 남아 있는 1982, 1983년 9월 상순 PCB 및 DDT의 여러 가지 농축 조작을 현장에서 조사 실시했는데 PCB는 전혀 검출되지 않았고, DDT에 있어서는 그 분해물이 검출되었으나 정량 한계 이하여서 ppt 이하의 농도인 것이 확인되었다. 그러나 두 해 모두 HCH가 꽤 고농도임이 확인되었다. 그림 5.3은 마슈코에 있어서 α-HCH와 γ-HCH 농도의 수직 분포를 나타냈다. 특히 α-HCH는 수온 약층의 상

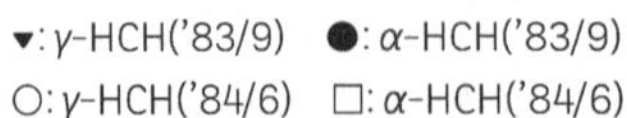

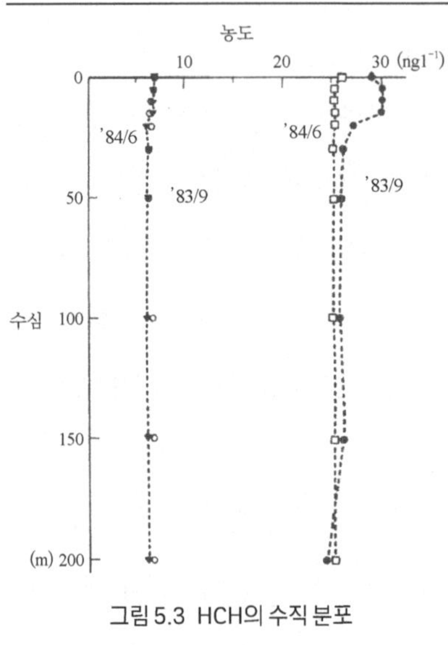

그림 5.3 HCH의 수직 분포

층에 명확하게 고농도(약 2할)로 존재했다. 그러나 수온 약층 이하에서는 호수 밑 바로 위에까지 거의 일정한 농도였다. 다음 해인 1984년 6월, 호수의 정체가 시작되기 직전 조사에서는 양자 모두 표층으로부터 저층까지 거의 일정한 농도여서 전년도의 심층수 농도와 같았다. 그러나 1985, 1986년 9월 조사에서는 표층수 중의 농도가 심층수 중의 그것과 같았고 1986년에는 전체적으로 오히려 적게 되는 경향이 보였다. 이들 결과는 1984년 또는 1985년 초기부터 대기로부터의 공급이 급하게 없어진 것을 의미한다. 만약 홋카이도 북동부의 토양과 홋카이도 주변의 해양이 그 기원이라고 한다면 이와 같은 공급의 돌연한 중지는 생각할 수 없다. 분명히 먼 곳으로부터 날아오고 있던 HCH가 어떤 사정으로 사용 중지가 된 결과라고 생각하지 않을 수 없다.

일본에서는 1971년 살충제로서의 유기 염소계 농약 사용을 금지했다. 또 규슈에 비해 기온이 낮은 홋카이도 동북부에서의 이 농약 사용량은 적은 것으로 알려져 있다. 그러므로 그 기원을 일본 국내에서 찾는 데에는 무리가 있다. 또한 호수 중에 존재하는 α-HCH와 γ-HCH의 존재 비율은 약 4:1이었다. 다쓰가와에 의하면 일본 국내에서 생산된 HCH의 이성체 평균 혼합 비율은 α-HCH가 68~78%, β-HCH가 9%, γ-HCH가 13~15%, δ-HCH가 8%였다고 한다. 그 비율은 약 5:1~6:1이 되어 확실히 달랐다. 표 5.1에서 볼 수 있듯이 β-HCH의 증기압은 다른 이성체의 그것과 비교하여 가장 낮고, 또 용해도도 가장 낮다. 이것은 환경 중에 살포된 후에 β-HCH의 이동이 다른 이성체에 비해 꽤 적을 것임이 상상된다. 반대로 α-HCH의 증기압은 γ-HCH의 그것과 거의 같기 때문에 같은 모양으로 거동하는 것으로 추정된다. 이것은 HCH가 먼 곳으로 이송되어도 γ-HCH에 대한 α-HCH의 비가 크게 변하지 않을 것임을 나타내고 있다.

표 5.2는 조금 오래된 자료도 포함하고 있지만 일본에 있어서 몇 개의 육수 중 HCH 이성체의 존재 순위를 나타내고 있다. 살포한 HCH의 이성체 조성 비율이 다쓰가와의 보고와 거의 같다고 가정한다면, 비교적 기온이 높은 비와코(琵琶湖)와 기타규슈의 하천 및 저수지에서는 증기압이 높으므로 대기 중에 흩어지고 증기압이 낮은 β-HCH가 남게 되어 이와 같은 조성 순위가 되었다고 생각된다. 비와코 부근의 강수 중 HCH 이성체 조성은 α-HCH가 49%, γ-HCH가 12%, β-HCH가 5%라고 보고되고 있어서 그 공급원이 강수가 아님을 암시하고 있다.

이처럼 같은 화합물이면도 이성체인 관계로 물리화학적 성질에 차이가 생겨 자연계에서 거동이 크게 다르게 된다.

	이성체 존재 순위	평균 농도 (ng·ℓ⁻¹)		
마슈코(摩周湖)	α > γ > β	26,	6.8,	1.8
시코쓰코(支笏湖)	α > γ > β	19,	7.9,	3.9
모토스코(本栖湖)	α > γ > β	19,	4.2,	-
비와코(琵琶湖) (기타코(北湖))	β > α > γ	24,	20,	9
비와코(琵琶湖) (미나미코(南湖))	β > α > γ	22,	20,	10
기타규슈 하천 (北九州河川)	β > α > γ	60,	-,	-
기타규슈 저수지 (北九州貯水地)	β > α > γ	50,	-,	-

표 5.2 육수 중의 HCH 이성체 조직

5.4 외양 대기 및 표층 해수 중 DDT와 HCH의 지구 규모적 분포

DDT와 그 동족 유기 염소계 화합물을 접촉 살충제라고 부르는데 그 살충제를 끼얹은 해충의 중추 신경에 작용함으로써 해충이 결국 죽게 된다.

1950년대 초 미국과 서유럽에서 물새의 수가 급격히 감소하고 있음이 보고되어, 그 원인으로 체내에 DDT가 고농도로 축적되어 있음이 밝혀졌다. 이 DDT는 물새 그 자체에 직접적인 독성은 없지만, 칼슘 대사를 저해함으로써 난각이 정상적인 두께로 되지 않게 된다. 그 결과 모처럼 산란된 알도 포란 과정에서 부서져 부화하지 않으므로 수의 급격한 감소와 연결되게 되었다. 이들 살충제 사용과 거의 관계없는 남북 태평양의 외딴섬 대기 중에서도 이들 살충제가 검출되었다(표 5.3). 또한 남극의 펭귄 중에서도 검출되자 유기 염소계 화합물에 의한 해양 오염이 지구 규모로 진행되

화합물	북태평양 (A)		남태평양 (B)		
	북태평양 항해 (1986)	에누에독 환초 (1979)	사모아 (1981)	페루해안 (1981)	뉴질랜드 (1983)
클로로벤젠					
헥사클로로벤젠	108	100	55	63	61
펜타클로로벤젠	57	30	9	24	16
헥사클로로 시크로헥산					
α-헥사클로로 시크로헥산	309	235	32	10	25
β-헥사클로로 시크로헥산	28	15	2	< 1	1.3
ΣPCB	32	110	11	12	6
ΣDDT					
p, p'-DDE	0.4	3.1	0.9	2	1.8
p, p'-DDT	0.4	3	1.0	-	1
클로로단	6.8	13	1	1	1.3
델드린	1.9	7.9	1.1	4	1.9

표 5.3 태평양 상 대기에 있어서 인공 유기 염소 화합물의 농도

고 있음이 밝혀지게 되었다.

에히메 대학의 다쓰가와 교수 등의 그룹에 의해 1975~85년에 걸친 태평양, 인도양 대기 중의 전DDT와 전HCH 농도 조사 결과를 그림 5.4에 나타냈다. 어느 것도 북반구 중위도 지역과 인도·파키스탄 주위에서 고농도로 관측되고, 남태평양에서의 농도는 꽤 낮았다. 생산과 이용의 장소가 가까운 해역에서 고농도치가 집중하고 있음은 당연한 결과일 것이다. 대기

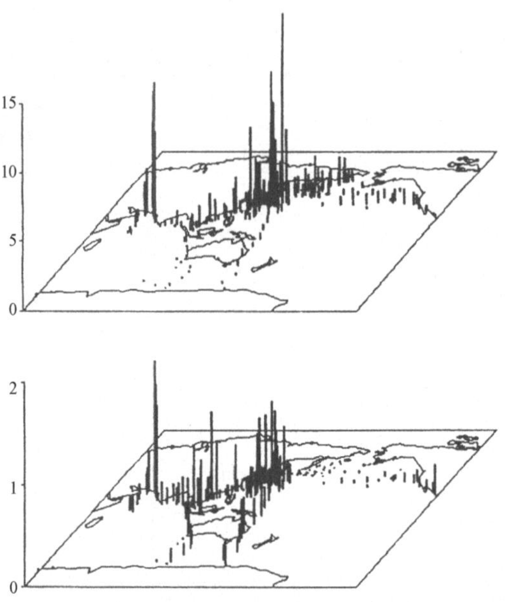

그림 5.4 대기 중의 HCH와 DDT 농도의 지구 규모 분포 (Tatsukawa, R. et al., 1990)

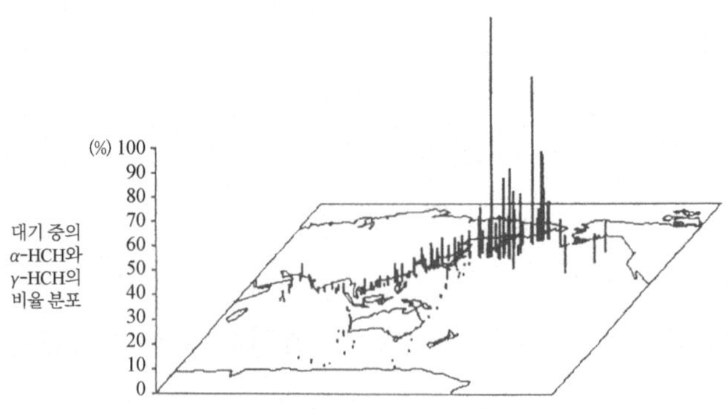

그림 5.5 대기 중의 α-HCH/γ-HCH의 분포 (Tatsukawa, R. et al., 1990)

중 농도에서 전HCH가 전DDT의 수배로부터 수십 배로 되는 것은 표 5.1에 보이는 것처럼 HCH의 증기압이 DDT에서보다도 1~2단위 이상 높기

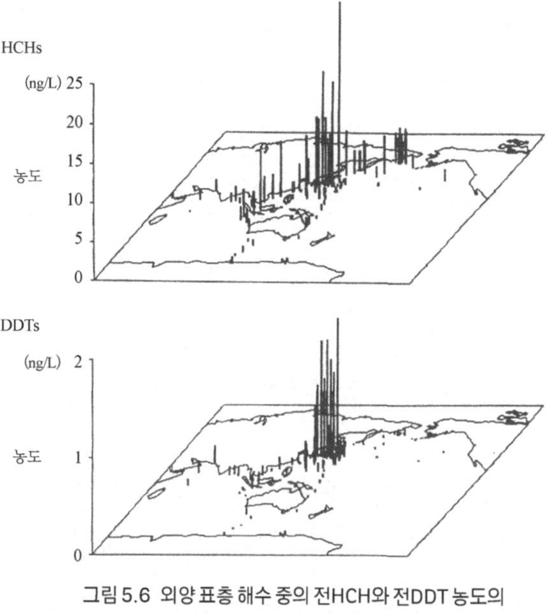

그림 5.6 외양 표층 해수 중의 전HCH와 전DDT 농도의 지구 규모 분포(1975~85) (Tatsukawa, R. et al., 1990)

때문에, 농경지에 살포된 HCH가 DDT보다 빠르게, 또 높은 비율로 대기로 이행하고 있다고 해석된다. 그림 5.5에 나타난 것처럼 대기 중 γ-HCH분의 α-HCH와의 비를 보면, 다량으로 살포된 중위도 지역에 비해 고위도 지역에서 높은 값을 나타내고, 북반구에서는 α-HCH가 주성분인 값싼 공업용급의 HCH로 주로 사용된 것, 또한 α-HCH가 대기 중에 큰 비율로 존재하고 있음을 나타내고 있다.

증기로 된 살충제는 대기에 의해 외양상으로 운반되므로 대기로부터 해수 표면으로 녹아들어간다. 강수와 미립자에 흡착해서 해수 표층으로 공급되는 경로도 있지만 전체로서는 중요하지 않다. 그림 5.6에는 외양

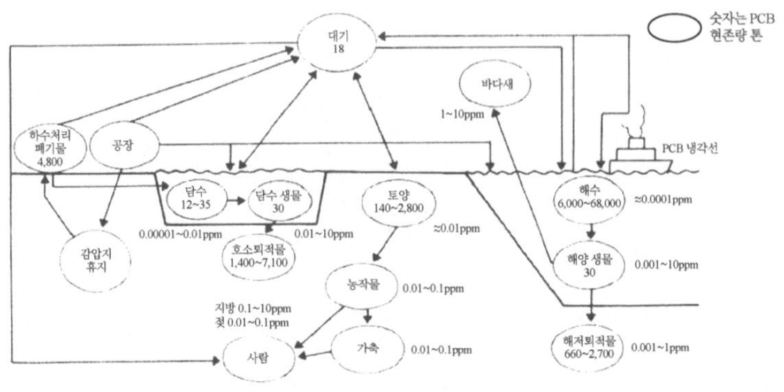

그림 5.7 지구 표층에 있어서 PCB의 분포

표층 해수 중 전HCH와 전DDT 농도의 관측치를 나타냈다. 대기 중 농도에서와 마찬가지로 중위도 지역에 있어서 고농도치가 관측됨으로써 확실하게 대기로부터의 공급을 보여주고 있는데 열대 해역에 있어서 큰 차이를 보인다. 즉 대기 중 농도가 높음에도 불구하고 표층 해수 중의 전HCH 및 전DDT 농도가 반드시 높지는 않다는 것이다. 열대 지역에서는 높은 기온이 해수 표면에서 용해하는 것보다도 대기 중에 증기로서의 존재를 가능하게 했다고 생각된다. 인도 남부의 논밭에 살포된 HCH의 99.6%가 대기 중으로 기화하여 소실되었다는 보고와도 일치하는 결과이다.

5.5 지구상에 있어서 PCB의 분포

앞에서 지적한 것처럼 PCB는 농약과 달리 자연계에서 비행기 등에 의한 살포는 없었다. 그러나 그 오염은 전 해양으로 퍼져 있다.

미국의 NAS(National Academy of Sciene, 1979)의 보고에 의하면 PCB

생산량이 1972년에 세계적으로 생산 중지되기까지 약 40년 동안 75만 톤에 달했다고 한다. 그중 약 60%는 현재 사용 또는 처분을 위해 보존 중이고, 나머지 약 40%가 환경 중에 살포된 것이 된다. 현재 대기 중에 존재하는 양이 18톤, 토양 중에 140~2,800톤, 호수 저퇴적물 중에 1,400~7,100톤, 하수 처리 폐기물 중에 4,800톤, 해양 중에 6,000~66,000톤, 해저 퇴적물 중에 660~2,700톤, 해양 생물 및 담수 생물 중에 각각 30톤, 담수 중에는 12~35톤, 합계하면 최대 84,000톤이다. 나머지 부분 약 22만 톤은 자연환경에 있어서 미생물에 의해 다른 화합물로 분해되었든지 또는 난분해성 때문에 분해되지 않았다고 하면 지금도 어디엔가 존재하고 있을 것인데 불분명하다. 그림 5.7은 지구 표층에 있어서 PCB의 분포와 그 농도 범위를 표시하고 있다. 해양은 인간 활동에 의해 방출된 많은 물질의 최종적 창고라고 생각되고 있다. 해수 중의 농도는 극단적으로 낮지만, PCB 존재량이 가장 많은 곳은 해양이다.

5.6 해양에 있어서 유기 염소계 화합물의 생물 농축

세계의 외양 표층 해수 중의 PCB와 DDT 농도는 1ppt(10^{-12}) 이하이고 물에 비교적 잘 녹는 HCH라도 10ppt 전후이다. 다쓰가와에 의한 서북 태평양에서 먹이사슬을 구성하는 생물 종마다의 유기 염소계 화합물 농도와 생물 농축 계수(생물 1개체의 평균 농도/해수 중의 농도)를 표 5.4에 나타냈다.

동물 플랑크톤을 먹는 샛비늘치와 살오징어는 포유동물인 줄박이고

	PCB	DDT	HCH
농도			
표층수($ng \cdot l^{-1}$)	0.28	0.14	2.1
동물 플랑크톤($\mu g \cdot kg^{-1}$)	1.8	1.7	0.26
샛비늘치($\mu g \cdot kg^{-1}$)	48	43	2.2
살오징어($\mu g \cdot kg^{-1}$)	68	22	1.1
줄박이돌고래($\mu g \cdot kg^{-1}$)	3,700	5,200	77
농축계수($\times 10^3$)			
동물 플랑크톤	6.4	12	0.12
샛비늘치	170	310	1.0
살오징어	240	160	0.52
줄박이돌고래	13,000	37,000	37

표 5.4 서부 북태평양 외양 생태계에 있어서
유기 염소 화합물의 농도(습중량당)와 생물 농축 계수

래의 먹이가 된다. 일반적으로 해수에서 식물 플랑크톤으로부터 동물 플랑크톤 단계에서는 1,000배로부터 10,000배로 농축되지만, 그 후의 보다 높은 영양 단계에서는 대략 10배 정도밖에 농축되지 않는다. 그러나 해양 포유동물이 되면 수명이 길고 체중 당 먹이 소비량도 증가하므로 어떤 종의 물질에서는 급격한 농축이 일어나고 있는 사례가 있다. 해수와 동물 플랑크톤간의 농축 평형은 약 1주간 정도, 또 단년 어류에서는 수개월 정도이고, 수명이 긴 포유동물에서는 더욱 긴 농축 평형 시간이 필요할 것이다. 육상 포유동물과 조류 등 고등 동물은 이들 유기 염소계 화합물을 느리긴 하지만 간장에서 효소 분해하는 능력을 갖고 있으므로 그렇게 높은 농축치가 보고되고 있지 않다. 그러나 해양 포유동물 특히 돌고래와 바다

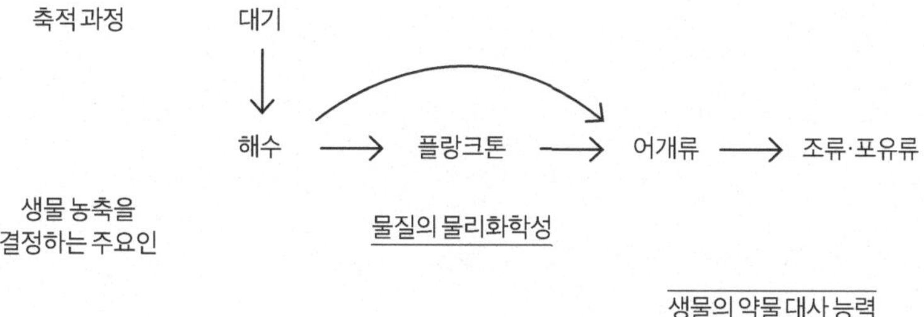

그림 5.8 해양 생태계에 있어서 유기 염소 화합물의 생물 농축 과정

표범은 그 능력이 없든지 또는 극도로 미약하다. 그러므로 다쓰가와는 이들 유기 염소계 화합물에 의한 장기적인 해양 오염 상황을 알기 위해서는 장수하는 포유동물 정보가 가장 중요하다고 지적하고 있다.

표 5.3에서처럼 용해도가 낮은 PCB와 DDT에 비해 용해도가 약 2단위 높은 HCH의 생물 농축 계수는 극히 작다. 포유동물과 조류 같은 고등 동물로의 농축성을 생각하는 경우에는 약물 대사 기능도 고려해 두는 것이 필요하다.

5.7 앞으로의 과제

그림 5.8에는 해양 생태계에 있어서 유기 염소계 화합물의 생물 농축 과정과 그것을 결정하는 주요인을 모식적으로 나타냈다.

유기 염소계 화합물 이용의 문제점은 자연계에서 거의 분해되지 않고 잔류성이 높으므로 생물 농축성도 높다는 것이다. 여기에서 거론한

DDT, PCB는 주로 대기를 거쳐 외양으로 이동하여 표층 해수 중에서 용해되는데, 그중 일부는 먹이사슬을 통해서 어패류에 농축되고, 또 다른 일부는 직접 아가미를 통해서 어패류로 농축되어 다시 먹이사슬에 의해 포유동물, 조류로 농축되어 간다. 현재 해양 포유동물 지방 중의 농도는 어떤 영향이 나타나고 있다고 해도 좋을 정도라는 보고도 있다.

선진국에 있어서 DDT, HCH, PCB의 제조와 사용은 금지되었지만, 아직도 DDT, HCH가 일부 개발 도상국에서 제조 이용되고 있다. PCB가 제조 중지되었다고는 하지만 선진국에서 다량으로 밀폐된 형태로 아직도 사용되고 있다. 농약과는 달리 자연계에 살포되는 일이 없음에도 불구하고 지구 규모의 해양 오염은 진행되고 있다. 앞으로도 해양 포유동물의 모니터링을 계속하여 그 축적 경향을 주의깊게 관찰할 필요가 있다.

제6장

해저의 지학

지구 과학사에 있어서 오늘날은 제2의 혁명기에 있다고들 한다. 즉 1910년대에 독일의 기상학자 알프레드 베게너가 대륙 이동설을 발표한 후 1960년대의 해저 확장설, 그리고 1970년대의 판구조론으로 발전해 온 일련의 학설과 성과에 따른 것이다. 대륙과 해저가 수평으로 이동해 간다고 하는 생각은 수직 방향으로만 운동한다는 입장을 취해 온 연구자에게는 큰 충격이 아닐 수 없다. 이 수평 이동설(판구조론)에 의해 지구 과학상의 문제도 쉽게 설명할 수 있게 되었다. 예를 들면 일본 열도 태평양 연안에서는 심해 퇴적물 기원의 몇 장이나 되는 판을 중첩한 것과 같은 굴곡된 지층을 발견할 수가 있다. 종래의 생각으로는 이 지질 구조의 성인을 심해 퇴적물이 융기하여 변형된 것이라고 해석하여 왔다. 판구조론에 의하면 이들 심해 퇴적물은 그 하부의 판(두께 100km 정도의 암반)과 함께 컨베이어 벨트처럼 서진하여 일본 열도와 충돌하고 판은 일본 열도 밑으로, 심해 퇴적물은 목수가 대패로 판을 깎을 때에 생기는 대패밥과 같은 상태로 일본 열도에 붙어 있다고 설명하고 있다.

장엄하게 분화한 나가사키(長崎)현 운젠(雲仙)의 후겐다케(普賢岳)와 루손섬의 피나투보 화산 활동도 판구조론의 관점으로부터 설명하는 연구자가 적지 않다.

대륙 이동설, 해저 확장설, 판구조론 등 일련의 학설을 지지하고 검증해 온 것은 해양 과학의 일에 매달려온 연구자들이었다. 미국은 1960년대에 6,000m 수심에서 해저 밑 1,000m까지 시추 가능한 심해 시추선 G. 챌린저호를 건조하여 세계의 해저 탐사선으로 활약하게 했다. 한편 프랑스

A: 대륙붕　B: 대륙붕단　C: 대륙 사면　D: 해구　E: 해연
F: 대양저　G: 해저 구릉　H: 해산　I: 평정 해산

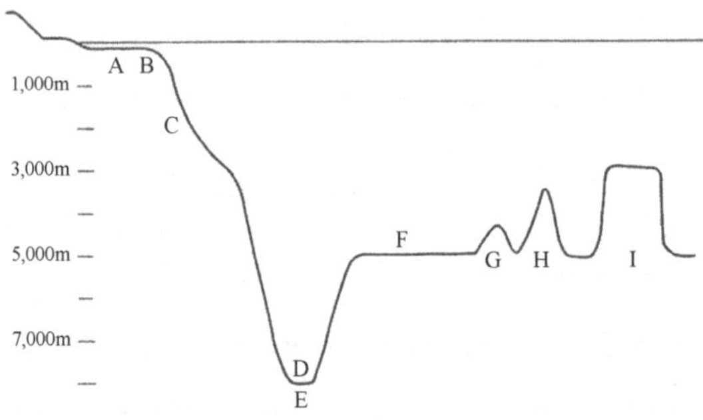

그림 6.1 해저 지형 개념도

는 1970년대 전반에 6,000m까지 잠수 가능한 유인 잠수정 노틸호를 취항시켰다. 지금까지 두 선박의 활약으로 해저 과학사에 남길 수많은 성과가 공표되었다. 예를 들면 G. 챌린저호의 시추에 의해 채집된 해저 퇴적물과 암석으로부터 해저 지각 중 가장 오래된 연대가 중생대 쥬라기(2억 년 전)임을 밝혀냈다. 동시에 2억 년 이후의 지구 환경 변동 역사가 점차 밝혀지고 있다. 한편 노틸호의 잠수에 의해 지금까지 단순한 암흑의 세계라고 생각해 왔던 심해저에서 마그마와 열수가 용출하고 그 주변에 진귀한 생물이 군생하며, 유용한 금속 광물이 생성되고 있는 생생한 드라마가 널리 펼쳐지고 있는 또 다른 세계임이 밝혀지고 있다.

이 장에서는 제1절 해저의 지형, 제2절 해저의 퇴적물, 제3절 해저의 광물 자원의 3절로 나누어 기술하기로 한다. 해저 지형의 절에서는 대륙붕, 해구, 평정 해산 등 중요하고 또한 흥미있는 지형의 성립 과정에 대해

서, 해저 퇴적물 항에서는 피스톤코어와 드릴코어에 포함된 점토광물을 지표로 하여 고환경을 추정한 몇 개의 예를 소개한다. 해저 광물 자원에 대해서는 21세기의 자원으로 주목되고 있는 망간단괴와 열수 광상에 대해서 소개한다.

6.1 해저의 지형

도쿄의 다케노시바(竹芝) 잔교로부터 음향 측심기를 탑재한 배를 타고 계속해서 남쪽으로 내려간다고 상상하기로 하자. 그림 6.1에 해저 지형 개념도를 나타냈다.

수심과 해저 지형을 나타내는 기록지에는 평탄한 지형이 한참 계속된다. 이윽고 수심 140m 근방에서 경사가 급하게 된다. 여기까지의 평균 경사는 0.07도로 대단히 평탄하여 이 지형을 대륙붕(육붕)이라고 부른다. 대륙붕은 일본 주변에서는 평균 30km 정도의 폭을 갖고 있는데, 세계 전체의 평균에 비교하면 좁은 편이다.

대륙붕의 성인에 대해서는 해수면 저하 시의 침식 평탄면이라는 생각이 유력하다. 제4기 홍적세말(1만 8,000년 전)은 뷔름빙기라고도 부르는데, 전 지구적 규모의 한랭화에 의해 다량의 해수가 대륙 빙하로 변화한 결과, 해수면이 현재보다도 140m 정도 내려갔다. 결국 현재의 수심 140m 정도의 해저가 그 당시 해안선에 상당하며 대륙붕은 침식 매적 평탄면으로 형성되었다. 세계 각지의 대륙붕 말단부로부터 천해성 패류 화석과 물에 침식된 둥근 조약돌이 채집되고 있는 점, 패류 화석 연대가 탄소의 방사성 동위원소 측정에 의해 뷔름빙기의 극대기와 일치하고 있는 점 등으로부터도 증명된다. 대륙붕 성인 중에는 북아메리카의 뉴욕으로부터 워싱턴 외해에서의 대륙붕처럼, 원래 평탄한 육상 지형이 구조 운동에 의해 침수한 지형으로부터 되는 몇 안 되는 예도 있다.

대륙붕으로부터 잠긴 계곡이라고 불리우는 해저곡이 다수 발견되고 있다. 이 해저곡의 성인에 관해서는 저탁류설과 구하천저설의 양론이 있다. 태풍 통과시에는 토사가 섞인 탁한 물이 하구로부터 배출되어 해저를 침식하는 것을 쉽게 상상할 수 있다. 가나가와(神奈川)현의 사가미(相模)강 하구 외해에 매설된 해저 케이블이 절단된 사고가 있었다. 심해성 상어가 물어 뜯었다는 등의 설도 있었지만 저탁류에 의한 것으로 밝혀졌다. 육상 실험과 해저 현장에서의 사진 촬영 성공에 의해 그 침식력의 크기가 증명되었다. 그러나 많은 해저곡은 해면 저하 때 하천저의 흔적이라고 생각되고 있다. 뷔름빙기 극대기에는 당시의 하천이 현재의 해저 140m 부근까지 물에 잠겨 흘러내렸다. 그 하천의 통로가 그 후 해수면 상승에 의해 남아 있는 것이다. 따라서 발견되는 해저곡은 현재의 하천 연장선 상의 해저로 분포하는 것이 많다. 도쿄(東京)만 내의 고(古)도쿄 해저곡과 이바라기(茨城)현 구지가와(久慈川) 외해의 고구지가와(古久慈川) 해저곡은 정밀하게 조사된 예이다(그림 6.2).

경사가 급변하는 대륙붕 말단부를 지나면 수심, 경사 모두가 크게 되는 대륙붕 사면에 도달하게 된다. 대륙붕 사면은 평균 경사가 4~5도를 나타내고 2,900m까지의 수심이라고 정의되고 있다. 2,900m의 수심은 지각

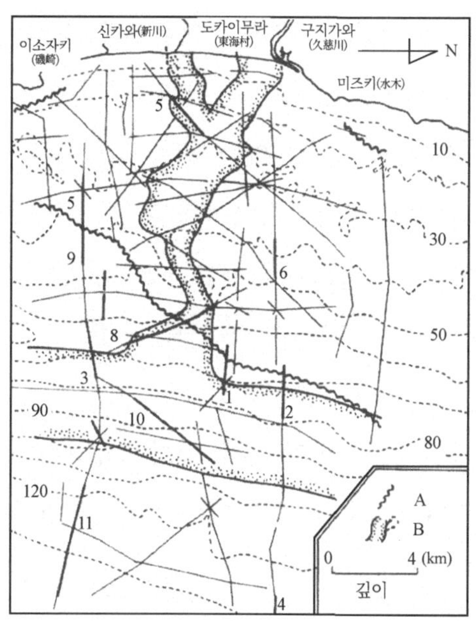

그림 6.2 고구지가와 해저곡 (加賀美, 那須, 1964)

구조적으로 대륙 지각(시알층)의 바다쪽 말단의 수심이라고 생각되고, 그 이심의 해저에 분포하는 해양 지각(시마층)의 경계부에 상당하여 중요하다. 그 지형의 성인에 관해서는 단층설과 요곡설이 있는데 각각의 성인에 따라 경사 각도가 다르다.

배는 이즈칠도(伊豆七島)를 따라 남하를 계속한다. 해저에는 세계 최대급의 일본 해구, 이즈오가사와라(伊豆小笠原) 해구가 평행하게 뻗어 있다. 해구란 수심 6,000m 이상의 좁고 길게 뻗어 있는 오목한 지형을 말한다. 해구저 중에서 정밀하게 조사된 가장 깊은 곳을 해연이라고 부른다. 이즈오가사와라 해구의 라마뽀해연(9,740m) 등이 그것이다. 해구의 성인에 대해서는 단계상 지형의 존재로부터 인정하면 단층설이라고 제창되지만, 오늘날은 판구조론의 견해로부터 판이 가라앉아 형성된 지형이라고 생각하게 되었다. 예를 들면, 일본 해구는 제3기 점신세(3,700~2,300만 년 전)에 태평양판이 동북 일본의 앞면에서 가라앉기 시작한 결과로 형성되었다. 해구는 전 해양 표면적의 1% 이하이지만, 중앙 해령에서 생성된 판이 가라앉는 장소이므로, 그 결과 지진 발생을 유인하는 장소로서 해저지질학상 중요하다.

해구저로부터 올라온 후에 계속되는 지형이 4,000~6,000m의 수심을 나타내고 전 해저의 30%를 차지하는 대양저이다. 대양저는 광대하고 평탄한 지형이지만 곳곳에 해산, 해저 구릉, 평정 해산 등이 산재해 있다. 해산과 해저 구릉의 구별은 해저로부터의 높이가 1,000m 이하를 해저 구릉, 그 이상을 해산으로 하고 있다. 해산의 집합체를 해령 또는 해팽이라고 한다. 대서양 중앙 해령과 동태평양 해팽이 각각을 대표하고 있다.

평정 해산의 존재는 이색적이다. 제2차대전 후 미국은 태평양저에 대해 상세한 연구를 시작했다. 채집한 시료의 분석을 담당했던 것은 프린스턴대학의 헤스와 그의 제자들이었다. 그들은 중부 태평양 심해저로부터 그릇을 엎어놓은 것 같은 지형이 다수 분포하고 있음을 발견했다. 헤스는 그 꼭대기가 평탄한 심해 융기 지형에 은사의 이름인 기요라고 명명했다. 평정 해산이라고 하는 이 지형의 성인에 대해, 헤스의 제자인 해밀턴은 『중부 태평양의 침수섬』이라는 책 속에서 다음과 같이 기술하고 있다. 평정 해산의 산 정상으로부터 채집된 퇴적물 시료 중에는 중생대 백악기의

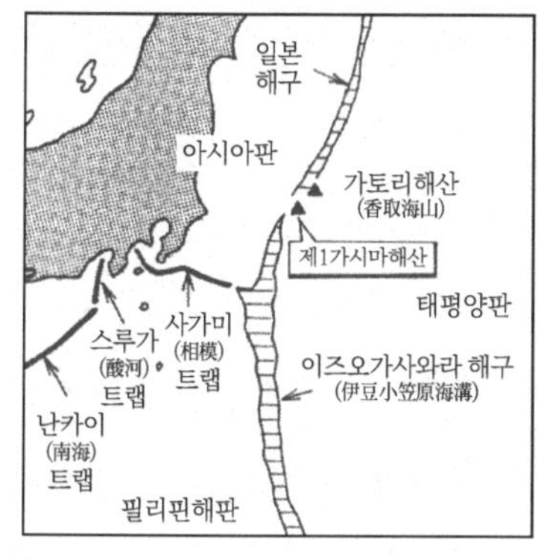

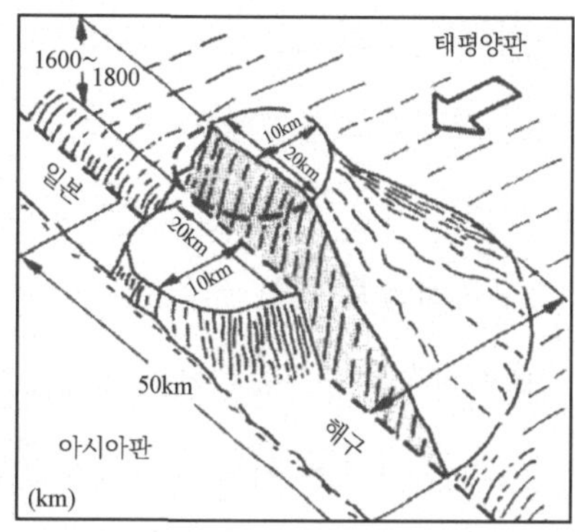

그림 6.3 제1가시마해산 (小林, 1980)

연대를 나타내는 천해성 권패류 화석과 침식된 현무암 조약돌이 다수 포함되어 있었다. 이러한 사실은 이 해산이 중생대 백악기(약 7,000만 년 전)에 산꼭대기가 해면 상으로 출현하고 있어서 항상 파랑으로 침식되고 있었음을 말해주고 있다. 결과적으로 평탄화 작용을 받고서 그 후 자체의 무게에 의해 해면 하로 침강하였다.

평정 해산은 일본 근해에서도 발견되고 있다. 최초로 발견된 것은 홋카이도 에리모사키(襟常岬) 외해로 그 이름도 에리모해산이다. 이 해산의 산꼭대기로부터도 백악기의 천해성 권패류 화석이 채집되었다. 그 후 발견된 이바라기현 가시마(鹿島)외해에서 제1가시마해산의 존재는 세계의 지구 과학자들에게 커다란 놀라움을 주었다. 정단층(正斷層)에 의해 해산의 서측이 일본 해구 내로 미끄러져 떨어져 있었던 것이다(그림 6.3).

해산으로부터 채집된 유공충 화석의 연대는 전기 백악기를 나타냈다. 이들 사실은 중부 태평양저에서 탄생한 해산이 태평양판의 서진과 함께 이동하여 현재의 일본 해구저로 낙하하고 있음을 나타냄으로써 판구조론 검증의 장소로 주목되고 있다.

6.2 해저의 퇴적물

해저 퇴적물은 기본적으로 퇴적물을 구성하는 물질의 입도에 의해 역질, 사질, 실트질 및 점토질로 분류되는 경우와 물질을 구성하는 내용에 따라 생물 기원과 비생물 기원 퇴적물로 분류된다. 여기에서는 육지에 근접하는 연안성 퇴적물과 중부 태평양의 원양성 퇴적물을 예로 들어 각각의 특성을 살펴보기로 하자.

6.2.1 해저 퇴적물의 분포

그림 6.4에는 산리쿠외 해역의 표층 퇴적물 분포를 나타냈다. 당 해역에는 30km 내외의 폭으로 대륙붕이 발달한다. 대륙붕 연변의 수심은 140m이며, 거기에서 동쪽은 대륙붕 사면으로서 1,000m까지 점차로 수심이 깊어진다. 그림으로부터 알 수 있듯이 퇴적물 입도차에 의한 대상분포가 명료하여 5개의 퇴적대로 구분되고 있다(有田, 1976). 퇴적대1은 400~500m 등심선을 따라 점재하는 역질 포함 모래 및 조립사의 분포이다. 퇴적대2는 수심 140m의 대륙붕단으로부터 대륙붕 사면 상에 분포하는 것으로 5cm 이하의 둥근 자갈을 포함하는 조립사로부터 점토까지 일련의 입도 변화를 나타내고 있다. 퇴적대3은 수심 80m 내외로부터 140m에 분포하는 것으로 역질 포함 조립사 또는 패각을 많이 포함하는 조립사

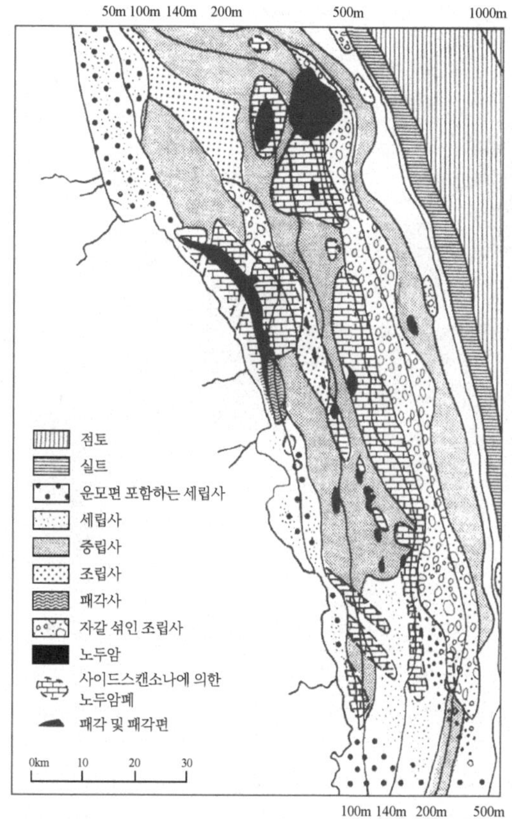

그림 6.4 산리쿠 외해 대륙붕 퇴적물의 분포 (有田, 1976)

로부터 중립사까지로 되고 있다. 퇴적대4는 수심 50~80m의 중립사가 분포한다. 퇴적대5는 50m보다 얕은 곳의 세립사 분포이다. 이 세립사는 하치노헤(八戶)외해의 퇴적대3, 4의 일부에도 분포하고 있다.

역질, 모래, 실트, 점토와 같은 육상 기원 쇄설성 물질은 해저에서는 해안으로부터의 거리 증가에 따라 일반적으로 이 입도 순서로 분포한다. 그

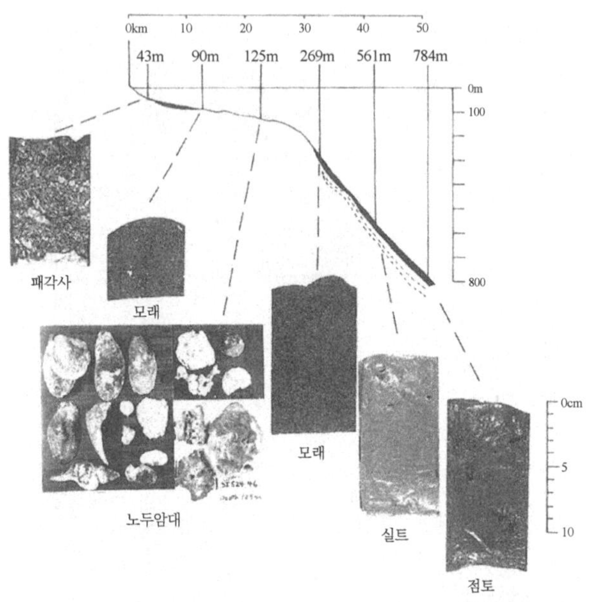

그림 6.5 구지 외해에서 해저 퇴적물의 분포 (有田, 1976)

러나 산리쿠 외해의 해저 퇴적물처럼 반드시 규칙적인 입도 변화를 나타내지 않는 예도 적지 않다. 이 불규칙적인 해저 퇴적물 분포로부터 과거의 지구 환경 변화를 읽을 수가 있다. 산리쿠 외해 퇴적물의 분포는 지질 시대의 해수준 변화와 밀접하게 연동하고 있다. 결국 어느 시대 해수준에서의 퇴적물과 그것보다도 해수준이 오르고 내렸던 시대에 퇴적한 퇴적물이 복합한 분포를 나타냄으로써, 복잡하게 보이는 퇴적물 분포가 기후 변동 등에 의한 해양의 해침, 해퇴 역사를 나타내고 있는 것이 된다. 그림 6.5는 이바라기현 구지 외해에서의 해저 지형과 퇴적물의 분포를 나타내고 있다.

퇴적물 분포에서 주목되는 것은 수심 125m 이심에 노두암대-모래-실

: 석회질 연니 : 석회질-규질 점토 : 심해 점토
: 규질 점토 : 규질 연니 : 해산액

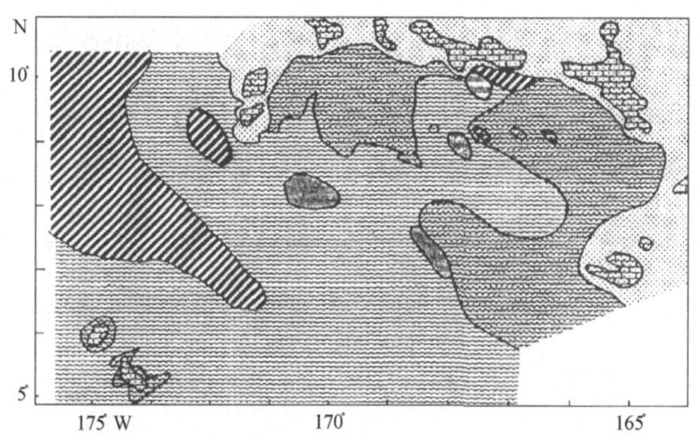

그림 6.6 하와이 서남 외해 표층 퇴적물의 분포 (有田, 1976)

트-펄의 일련의 입도 변화가 인정되는 것이다. 또 노두암대로부터 채집된 사암에는 천해성 패류에 의해 구멍 뚫린 흔적이 확인되고 있다. 이러한 사실로부터 노두암대는 이전의 해안선에 있었으므로 125m 이심의 퇴적물 분포가 그 당시 해수준에 있어서의 잔존물이고, 그 이천의 퇴적물은 해수준 상승 후에 퇴적한 것이라고 생각되고 있다.

다음에는 육지로부터 멀리 떨어진 원양성 퇴적물의 예를 살펴보자. 그림 6.6에 하와이 서남쪽 중부 태평양 심해 퇴적물의 분포를 나타냈다. 이 해역의 수심은 해산 산정인 1,300m로부터 해분저 6,300m까지 분포하고 있다.

퇴적물은 유공충 유해를 주성분으로 하는 석회질 퇴적물, 규조와 방산충 유해를 주성분으로 하는 규질 퇴적물 및 이들의 혼합물과 미세한 광물 입자를 주성분으로 하는 심해 점토로 대별된다. 해산역에는 부유성 유공충의 유해로부터 된 석회질 연니가, 5,000m의 심해 평탄면에는 주로 방산충으로부터 구성된 규질 점토가 분포한다. 수심 4,500~5,000m의 해저에는 유공충과 방산충이 혼합된 석회질-규질 점토가 분포한다. 5,500m 이심의 골짜기 지형이 발달하는 해저에는 심해 점토가 분포하고 있다. 원양성 퇴적물 중에서 주목되는 것은 생물 기원 퇴적물의 심도 분포이다. 유공충과 코코리스 등 탄산칼슘($CaCO_3$)으로 형성된 생물은 수심이 5,000m 이상되면 거의 용해되어 버려서, 그 이심의 해저 퇴적물에는 존재하지 않는다. 따라서 당 해역의 분포도에서도 석회질 퇴적물은 5,000m 이천에 넓게 분포하고, 그보다 깊은 곳에서는 규질 퇴적물과 점토가 분포하고 있다. 탄산칼슘이 소멸하는 심도를 탄산칼슘 보상심도라고 하여, 심해저에 있어서 퇴적 작용을 연구하는 데에 중요하다.

6.2.2 해저 퇴적물 중의 점토광물

46억 년의 지구역사에 있어서 현재의 해양이 형성되기 시작한 것은 중생대 쥬라기(2억 년 전)이다. 이것은 심해저 시추 계획에 의해 채집된 해양저 및 가장 오래된 암석연대가 약 1억 8,000만 년 전인 것과 거의 일치하고 있다. 해양저의 형성과 동시에 해저 퇴적물이 형성되기 시작했다.

해저 퇴적물 중에는 육상 기원 쇄설성 광물과 플랑크톤 등의 생물 유해가 포함되어 있다. 이들 구성물로부터 퇴적물 연대 측정과 고환경을 복원하는 연구가 활발히 진행되고 있다. 특히 플랑크톤은 연대를 결정하는 표

a: 1:1형　b: 2:1형　c: 2:1:1형

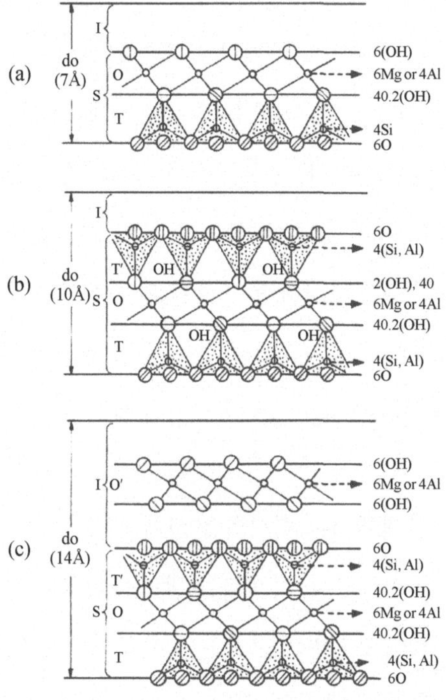

그림 6.7 점토광물의 결정 구조 (須藤談話會編, 1987)

준 화석과 서식 환경을 나타내는 시상 화석으로 되어 있으므로 이러한 연구에는 최적이라고 생각되고 있다. 한편, 퇴적물 중의 광물은 그 공급원이 불명확한 점도 있어서 화석에 비교하면 위에서 기술한 것과 같은 연구에 적용되는 것은 적었다.

이 항에서는 심해저 시추 계획에 의해 채집된 드릴코어와 흔히 하는 피스톤코어에 포함되고 있는 점토광물을 지표로 하여, 중생대 백악기(1억

2,000만 년 전) 이후의 환경 변동사에 대해서 기술하기로 한다.

점토광물은 그 크기가 전자현미경 크기(통상 2μm 이하)이므로 일반적으로 익숙치 않은 광물이다. 그러나 같은 광물인 빛나는 다이아몬드와 같은 고귀한 존재는 아니지만 우리들 일상생활에서 보통 사용하고 있는 점토 물질의 주성분 광물이다. 광물의 분류에서는 함수층상 규산염 그룹에 속하고, 친수성으로 규소, 알루미늄, 산소, 마그네슘, 철, 칼슘, 나트륨, 칼륨이 4면체와 8면체를 형성하며 이들이 종이를 접은 모양으로 층상 구조를 하고 있다. 그림 6.7에는 점토광물의 결정 구조 개념도를 나타냈는데, 사권 구조(糸卷構造)라고도 불리워 3차원 결정 구조가 이해되기 쉽게 모형화되어 있다.

점토광물은 자연계에서는 휘석과 장석처럼 마그마의 결정 분화 작용 결과로 산출되는 것이 아니라, 암석과 초생 광물의 풍화 생성물로서(예를 들면 장석으로부터 카오린의 생성) 또는 저온하의 열수 변질 작용(해저에서 스멕타이트의 생성) 등에 의해 생성된다. 자연계에서 생산되는 대표적인 점토광물은 일라이트, 스멕타이트, 클로라이트, 카오리나이트의 4종류이다. 표 6.1에 점토광물의 명칭과 분류를 나타냈다.

해저 퇴적물에는 연안, 원양을 불문하고 이들 점토광물이 주변과 배후지의 육상 지질, 토양 특성을 반영하는 분포가 인정된다. 이 전형적인 예를 스루가(駿河)만 표층 퇴적물에 포함되고 있는 점토광물 분포로부터 살펴보자.

스루가만 서안역의 지질은 제3계 및 제4계의 퇴적암 분포로 특징지워

형	군(족)	아군(아족)	종
2:1 $Si_4O_{10}(OH)_2$	파이로피라이트-타르크 (X~0)	di.파이로피라이트	파이로피라이트
		tri.타르크	타르크 미네소타아이트
	스멕타이트 (몬모리로나이트 -사포나이트) (0.25 < X < 0.6)	di.	몬모리로나이트 바이데라이트 논토로나이트
		tri.	사포나이트 헥트라이트 소고나이트 스티븐사이트
	바미큐라이트 (0.6 < X < 0.9)	di.	바미큐라이트 (di.)
		tri.	바미큐라이트 (tri.)
	운모(X~1)	di.	백운모 파라고나이트
		tri.	프로고파이트 흑운모
	취운모(X~2)	di.	마가라이트
		tri.	크린트나이트 잔소피라이트
2:1:1 $Si_4O_{10}(OH)_8$	녹니석 (X의 변화가 크다)	di.	돈바사이트
		di.-tri	스도우석
		tri.	펜니나이트 크리노크로아 로이히테인바자이트 샤모사이트 츄린자이트 리피드라이트
1:1 $Si_2O_5(OH)_4$	카오린사문석 (X~0)	di. 카오린	카오리나이트 하로이사이트 딧가이드 나구라이트
		tri. 사문석	크리소타일 안티고라이트 아메사이트 크론스테다이트 바치에린 그리나라이트

X는 층간전하를 나타냄. (須藤談談會編, 1987)

di.는 2팔면체형, tri.는 3팔면체형을 나타냄.

표 6.1 점토광물(층상 규산염광물)의 분류

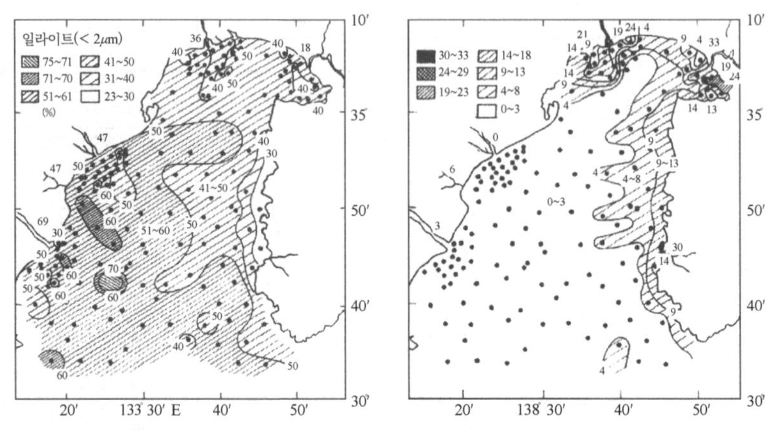

그림 6.8 스루가 해저 표층 퇴적물 중의 스멕타이트와 일라이트 분포

진다. 이들 퇴적암 중에 포함되고 있는 점토광물에는 일라이트, 클로라이트가 탁월하여 이들 점토광물이 만 서부로 운반되고 있다고 생각된다. 사실 그림 6.8의 일라이트 분포는 서고동저의 양상을 나타내고 있다. 한편, 동해안의 이즈반도 지질은 제3계 및 4계의 화산암류로 구성되며 이들 화산암류로부터 공급되는 점토광물은 스멕타이트, 카오리나이트 등이다. 이 그림에서의 스멕타이트 분포는 일라이트 분포와는 대조적으로 동고서저의 양상을 나타내고 있다.

스루가만의 예는 주변 지질 특성이 명료하고 또한 한정된 해역이라는 환경이다. 보다 광범위한 해역이라도 같은 분포 특성이 보일 것인가? 그림 6.9에 동아시아 대륙 연변해에서의 분포도를 나타냈다. 스멕타이트 고함유율은 오츠크해의 북부와 동부, 필리핀 제도의 태평양측으로 어느 것도 화산 열도에 근접한 해역이다. 클로라이트는 오츠크해, 동해(일본해),

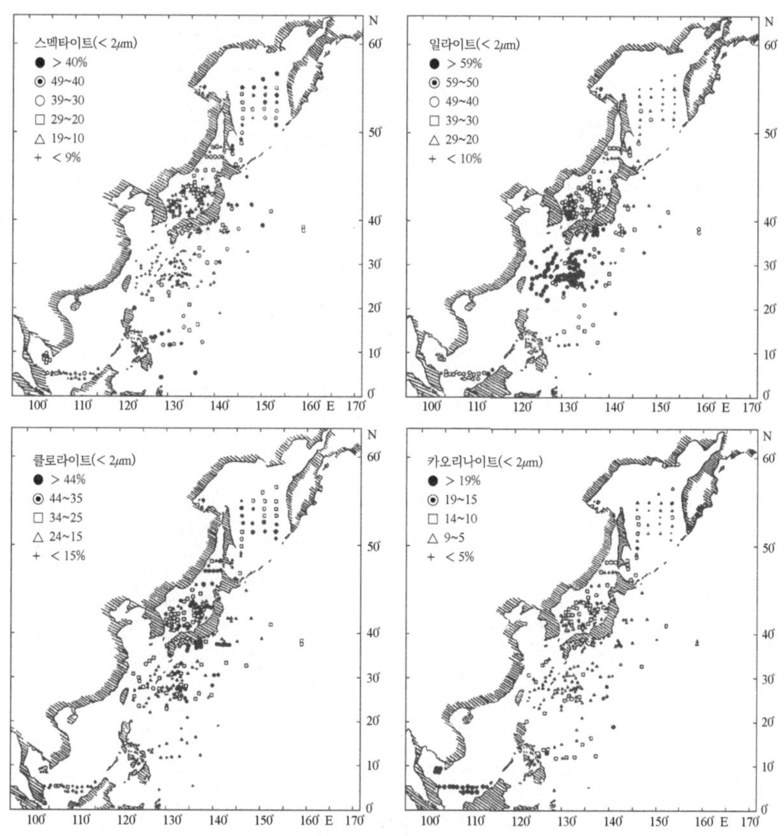

그림 6.9 동아시아 대륙붕 연변해 표층 퇴적물 중의 점토광물 분포

남서 일본의 태평양측에서 높은 함유율을 나타내므로 클로라이트가 고위도 지방에서의 생산 및 변성암 분포역에 해당하고 있다고 생각된다. 일라이트는 동중국해로부터 그 연장부인 필리핀해 북부에 고함유율이 보여, 중국 대륙 동부에서 넓게 분포하고 있는 레스로부터 운반되고 있음을 나타내고 있다. 카오리나이트는 저위도 지방의 점토광물이라고 하는 것

Sm: 스멕타이트 I: 일라이트 K: 카오리나이트 Q: 석영 F: 장석 Ca: 칼사이트

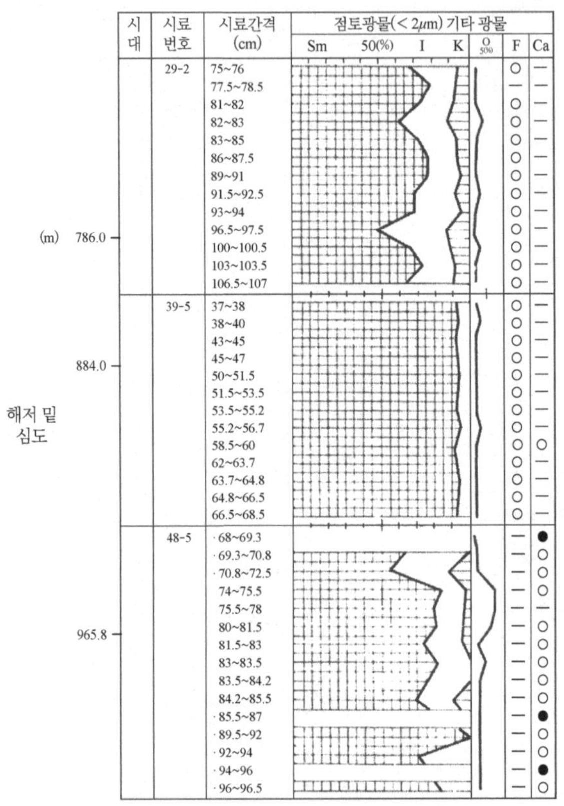

그림 6.10 플로리다 반도 외해 DSDP 정점 534에서의 점토광물 조성

처럼 남중국해에서 상대적으로 높은 함유율을 보이고 있는데, 이것은 열대성 기후의 화학적 풍화 작용으로 생성된 라테라이트 토양으로부터 공급되고 있을 것이다. 이처럼 광범위한 해역이라도 점토광물의 분포에는 분명히 지역적 분포 특성이 보여, 점토광물이 지질 환경 인자로 사용 가능

함을 나타내고 있다.

6.2.3 고환경 지표로서의 점토광물

점토광물을 지표로 한 지질 시대에서의 환경(고환경)을 추론한 몇 가지 예를 소개한다. 그림 6.10은 북아메리카 플로리다 외해 심해저에서 채집된 드릴코어 중의 점토광물 조성이다. 드릴코어 최하부의 연대는 중생대 백악기의 바렘계(1억 2천만 년 전)이다. 점토광물은 바렘계로부터 오부계까지 스멕타이트가 압도적으로 우세하고(> 70%), 일라이트는 30~10%, 카오리나이트는 10% 이하의 함유율을 나타내고 있다. 해저 밑 950m의 흑색혈암 중의 스멕타이트 고함유율은 무엇을 말하고 있을까? 중생대 백악기의 플로리다 반도 일대는 열대로부터 아열대성의 식물이 번성하고 있었다. 한편에서는 화산 활동이 활발해서 화산 분출물이 넓게 분포하고 있었다. 이들 화산성 물질이 식물편과 함께 대서양저로 운반되어 해저 퇴적물 중에서 식물편은 유기물로 되고 화산성 물질은 스멕타이트로 변질되었다.

제2의 예는 남태평양 타히티섬 근해에서 채집된 피스톤코어 중의 점토광물로부터 추정된 환경 변화이다. 그림 6.11은 4개의 피스톤코어의 점토광물 조성이다. 피스톤코어 최하부 연대는 중신세~선신세(2,200만 년~200만 년 전)로, 이들 자료로부터 2,000만 년 이후의 점토광물 퇴적사와 환경 변동을 읽을 수 있다.

4개의 피스톤코어 점토광물 조성에서 공통으로 하고 있는 것은 2가지

Sm: 스멕타이트 C: 클로라이트 I: 일라이트 K: 카오리나이트 Q: 석영 Z: 제오라이트
B: 부룬뉴 정극성기 O: 올드바이사변 G: 가우스정극성기

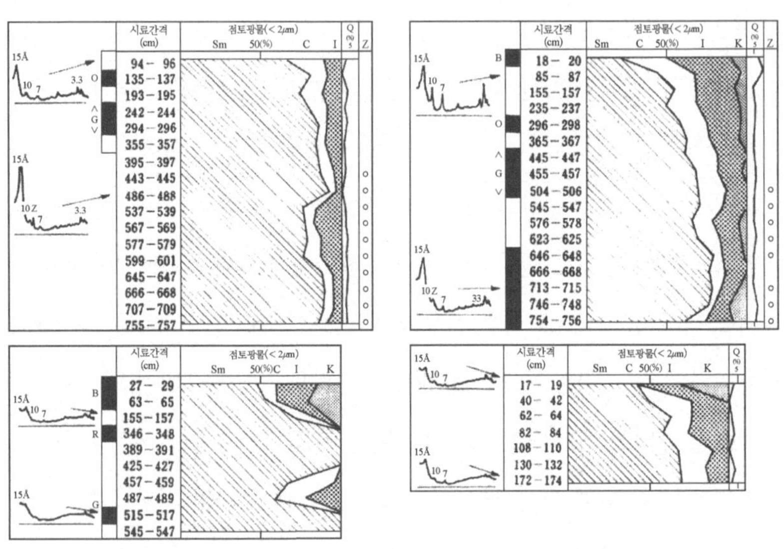

그림 6.11 남태평양에서 채집된 피스톤코어 중의 점토광물 조성

이다. 하나는 코어 최하부 부근(제3기 중신세)에서 스멕타이트가 가장 탁월한 것이다. 다른 1개는 연대가 젊어짐에 따라서 스멕타이트 양이 감소하나, 다른 점토광물의 총량은 증가하고 있는 것이다. 이 공통점으로부터 추정되는 환경 변동은 다음과 같다. 신제3기는 해저에서 화산 및 열수 활동이 활발하여 다량의 스멕타이트가 해저로부터 생성되었다. 이러한 해양저에서 생산되는 스멕타이트는 철이 풍부한 유형이 많다(표 6.2). 이 철 스멕타이트는 현무암 또는 안산암질 화산 활동에 의해 생성되므로, 산성의 화산 활동에 의해 생성되는 알루미늄질 스멕타이트와 구별된다. 또 해

A: P161(94-96 cm)　B: P169(515-517cm)　C: P170(17-19cm)
D: P178(85-87 cm)　E: P165(550-552cm)　F: P165(683-685cm)
G: 논트로나이트(스포가네, 유타주)　H: 몬모리나이트(세이타(勢多), 아이치현(愛知縣))

	A	B	C	D	E	F	G	H
산화규소	61.79	54.50	54.06	53.02	56.35	58.57	51.84	58.17
산화알루미늄	16.51	19.07	24.40	26.20	19.06	14.93	5.15	33.91
산화철	12.00	17.35	11.77	10.56	12.07	11.41	40.64	2.01
산화마그네슘	5.09	3.19	4.75	2.48	4.21	6.37	-	0.36
산화칼슘	1.71	3.69	1.64	1.48	2.19	6.99	1.55	1.71
산화칼륨	1.95	0.91	2.40	1.40	1.92	0.53	0.82	0.57
산화나트륨	-	-	0.52	2.60	3.24	1.20	-	3.27
계(%)	100.0	100.0	100.0	100.0	100.0	100.0	100.0	100.0
규소	3.83	3.47	3.38	3.34	3.56	3.68	3.54	3.44
알루미늄	0.17	0.53	0.62	0.66	0.44	0.32	0.46	0.56
사면체	4.00	4.00	4.00	4.00	4.00	4.00	4.00	4.00
알루미늄	1.03	0.90	1.18	1.29	0.98	0.79	-	1.83
철이온	0.56	0.83	0.55	0.50	0.57	0.54	2.09	-
마그네슘	0.47	0.30	0.44	0.23	0.40	0.60	-	0.03
팔면체	2.06	2.03	2.17	2.02	1.95	1.93	2.09	1.98
칼슘	0.11	0.25	0.11	0.10	0.15	0.47	0.11	0.04
칼륨	0.15	0.07	0.19	0.27	-	0.04	0.07	0.04
망간	0.03	0.07	0.02	0.01	0.05	-	0.38	
나트륨	-	-	0.06	0.32	0.40	0.15	-	0.38
층간	0.29	0.39	0.38	0.70	0.76	0.66	0.18	0.53

표 6.2 남태평양 해저에서 채집된 피스톤코어 중의 스멕타이트의 화학 성분

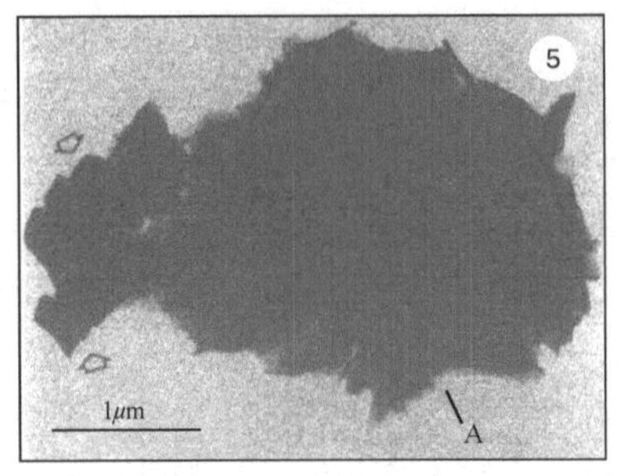

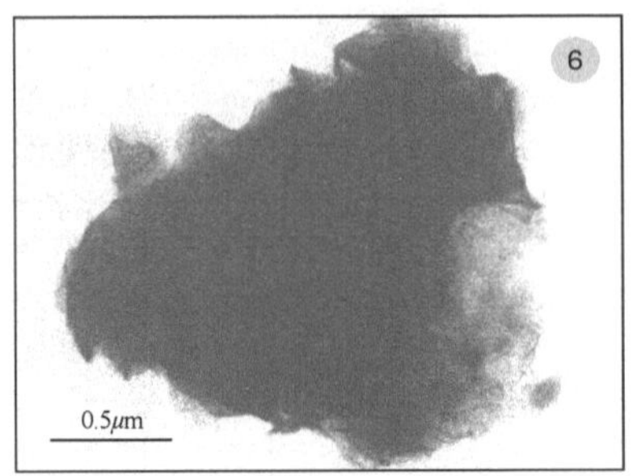

그림 6.12 남태평양 해저에서 채집된 피스톤코어 중의 스멕타이트의 전자현미경 사진

저에서 생성되는 스멕타이트의 형태적 특징은 양모상 또는 필름상의 것이 많다(그림 6.12).

이와 같은 해저 자생 스멕타이트를 산출하는 화산 활동은 제3기 말까지 계속되지만, 제4기에 들어서면 지구적 규모의 기후 변동에 의한 해수준 변동과 대륙에서 풍화 작용의 강화로 육상 기원 쇄설성 광물이 대기 수송뿐 아니라 남극 저층류와 국지적으로 발생하는 저탁류에 의해 운반되는 것도 추정되고 있다.

제3의 예는 적도 인도양에서 채집된 3개의 드릴코어에 포함되고 있는 점토광물의 예이다. 드릴코어는 스리랑카의 서남 800km에 있는 벵골 해저 부채 모양 선상지의 말단부에서 채집되었다. 3개의 드릴코어 최하부는 어느 것도 중신세로 생각되고 있다. 이들 드릴코어의 연구에 의해 밝혀진 중요한 것은 히말라야산맥의 기원, 즉 인도판과 아시아판의 충돌에 의한 융기의 개시가 1,700만 년 전이라고 결론되는 것이다. 이들 드릴코어에 포함된 점토광물의 연구로부터 히말라야의 융기와 그것에 기인하는 점토광물의 퇴적사 및 관련하는 환경 변동이 처음으로 추정되었다. 그림 6.13은 드릴코어의 점토광물 조성이다. 이들 3개의 드릴코어는 어느 것도 함유율 변화가 큼을 나타내고 복잡한 양상처럼 보이지만, 표 6.3과 같이 지질 연대마다의 점토광물 함유율을 종합해 보면 거기에 확실한 경향이 있음을 알 수 있다. 제3기 중신세(2,200만 년~500만 년)는 어느 코어에서도 일라이트와 클로라이트가 우세한데, 이것은 히말라야의 융기가 최성기였음을 나타내어 이들 쇄설성 광물이 갠지스강과 부라마푸트라강으로부터 벵골만 내로 운반되어 왔음을 말해 주고 있다. 선신세(500만 년~200만 년)가 되면 히말라야의 융기가 진정되기 시작함을 점토광물 함유율 변화로부터 짐작할 수 있다. 결국 이 시대에는 열대성 기후 조건 하의 화학적 풍화 작용에 의해 카오리나이트가 인도 대륙에서 보다 많이 생성되고, 히말라야 융기에 의해 생산된 일라이트 또는 클로라이트 양은 그렇게 많지 않았다. 그러나 홍적세(200만 년~1만 년)가 되면 히말라야의 융기가 다시 활발해지기 시작했음이 추정된다. 선신세에 우세했던 카오리나이트에 대신해서 일라이트가 탁월하기 시작했다. 그러나 한편에서는 카오리나이트의 생성도 활발했음을 나타내고 있다. 충적세(1만 년~현재)로 들어오면, 점토광물 함유율은 그 이전의 지질 시대에 없었던 변화를 나타내기 시작했다. 즉 스멕타이트 양의 탁월이다. 이것은 카오리나이트와 마찬가지로 인도 더칸고원의 현무암 기원일 것이다. 동시에 이것은 히말라야 융기의 진정화에 따른 것이라고 생각된다. 이 스멕타이트 양의 증대는 공급원 변화와 운반 하천의 유로 변화 등의 가능성이 있다. 다음에

Sm:스멕타이트 C:클로라이트 I:일라이트 K:카오리나이트 Hol:충적세 Pli:선신세

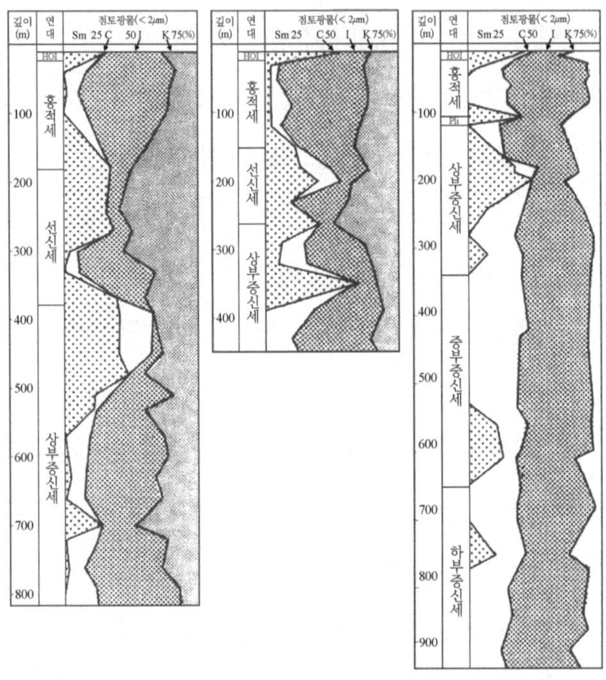

그림 6.13 적도 인도양 해저에서 채집된 드릴코어 중의 점토광물 조성

	717	719	718
충적세	I > S > K > C	S > K > I > C	S > I > K > C
홍상세	I > K > C > S	I > K > C > S	I > C > K > S
선신세	K > I > S > C	K > S > I > C	I > K > C > S
상부중신세	I > K > S > C	I > C > K > S	I > K > S > C
중부중신세	I > C > K > S		
하부중신세	I > C > K > S		

I = 일라이트 ; C = 클로라이트 ; K = 카오리나이트 ; S = 스멕타이트

표 6.3 적도 인도양 해저에서 채집된 드릴코어의 지질 연대와 점토광물 조성

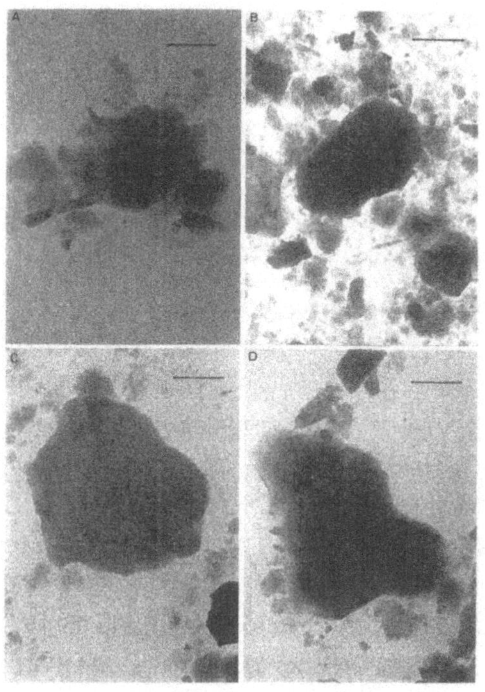

그림 6.14 적도 인도양 해저에서 채집된 드릴코어 중의
스멕타이트 전자현미경 사진(가로줄의 크기: 1μ)

스멕타이트의 기원에 대해서 생각해 보자. 남태평양 심해 퇴적물 중의 스멕타이트는 대부분이 해저 자생 기원임을 앞에서 기술했다. 그러나 벵골 해저 선상지의 스멕타이트는 거의 육상 기원 쇄설성이다. 이것을 지지하는 증거의 하나가 스멕타이트 형태이다.

그림 6.14는 스멕타이트의 전자현미경 사진이다. 앞에서의 남태평양 스멕타이트의 양모상 형태와 달리, 덩어리 모양 또는 엽편상을 나타내어 육상 기원 쇄설성 스멕타이트에서 많은 형태이다. 화학적 특징으로는 철

스멕타이트에 속하는 양상이라고 할 수 있다. 다만 이 철 스멕타이트가 더 칸고원에 넓게 분포하는 현무암 기원인 것임은 분명하다.

6.3 해저의 광물 자원

해저의 광물 자원이라고 하면 우리는 먼저 해저 유전의 존재를 상상하게 될 것이다. 그 정도로 해저로부터 생산되는 광물 자원은 인류에게 커다란 은혜를 주고 있다. 금속 자원, 비금속 자원의 분류로부터 말한다면 유전은 후자에 속하여 해저 퇴적물 중 유기물의 속성 작용에 의해 생성된다고 생각되고 있다. 이 절에서는 편의상 지면 관계로 해저 유전에 대해서는 다루지 않고, 해저 금속 자원으로서 최근 주목되고 있는 망간단괴와 홍해 열수 광상에 대해서 기술하기로 한다.

6.3.1 망간단괴

해저의 망간단괴는 지금으로부터 약 130년 전에 영국 해양 탐사선 챌린저호에 의해 태평양 해저로부터 처음 발견되었다. 당시의 상세한 내용은 해양의 성서라고도 불리우는 챌린저 보고서에 기술되어 있다.

망간단괴가 자원으로서 주목되어 조사, 연구가 본격적으로 이루어진 것은 1960년대 들어서부터이다. 금속 광물 자원으로서의 망간단괴는 그 주성분 원소인 철, 망간보다도 미량 원소인 니켈, 코발트, 구리가 주목되고 있다. 그것은 이들 미량 원소를 포함하는 육상 광상의 고갈과 군수 산업 등에서의 수요 증가가 주된 이유가 되고 있다.

그림 6.15에 중앙 태평양 해저에 분포하고 있는 망간단괴의 사진을 나타냈다. 단괴의 형상은 대개의 경우 덩어리 모양이지만 그 외에 판상, 포도상 등 여러 가지가 있다. 크기는 지름 1cm의 소형단괴로부터 30cm나 되는 것도 있다. 외관의 색채는 검정 또는 다갈색을 나타낸다. 단괴가 분포하는 주요 해저는 해산 사면과 적색 점토대라고 불리우는 수심 5,000m 이상의 심해저이다. 단괴가 해저 표층부(해저하 1m 이내)에 한정하여 분포하고 있는 것으로부터 단괴의 성장에는 적당한 산소의 공급이 불가결하다고 생각되고 있다. 단괴가 어느 정도의 크기로 성장하는 데에는 일반적으로 수백만 년의 시간이 필요하다고 생각된다.

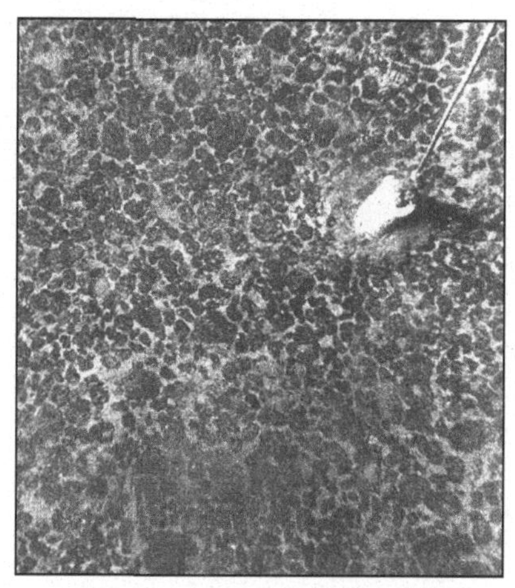

그림 6.15 하와이 남서 외해 심해저에 분포하는 망간단괴(수심 5,450m) (일본 지질조사소 제공)

심해저산 망간단괴는 포함하고 있는 주요 광물에 따라 굉석형과 바네스형의 2개로 대별된다(표 6.4). 굉석형이 망간을 주성분으로 하고 구리, 니켈, 아연을 부성분으로 함에 대해, 바네스형은 망간과 철을 주성분으로 하고 망간과 철의 비율이 1~2이다.

단괴의 성인은 아직까지 미해결의 점도 많지만 기본적으로는 3가지로 설명되고 있다(島, 1973). 무기화학적 침전설은 해수 중에 용존하고 있

망간단괴의 광물 조성			망간단괴의 2가지 유형		
	옹스트롬 10A망가네트	$\delta_n MO_2$		굉석형	바네스형
광학적 성질: 색	회백색	암회색	표면의 특징	성김-	평활
(광반사)반사율	~13%	~8%		조밀하고 류상	
이방성	현저	없음	산상	'매몰형'	'노출형'
			우세한 광물	10A 망가네트	δ-MnO_2
			외형, 크기	구-타원체상	구 타원체
경도(VHN)	52-112 (평균 82)	10-24 (평균 17)		때로는 다연상	원반상 때때로 다연상
				< 6cm±	> 6cm± 로 됨
미세구조	수지상(소돌기상) 균질박층괴상 균열 충천쇄층 구조 등	성층 구조 때로는 기둥모양	니켈+ 구리 (%)	0.6~3.0 (2.0~2.4 우세)	0.2~2.0 (1전후 우세)
			망간/철	2.5±~6 <	< 2.5±
			부존율 (kg/m²)	< 10± (5±우세)	~44 (10-20우세)
화학 조성 :	30-50%	10-30%			
망간					
철	0-2	11-18			
니켈	0.7-3.1	0.1-0.8			
구리	0.9-2.3	0.1-0.8			
코발트	0.1-0.4	0.3-0.6			
규소	0-1	1-8			
단괴타입과의 관계	r (성긴 표면)	s (평활한 표면)			
산상	단계와 퇴적물의 경계면	단괴/암석과의 경계면			
형성과정	규질 퇴적물의 속성 작용에 의한 간해수 중 용존 이온으로부 터의 재침전	해수 중 산화물 콜로이드 입자의 직접침전			

(臼井, 1985 ; 水野, 1985)

표 6.4 망간단괴의 분류와 광물 조성

는 망간과 철이 pH의 변화로 콜로이드 입자가 되어 해저로 침전해서 단괴를 형성한다는 것이다. 유기화학적 침전설은 단괴의 성장에는 아미노산과 펩타이드 등의 유기물이 존재하고 있다는 것이다. 유기물이 금속이온을 흡착하여 해저로 침전해서 단괴를 형성한다는 것이다. 제3설은 플랑크톤이 단괴 성장에 관여한다는 것이다. 플랑크톤이 해수 중에 용존하고 있는 금속이온을 흡착하여 죽은 후 해저로 침전해서 단괴가 형성된다는 것이다. 이 생각의 근거는 동광상 성인으로 수중 박테리아가 구리이온을 흡착하여 동박테리아가 되고, 해저로 침전해서 광상을 형성하는 과정으로부터 얻어지고 있다.

단괴의 자원량은 태평양에서만도 1,000억 톤 또는 2,000억 톤이라고 추산되어, 그 추정 매장량이 막대하지만 채굴법과 해양 오염에 대한 문제를 안고 있어서 21세기의 개발 대상 자원이라고 생각된다.

6.3.2 홍해의 해저 열수 광상

해저 열수 광상은 1948년 스웨덴의 심해 탐험대에 의해 홍해에서 최초로 발견되었다. 그 후 1965, 66년에 미국의 아틀란티스 2세, 췬호에 의해 홍해에서의 자세한 연구가 실시되었고, 1969년에는 그 성과가 출판되었다. 현재까지 각국의 연구선에 의해 발견되고 있는 홍해의 열수 광상은 16곳에 이르고 있다. 홍해에서의 열수 광상 조사 연구는 그 후 해령역에서 차례로 발견되고 있는 다른 열수 광상의 지침이 되고 있다. 홍해의 열수 광상이라는 것은 대체로 어떤 것일까?

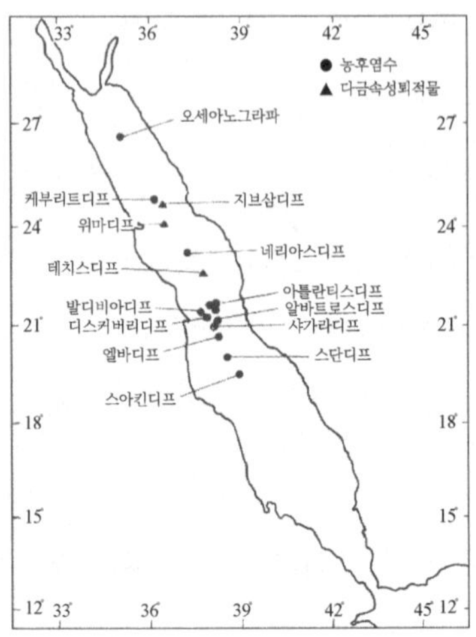

그림 6.16 홍해 해저의 중금속니 분포 지점(Cronan, 1980)

홍해는 길이 2,200km, 폭 450km, 가장 깊은 곳 2,340m의 지형적 특성을 가진 연해이다. 제3기 선신세(500~200만 년 전)에 확대된 홍해 중앙에는 디프라고 부르는 깊은 해저에 움푹 패인 곳이 있고, 여기에 중금속이 풍부한 니질 퇴적물이 집중하고 있다(그림 6.16). 그중 특히 자세히 조사되어 조사선 이름이 붙여진 아틀란티스 2세 디프는 2,000m 이상의 깊이와 6 × 15km²의 면적을 갖고 있다. 이 해저는 약 60℃의 수온과 해수의 7배에 해당하는 25%의 염분을 갖는 뜨거운 염수로 가득 차 있다. 아틀란티스 2세 디프로부터 채집된 퇴적물은 산화물, 황화물, 탄산염, 규산염이라는 흔히 있는 퇴적물이다. 그중 중금속이 풍부한 것은 산화물, 황화물, 규산염 퇴적물이다. 아틀란티스 2세 디프의 광상은 광량 평가가 이미 끝나 채광, 선광, 정련 기술도 개발되고 있다. 그림 6.17에는 아틀란티스 2세 디

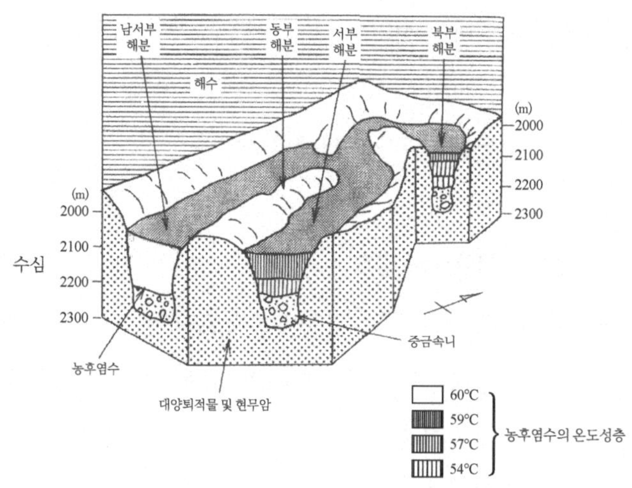

그림 6.17 홍해 해저의 중금속니 광상개념도 (일본 과학 기술청, 1987)

프에 있어서 중금속니 광상의 분포도를 나타냈다. 이 깊고 움푹 패인 곳에는 60만 km^2 범위 내에 1억 톤의 광량이 있어서 철 3,000만 톤, 아연 250만 톤, 구리 50만 톤, 은 9천만 톤이 포함되고 있음이 밝혀졌다.

이 중금속니는 어떻게 형성된 것일까? 몇 개의 생성 원인이 생각되고 있다. 첫째로 중요한 것은 디프가 해저 확대축 상에 있으므로 언제나 기반암인 현무암으로부터 중금속이 풍부한 열수가 해저 상으로 공급되고 있는 것이다. 다음으로 중요한 요인은 과거 10만 년 내에 몇 차례의 해수면 저하로 홍해가 아라비아해나 지중해와는 완전히 차단되어 폐쇄된 해양 환경이 된 점이다. 그래서 해수가 농축되어 염분 농도가 높게 되고 동시에 해저에서는 환원 환경 하에서 황화수소 등이 발생하게 되었다. 제3의 요인은 기반 현무암 상에 제3기층의 석고를 사이에 끼워두고 수백 m의 퇴적물이 존재하고 있다는 것이다. 중금속이 풍부한 마그마 기원의 열수는 이들 퇴적물을 통과하여 해저 상으로 용출된다. 이상의 요인이 복잡하게 얽혀서 중금속니가 형성된다고 생각되고 있다.

6.4 해저 지학으로의 유혹

대륙 이동설을 지지하는 판구조론으로 발전시킨 것은 제2차대전 후 해저 과학 연구에 몰두한 과학자들이었다. 해저 지형 측량, 해저 퇴적물의 채집에 의해 해저 지학에 관한 정보도 비약적으로 증가했다. 그 결과 자세한 해저 지형 지질도가 제작되었다. 미국 라몬트 지학연구소의 히젠과 사프에 의한 세계 전역의 해저 지형도 완성은 일반 시민의 관심을 해저 지형학 쪽으로 끌게 하는 데 크게 공헌했다. 한편으로 연구자는 잠수정을 타서 심해저를 관찰하고 뜻하는 대로 퇴적물과 암석을 채집할 수도 있게 되었다. 이 잠수정에 의한 조사 중 세계를 놀라게 한 것은 대서양 중앙 해령과 동태평양 해팽에서의 마그마 용출과 300℃에 달하는 열수의 용출을 확인한 것이었다. 이 해저 열수대에서 진귀한 생물과 유용한 중금속 침전물이 분포하고 있음이 밝혀졌다. 한편 해저 퇴적물과 암석 채집으로 해저 광물 자원의 분포를 명확하게 하였다. 미국의 석유회사 엑손은 광범위하게 펼쳐진 해저 퇴적물 조사로 현생대 이후의 해수준 역사를 밝힘과 동시에 해저 유전의 분포도도 작성했다. 이 절에서 다루지 않은 또 다른 해저 지학의 연구 성과가 바로 거기에 있다. 관심 있는 독자는 이들 문헌과 책자를 일독할 것을 권하고 싶다.

제7장

지구 규모의 해양 관측

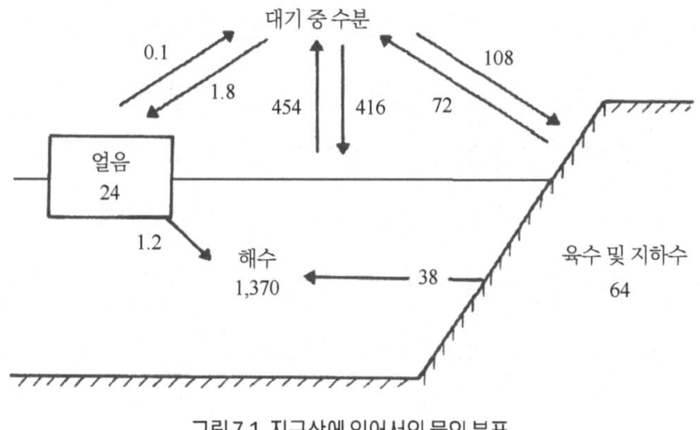

그림 7.1 지구상에 있어서의 물의 분포

7.1 지구의 바다

7.1.1 지구는 물의 행성

바다를 넓고 평탄하며 오목한 곳으로 친다면 해양은 다른 행성에도, 위성인 달에도 존재한다. 그러나 물이 가득찬 바다를 갖고 있는 것은 지구뿐이다. 그러면서도 바다가 지구 표면의 약 2/3를 점한다. 인간으로서 우주로부터 처음 지구를 바라다 본 가가린의 제1성은 "지구는 푸르다"였다. 참으로 지구의 상황을 단적으로 표현한 것이다. 지구는 육상 식물의 푸르름도 아니고, 또 사막 속의 차(茶)도 아닌 해양의 푸르름에 의해서 특징지워지고 있다. 마치 목성이 거대한 소용돌이, 또 토성이 큰 고리로 특징지워지는 것처럼.

태양계 중에서 오직 하나, 많은 생명을 키우고 있는 지구이지만 그 생명은 바로 이 바다에서 싹이 텄고, 생명의 유지에는 물이 불가결하다. 물은 지구상에서는 바다를 포함하는 수권에 존재할 뿐만 아니라 기권, 지권에도 존재한다(그림 7.1). 이들 3권 및 생명체로 구성되는 생물권을 통해 기체상, 액체상, 고체상으로 변천하면서 물은 윤회한다. 인간을 포함하는 생명체를 둘러싸서 그것과 상호 작용을 미치는 기권, 수권, 지권을 지구 환경이라고 부른다. 화학적으로 안정하고, 또 극히 좋은 용매인 물이 생명체와 그 환경을 연결하는 데에 대단히 중요한 역할을 하고 있음은 말할 필요가 없다. 우리가 지구를 감히 물의 행성이라고 부르는 것도 당연한 것이다.

7.1.2 지구에 있어서의 해양

물이 기권, 수권, 지권 및 생물권 사이에서 윤회한다고 하더라도, 그림 7.1에 나타낸 것처럼 각 순간으로 보면 그 대부분이 수권인 바다에 존재한다. 그런데 이 바다는 평균 깊이가 4km에 조금 못 미치므로 이것은 지구 지름이 약 6,400km인 것에 비하면 1/1,500도 안된다. 즉 바다는 지구의 얇은 껍질 부분에 지나지 않고 있다.

그러나 이 바다는 균질인 해수로 되어 있는 게 아니다. 조용한 여름날에는 해표면 부근에서 수 mm로부터 수 cm라는 극히 얇은 균질인 해수가 층을 이루고 있으며 계절에 따라 온도가 변화하는 100m 정도의 깊이까지는 깊어짐에 따라 수십 cm로부터 수 m 두께의 균질 해수층이 겹겹이 쌓인 구조를 하고 있다.

그보다 깊은 수백 m로부터 1,000m 정도에 있는 온도 구배(수직 방향의 온도 변화율)가 큰 온도 약층에서는 수십 m 정도 두께의 균질 해수층이 겹겹이 쌓이게 된다. 그보다 더 깊은 중심층에서는 100m로부터 수백 m, 다시 더 깊어져서 2,000~3,000m 이심에서는 수백 m로부터 1,000m 두께의 균질 해수가 층을 이루어 존재한다. 즉 바다는 해수의 한 장으로 된 판이 아니라 많은 층이 겹겹이 쌓인 구조, 즉 성층 구조를 하고 있다. 지구 전체로 보면 얇은 막에 불과한 바다이지만 그것이 성층을 이루고 있다는 것은 대단히 깊은 뜻이 있다.

해양에서는 그 성층과 연관하여 다종 다양한 물리학적 과정이 태양 방사(복사)의 영향, 대기와의 상호 작용 및 지구 자전의 영향, 해저의 영향 등에 의해서 일어난다. 그 규모는 시간에 있어서는 1초~반영구까지, 공간적으로는 1mm~대양 규모에 걸쳐 있다. 이들 각종 시·공간 규모를 갖는 과정의 계열은 총괄적으로는 해수와 해수 중 물질 및 에너지의 흐름으로 취급할 수 있다. 이 흐름은 대기-해양-지각을 통하여 물을 비롯한 물질과 에너지 순환의 하나로서 지구 환경 형성의 근간을 이루고 있다.

이 바다에서 물리학적 과정을 배경으로 작게는 μm로부터, 크게는 10m 정도의 바다짐승과 상어에 이르는 각종 생물들이 서로 간의 상호 작용 및 해수와의 사이에서 생화학적 작용 하에 삶을 영위하고 있다. 이들 생물학적 과정은 물리학적 과정과의 상호 작용 하에 유동적으로 변화하여 멈춤이 없고, 또한 물리학적 과정에 피드백하여 변화를 주며, 나아가서는 지구 환경에 변화를 일으키는 작용을 하고 있다.

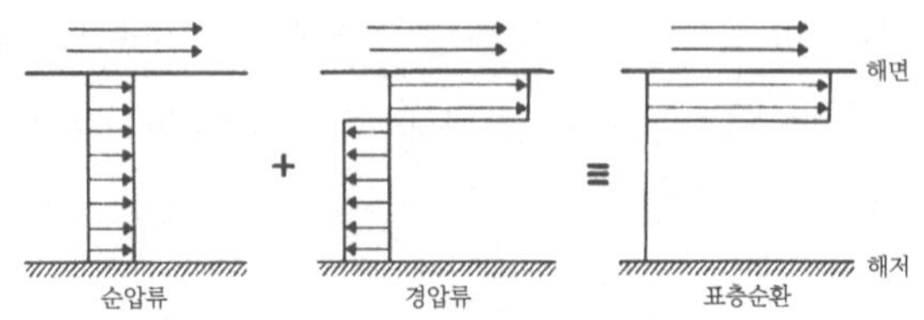

그림 7.2 풍성 해류의 수직 구조

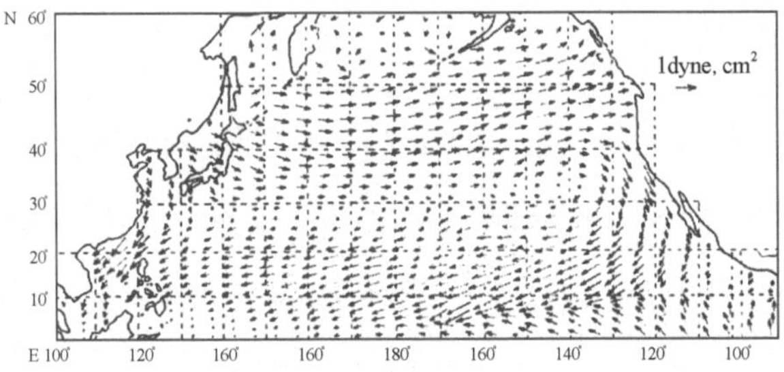

그림 7.3 북태평양의 바람응력 분포 (轡田, 1985에 의함)

7.2 지구 환경의 대규모 변동과 해양

7.2.1 해양 대순환

앞에서 서술한 여러 규모의 물리학적 과정 중에서도 그 공간 규모가 전 해양에 걸쳐 있는 점, 해양의 성층 구조 중에서 시간적으로 그다지 변화하지 않는 기본 모드의 형성에 직접 관련지어 있는 점, 그리고 다른 과정에 과대한 영향을 미치고 있다는 점에 있어서 특히 현저한 것이 해양 대순환이다.

해양 대순환을 일으키는 작용으로서는 대양 규모의 풍계 작용과 해양의 고·저위도 간에 있어서 태양으로부터의 에너지 공급차에 따른 열의 대류와 보다 더 많은 기여를 하는 해빙 생성에 의한 해수 염분의 증가 및 수

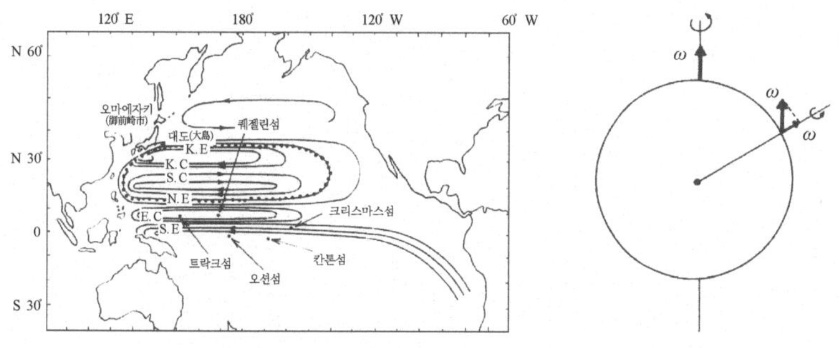

그림 7.4 북태평양의 표층 해양 순환 모식도

그림 7.5 지구 자전각 속도의 수직 분포

분 증발과 강수에 따른 염분 변화 효과가 더해진 열염분 대류가 있다.

전자에 의해 일어나는 흐름은 해표면으로부터 해저까지 같은 속도를 갖는 순압류(그림 7.2)와 상층에서는 바람 방향으로, 하층에서는 반대 방향으로, 그러나 각 층의 수직 적분, 즉 수직 방향의 합이 같은 경압류(그림 7.2)로부터 된다. 이것을 합성하면 상층에만 흐름이 남는다. 수평적으로는 북태평양을 예로 들면, 풍계(그림 7.3)를 따른 순환 구조(그림 7.4)를 갖는다. 흐름의 두께는 심해 평균 깊이인 약 6km의 수분의 1이다. 이 순환을 표층 순환이라고 부른다.

후자에 의한 흐름은 북대서양의 고위도역, 주로 그린랜드해 주변에서의 해수 침강에 기원을 둔다. 특히 겨울철 해빙 생성에 따른 주변수의 고염분화와 냉각에 따른 저온화에 의해 밀도가 증대한 표층수가 침강한다. 침강한 해수는 심층을 흐르는데 지구 자전각 속도의 해면에 수직 성분인 위도에 의한 변화(그림 7.5) 영향을 받아 북미 대륙을 따라 남하하여 적도를 거쳐 남극해에 도달한다. 그린랜드해 이외에도 또 한 곳, 역시 표층수의

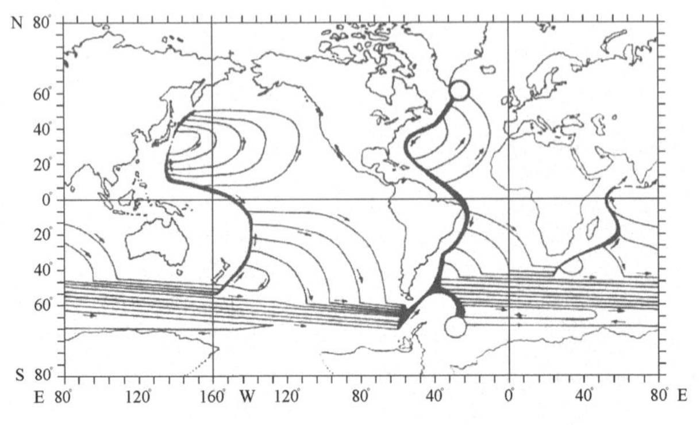

그림 7.6 심층 해수 순환의 모식도 (Stommel 등, 1960에 의함)

고밀도화에 의해 침강하는 해역이 있다. 남극의 웨델해이다. 거기에서의 심층수와 북반구로부터 온 심층수가 합쳐져서 남극 주변을 동쪽으로 흐른다. 이 과정 중에 인도양, 태평양 그리고 대서양으로 지구 자전 효과의 위도에 의한 변화 영향을 받아서 대륙의 동안을 따라 심층으로 흘러든다.

이들 심층 해류는 다시 대양 내부로 흘러드는데, 남반구에서는 남쪽 방향으로 북반구에서는 북쪽 방향으로 흐른다(그림 7.6). 대륙의 동안을 따라 흐르는 경계류는 10cm/sec 정도의 속도를 갖지만 대양 내부의 흐름은 10^{-2}cm/sec 정도로 보인다. 이 흐름은 표층 순환에 따른 흐름에서와 마찬가지로 수평 방향의 수압 변화율에 따른 힘이 지구 자전에 따른 코리올리힘[북(남)반구에서는 흐름에 대해서 우(좌)직각 방향]과 만나서 지형류가 된다.

인도양과 태평양에는 남극해로부터 심층 해수가 흘러온다. 여기에 대응할 만큼의 흐름이, 예를 들면 태평양의 경우 인도네시아 해역을 거쳐 오

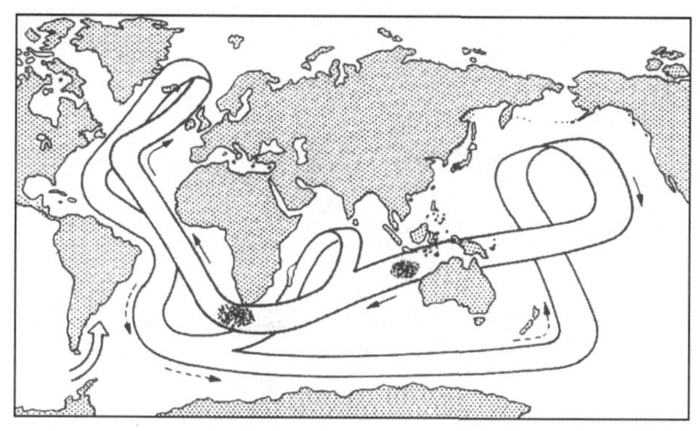

그림 7.7 심층류와 통과류 (Broecker, 1985에 의함)

스트레일리아 서방을 통하여 남극해에 이르는 통과류(Through Flow)로 존재한다. 심층 경계류와 통과류의 유량상 연관을 나타낸 것이 그림 7.7이다. 이것은 표층수와 심층수가 서로 교류하지 않음을 의미하는 것은 아니다. 전술한 것처럼 심층수는 용승을 통하여 마이너스의 열을 상층으로 공급함과 함께 해수 자체의 혼합을 일으킨다. 표층과 심층이 서로 격리되어 있는 것이 아니기 때문이다. 이 상층으로의 마이너스 열 공급은 저위도 해역에서 태양 방사에 따른 수온 상승을 누그러뜨리게 하는 역할을 하고 있으며 기후 조절 면에서도 큰 공헌을 하고 있다.

7.2.2 엘니뇨

표층 해수 순환의 전형적인 스케일, 즉 해수 입자가 순환을 따라 한 바퀴 도는 데 걸리는 시간은 수년 정도이다. 심층 순환에서는 1,000년 정도라고 보인다. 이들 순환의 특성, 예를 들어 유량과 순환에 따른 수온 분포

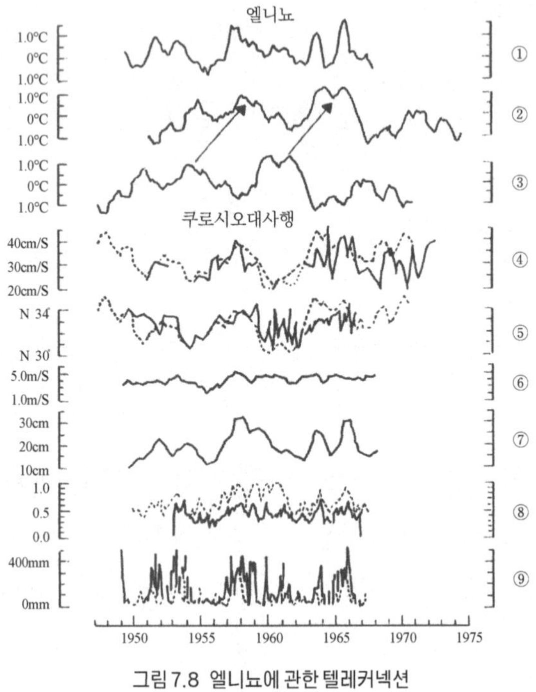

그림 7.8 엘니뇨에 관한 텔레커넥션

등은 미래 영겁으로 불변하는 것이 아니라, 오히려 시간과 함께 변화한다. 표층 순환이 계절 변화를 하는 것도 한 예이다. 그 외에 여러 가지 주기의 변동 성분이 있지만, 이들은 해양 대순환의 성립으로부터 추측되는 것처럼 해양과 대기로 구성되는 복합계 변동의 일환을 이루고 있다. 최근 인류의 미래에 깊이 관계하고 있기 때문에 특히 큰 관심의 대상이 되고 있는 기후 변동도 예외는 아니다. 기후 변동이라 함은 수년 이상의 시간 규모를 갖는 계(系)의 대규모 변동을 가리킨다.

여기에서는 그 중에서도 수년 정도의 시간 스케일을 갖는 엘니뇨를 예로 들어, 지구 규모로 바다를 측정할 필요성에 대해서 기술하겠다.

엘니뇨는 수년 간격으로 태평양 동안의 적도역 주변을 중심으로 하는 해역에서 일어나는 수온의 급상승을 가리키는 말이다. 이 현상은 크리스마스 전후에 발생하는 것에서 유래한다. 1960년 초 무렵부터 활발한 연구를 통해서 이 현상이 태평양 중·저위도역에 걸친 해양-대기계의 변동인 것임이 알려졌다. 그림 7.8에 엘니뇨와 관계해서 일어난 각지에서의 여러 물리량 간의 상관 관계를 나타냈다. 위르트키(Wyrtki)에 의하면, 이 그림의 ⑥ 북위 30°에 있어서 700 헥토파스칼면의 풍속이 강했던 3개월 후에, ⑦ 북위 5°와 10°간의 수위차에 반영되는 북적도 반류(그림 7.4)의 유량이 증가하고, 그 5개월 후에 ① 멕시코 연안의 수온이 상승한다고 했다. 이와 같이 멀리 떨어진 지점 간에서의 해양-대기계에 관한 여러 물리량 변동간의 상관을 텔레커넥션이라고 부른다.

엘니뇨에 관한 텔레커넥션에 대해서는 널리 조사되고 있지만, 그와 같은 관계를 일으키는 변동 과정에 대해서는 전 지구 규모의 관측이 없으므로 충분히 알고 있지 못하다. 적도 해역에서 지구 자전각 속도의 위도 변화와 연계한 해양 변동의 시간 규모가 대기 변동의 시간 규모에 가까우므로 충격이 가해지면 공진적으로 해양-대기계의 변동이 일어나기 쉽다. 이런 것을 감안하여 먼저 이 해역에 초점을 맞춰 연구를 해나가야 할 국제협동연구계획 TOGA가 실시되어 성과를 올렸다. 그러나 엘니뇨를 총체적으로 이해하기 위해서는 전 지구적인 관측을 통하여 변동 과정의 시작부터 끝까지를 저위도 해역뿐 아니라 중위도역은 물론, 고위도역에까지 걸쳐 관측할 필요가 있다. 여름철 오가사와라 고기압의 성쇠는 물론, 겨울철 오츠크해의 홋카이도 연안 유빙 성쇠까지도 엘니뇨 발생과 관계가 있다고 말해지고 있다.

7.2.3 기후 변동

최근 지구 온난화 문제가 사회적으로 크게 대두되어 인류 생존에 위기가 도래하고 있다고 보고 있다. 인간 활동이 활발하여 대기 중에 잔류하는 이산화탄소, 메탄, 프레온 등의 다원자 분자가 증대했다. 그 결과 온실 효과가 높아져 수십 년 후 지표에서는 수℃에 달하는 온도 상승이 일어나 해빙에 의한 해면 상승과 건조에 의한 사막화가 생기는 것이 아닌가 하고 걱정하고 있다. 온실 효과란 다원자 분자에 의한 바다를 포함하는 지표로부터 2차 방사 흡수에 따른 대기 하층의 승온을 말한다. 이것과 동시에 대기 상층에서는 2차 방사의 영향 감소로 강온이 일어난다. 이와 같은 지구 환경에 대한 인위적 작용은 인류 문명의 진전과 함께 증대하고 있다.

문명의 정도는 각 분야에 있어서 도구의 다양화와 그것을 이용한 높은 생산성으로 추정될 수 있다. 인류가 돌과 나무처럼 천연 소재에 손을 댔을 뿐인 소박한 도구에 의지하고 있었던 동안에는 생산성이 낮아 의, 식, 주 어느 면에서도 자연에 미친 영향은 적었다. 청동이 쓰이기 시작했어도 석기는 오랫동안 남아 있었다. 생산성이 낮음에 따라 인구도 적어 인류가 지구 환경에 끼친 영향도 경미했음에 틀림없다.

이 상황을 크게 바꾼 것은 제철 기술의 획득이었다. 약 5,000년 전 중동에서 개발되어 중국에도 전해졌다고 보이는 이 기술은 대량의 목탄을 필요로 했다. 그 때문에 삼림이 벌채되어 문명 발상지인 중동 일대가 붉게 드러낸 대지가 되고, 중국 서부도 수목이 없는 황토 고원으로 바뀌었다. 목탄 부족은 문명의 진전을 늦춰 지구 환경에 대한 영향을 억제하였다. 18세기가 되어 목탄 대신에 콕스(cokes)를 이용한 제련 기술의 발명은 대량 제철을 가능케 하여 산업혁명을 일으키는 요인이 되었다. 많은 분야에서 비약적으로 향상한 생산성에 맞춰 1650년경까지 많게 잡아야 5억 정도였던 세계 인구가 1750년에 7억, 1850년에 11억, 1950년에 25억으로 증가하고, 1990년에는 54억에 달했다.

이것에 따라 인류가 지구 환경에 끼치는 영향은 증가일로에 있으므로 이것이 축적되어 환경을 크게 바꾸는 것은 아닌가 하고 위구심을 갖게 되었다. 예를 들면 앞에서 언급한 이산화탄소에 대해서 보면, 이 책 제4장의 그림 4.24에 나타낸 것처럼 1740년부터 1980년에 걸쳐, 그 대기 중의 잔류 농도가 지수함수적으로 증대하고 있다. 1955년 이전의 값은 남극 대륙에서 얼음 기둥 속에 가둬져 있던 기포 중의 이산화탄소 측정에 기초하였고, 1955년 이후는 하와이의 마우나로아 관측소에서 측정된 연 평균치이다. 이 농도가 수십 년 후 현재 값의 약 2배인 600ppm으로 증가한다는 가정 하에 실시된 수치 실험에 의하면, 지표의 평균 기온이 3~5℃ 상승한다고 한다.

이 가정의 신빙성은 어떨까? 결코 높다고는 볼 수 없다. 왜냐하면 이산화탄소 수지상 해양의 역할에 대해서는 우리들이 거의 무지에 가깝기 때문이다. 1990년대 1년 동안 화석 연료의 소비로 방출되는 CO_2 양은 5.5기가톤(Gt), 화전 등에 의한 것이 1.5Gt, 합계 7Gt. 이것 중 1년 간을 통해서 흡수는 육상 생태계에 의한 양 1.7Gt, 대기 중의 잔존량 3.3Gt, 나머지 약 2Gt은 해양으로 흡수되는 것이 틀림없다고 한다. 그러나 그것을 증명할 관측 자료는 없다. 이산화탄소를 가장 다량으로 흡수한다고 생각되는 겨울철 고위도 해역에서의 관측이 어렵기 때문이다. 남북 양반구의 고위도 전역에 걸친 관측이 기후 변동을 조사하기 위해서 불가결한 것은 이해될 것이다. 그 외로, 기후 변동 수치 실험에 있어서 지표의 고·저위도 간의 열수지가 필요한 것은 쉽게 이해되겠지만 대기 순환에 따른 열수송과 같은 정도의 역할을 하고 있다고 생각되는 해양의 열수송에 대해서는 만족할 만한 관측이 되어 있지 않다. 이산화탄소 문제에 있어서와 마찬가지로 지구 규모의 해양 관측이 필요한 것은 이해될 것이다.

7.3 해양의 관측

7.3.1 선에 따른 관측으로부터 면상의 관측으로

1872년부터 76년에 걸쳐서 대서양, 남극해, 인도양, 태평양에서 행해진 영국 챌린저 해양 탐험 항해는 근대 해양학을 개척하여 막을 여는 역할을 했다. 4대양에 걸쳐서 했다고는 하나, 관측은 항해 중에 그때 그때의 판단을 감안하여 이루어진 선상의 항적에 따라 이루어졌다(그림 7.9). 3년 이상의 세월을 소비하여 4대양에 걸친 대관측이었지만, 이와 같은 관측은 전 지구적 관측이라고 하기는 어렵다. 전 지구적 관측이란 어느 공간

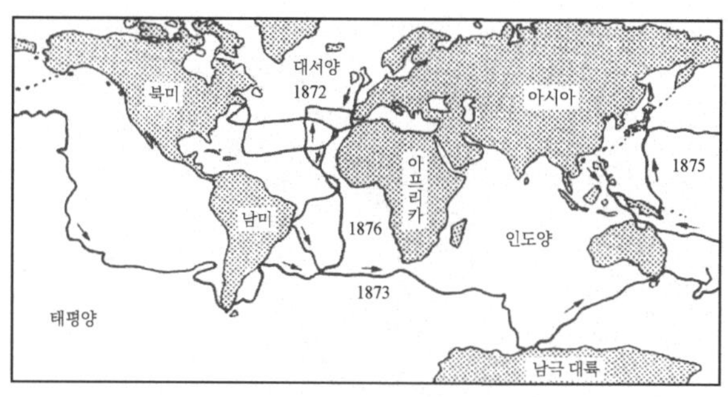

그림 7.9 챌린저호 탐험 항해의 항적도

스케일을 갖는 관측망으로 전 지구 표면(해양의 경우에는 전 해양)을 덮어 그 관측 망상의 관측을 어느 시간 간격으로 반복해서 행하는 경우를 말한다.

어느 공간 스케일의 관측망으로 바다를 덮는다는 개념을 해양 관측에 도입한 최초의 것은 1925년부터 27년에 걸쳐 남북 대서양에서 이루어졌다. 독일에 의한 메테오르 관측이었다(그림 7.10). 그 이후 이 관측 방식은 세계 각국에서 채용되었다. 일본에서도 그것을 모방하여 1920년대에는 먼저 프로펠러식 유속기 2개를 수직 방향의 간격을 두어 밑으로 내려, 하방에서는 유속이 거의 0에 가깝다고 가정 하여 표층의 흐름을 측정하는 2기 측류법과, 피압·방압 전도 온도계 1조를 장착한 난센 채수기에 의해 채집한 해수를 질산은 적정법으로 화학 분석해서 염분을 추정하는 방법 등을 취하는 것이 행해졌다.

수온과 염분의 관측을 기본으로 각 수직 관측점에서의 해수 밀도가 구해진다. 밀도의 3차원 분포를 알면 압력의 3차원 분포가 구해지고, 이것

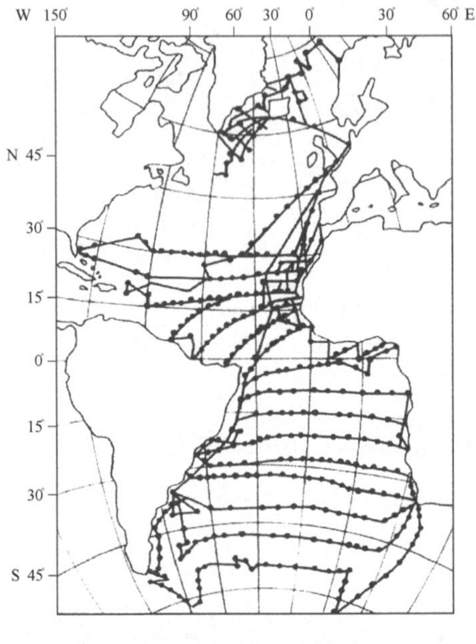

그림 7.10 메테오르 관측망

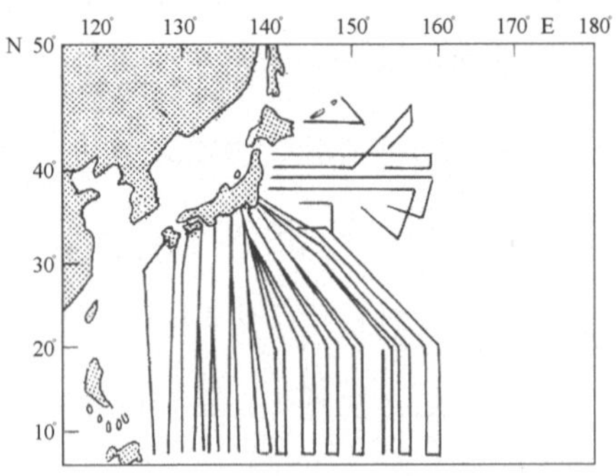

그림 7.11 일본 해군 수로부에 의한 관측망

을 이용하여 지형류 유속을 추정할 수 있다. 지형류 유속이란, 해수의 운동을 지배하는 힘이 압력 경도력과 전향력뿐이라고 하고 그들이 균형을

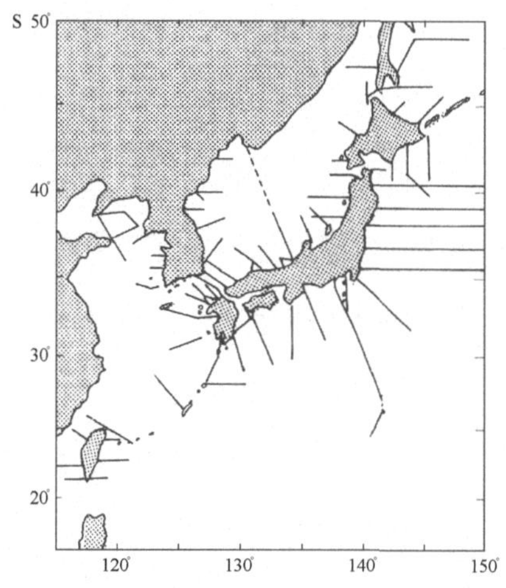

그림 7.12 일본 중앙수산시험장에 의한 일제 관측의 관측망

이루는 식으로부터 구한 유속이다.

대순환에 따른 흐름에 대해서는 흐름의 공간 변화가 큰 대양의 서안경계역 등 특정 해역을 제외하면 대체로 지형류에 가깝다. 1930년대에 일본 해군 수로부에 의한 해양 관측망(그림 7.11)은 그 대상을 해군의 작전상정 해역이었던 일본 주변과 남양위임통치지 주변으로 상정하고는 있지만, 그 측정수 및 관측정 밀도에 있어서는 국제적으로 보더라도 제1급의 위치에 있었다.

7.3.2 시·공간 변화의 과정을 추구하는 관측으로

1930년대 후반부터 1940년대 전반에 걸쳐 일본 중앙수산시험장에 의해 실시된 일본 주변 1000해리에 걸친 일제 관측(그림 7.12)은, 메테오르

형 관측에서 언제나 귀찮게 따라다니는 관측점마다의 관측 시각 차이를 관측 결과로 이용하는 데에 어떻게 극복할 수 있을까, 즉 관측의 동시성에 어떻게 근접할 수 있을까 하는 문제를 풀기 위한 하나의 의도적인 시도였다. 이것은 그로부터 10년 후인 제2차 세계대전 후에 미국에 의해 실행된 멕시코만류의 변화, 특히 와류의 발생 과정을 알아내기 위해 취해진 복수 선박에 의한 동시 관측보다도 앞선 것이었다.

미국에 의한 관측은 오퍼레이션 '캬보트'라고 명명되어 항공기가 참여하기도 했는데 이 관측을 특징지어 준 것은 BT의 도입이었다. 이것은 유리관을 이용한 수은 온도계에 비해 훨씬 시정수가 적고 액체를 채운 가늘고 긴 금속 파이프를 나선상으로 감은 것을 측온 센서로 사용하고 있으며, 수심 수백 m까지 수온 수직 분포의 자동 기록을 단시간에 항주 중 선박으로부터 얻을 수 있게 하였다.

그로부터 10년 정도 후, 1950년에 실용화된 GEK(전자기 해류계)도 BT와 마찬가지로 배를 정지시킴 없이 표면 유속 측정 기록을 가능하게 하여 신속한 관측법의 수집에 크게 공헌했다. 또한 GEK에서는 지구 자장을 자르면서 해류가 흐를 때 해수 중에서 일어나는 해표면 전류 밀도를 측정함으로써 표면 유속이 구해진다. 그에 덧붙여서 1990년대에는 BT 대신에 센서로서 저항체(thermistor)를 이용하는 XBT(투하식 BT)가 이용되고, GEK 대신에 선박으로부터 해수 중으로 초음파를 보내어 해수 중 입자에 의해 반사된 반사파의 주파수로 도플러 효과를 측정함으로써 유속의 수직 분포를 알아내는 ADVP(Acoustic Doppler Velocity Profiler)가 이용되고 있다.

또 이미 전술한 질산은적정에 의한 해수 중의 염분 측정을 대신하여 해수 전도율이 염분 농도에 의존하는 것을 이용한 전도 염분계가 이용되고, 또한 그 센서(Conductivity Meter)를 수온 센서(Temperature Sensor) 및 압력 센서(Depth Meter)와 조합하여 염분과 수온의 수직 분포를 측정하는 CTD가 이용되고 있다.

7.3.3 배에 의하지 않은 관측으로

선박을 사용한 관측의 특징은 배의 이동성에 있다. 즉 한 척의 배를 갖고만 있어도 어느 기간 내에 어느 넓이의 해역을 관측할 수 있다.

그러나 전술한 것처럼 그 특성과는 반대로 관측의 동시성을 만족시킬 수 없는 결점을 가지고 있다. 배를 이용해서 이것을 극복하려면 무한수의 배를 이용할 수밖에 없다. 이 경우 오일러식 방법과 라그랑지식 방법이 생각된다. 오일러식 방법이란 고정점에서 시간에 관해 연속적으로 관측할 수 있는 것이다. 이것에 대해 라그랑지식 방법은 해수 입자(어느 크기의 해수 덩어리)와 함께 흘러가면서 시간에 관하여 연속적으로 관측을 하는 것이다. 현실적으로는 배 대신에 부표를 이용해서 자동 관측하도록 하고 있다.

오일러식 관측의 대표적인 예는 해저에 추를 떨어뜨려 거기에서부터 부표를 사용하여 수직으로 서 있는 로프의 각 깊이에 자동 측정기, 특히 유속계(수온도 동시에 측정)를 달아 맨 것이다(그림 7.13). 이 계류계를 흐

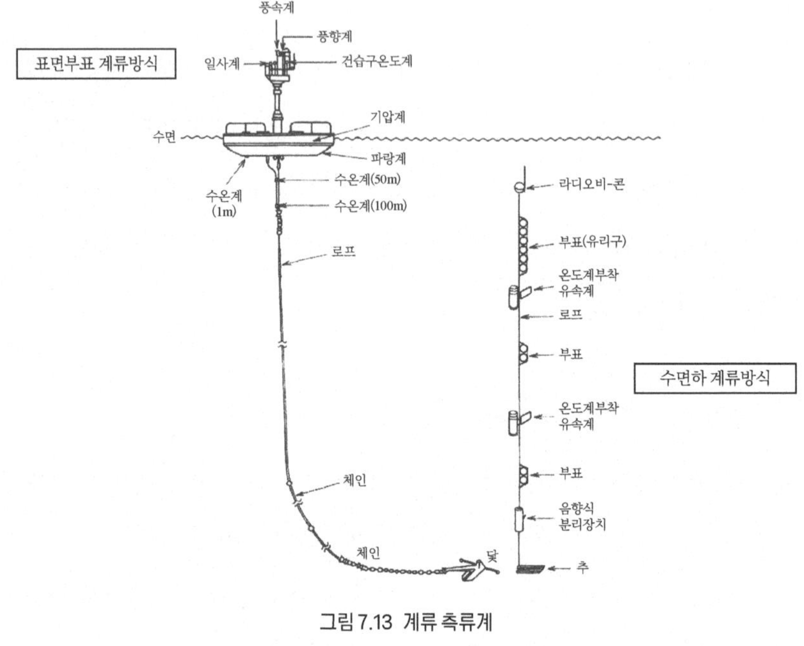

그림 7.13 계류 측류계

름에 수직인 수직 단면 내에 열지어 진용을 갖춘 다음 유속 및 수온 단면 분포의 시간 변화를 구한다.

라그랑지식 관측의 대표적인 예는, 해상풍의 영향을 가급적 적게 하기 위하여 안테나 윗부분만을 해상으로 나오게 한 부표에 저항체를 달아 그 주위의 해수와 함께 운동하도록 한 표류 부표이다. 그 위치를 시간의 함수로 측정하여 유로와 평균 유속 및 수온 분포를 구하는 역할을 한다. 이 원리를 이용하여 중·심층에서도 같은 측정을 행하는 것이 소파플로트(SOFAR FLOAT) 시스템이다. 이 경우에는 플로트 위치의 측정을 위해 표면 표류 부표에 사용되는 전파 대신에 음파를 수신하고 3점에서 측정된 시간

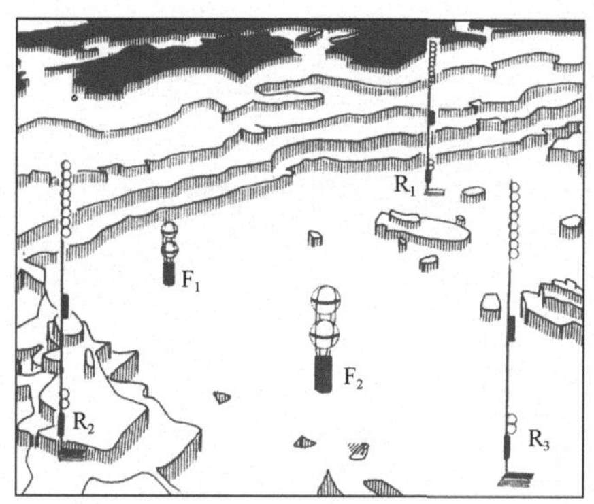

그림 7.14 a 소파플로트 시스템

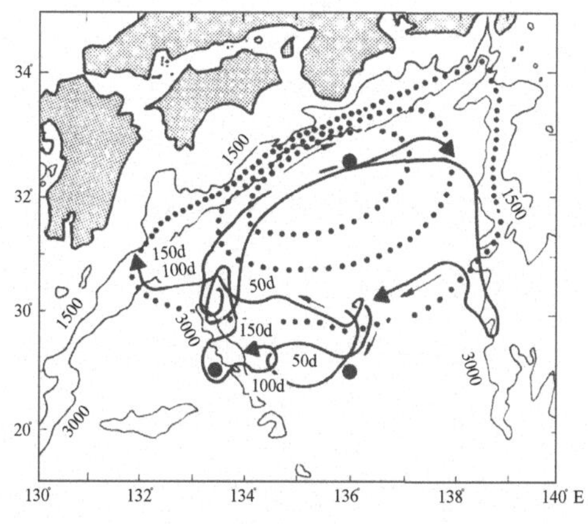

그림 7.14 b 소파플로트에 의해 측정된 시고쿠해분 1,500m층에 있어서의 물의 흐름도 (平, 1990에 의함)

차로부터 플로트의 위치를 구한다(그림 7.14 a). 그림 7.14 b에 측정 결과의 한 예를 나타냈는데 소파플로트에 의해 측정된 시고쿠해분의 1,500m층에 있어서의 유로(平, 1990)이다.

계류 측정의 특수한 것으로 해저에서 압력계 및 IES(Inverted Echo

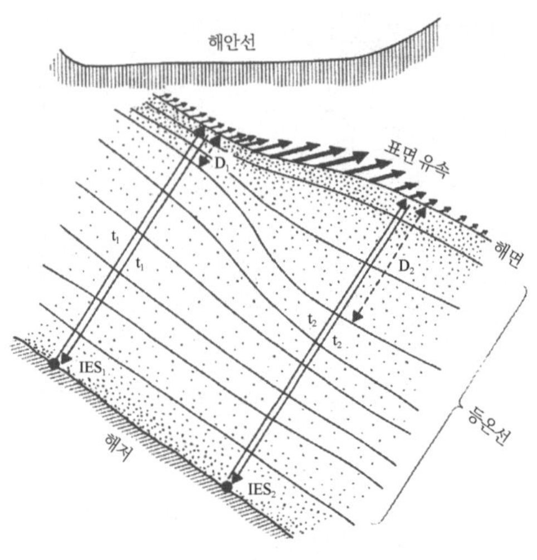

그림 7.15 IES의 원리도

Sounder, 역방향 음향 심도계)에 의한 측정이 있다. 전자는 해저에서의 압력 측정을 목적으로 한다. 후자는 해저에 설치한 음향 발진기로부터 수직 상방향으로 음을 발사하여 해면으로부터의 반사음을 해저에서 받아 음파의 왕복 전파 시간을 측정하는 것이다. 이 측정이 해면 승강에 관한 정보를 포함하는 것은 당연하지만, 그 외로 수온 수직 분포의 변화에 관한 정보도 포함한다. 특히 쿠로시오 해역 등의 측정에서는 약층보다 위의 고온층 두께의 변화에 관한 정보뿐 아니라, 그 외로 수온 수직 분포의 변화에 관한 정보도 포함한다. 쿠로시오 해역 등에서의 측정에서는 약층보다 위의 고온층 두께의 변화에 관한 정보가 큰 역할을 하므로 쿠로시오 변동의 연구에 위력을 발휘한다(그림 7.15).

또 한 가지 해류에 관한 측정으로서 조금 독특하지만 해류를 횡단하는 방향의 지전위차 측정을 통한 해류 유량 추산이 있다. 좋은 전도체인 해수가 흘러 해류를 형성하는 경우, 흐름은 거의 수평이어서 지구 자기장의 수직 성분을 수직으로 자른다. 이것에 따라 해류를 횡단하는 방향으로 기전력이 발생하고 해류 및 그 용기에 해당하는 해저를 포함하는 계의 수직 단면 내에 하나의 전류장을 일으킨다.

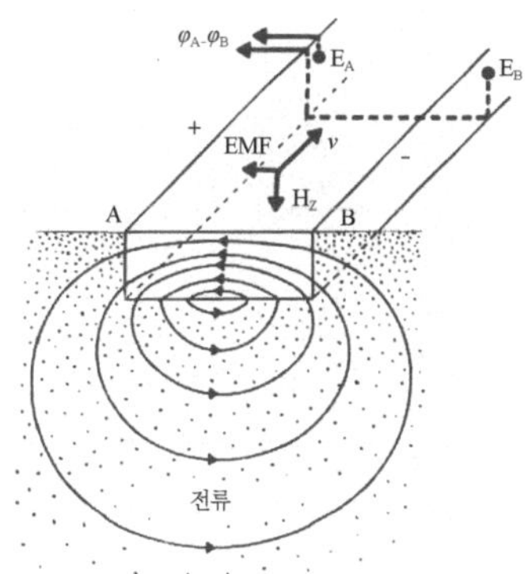

그림 7.16 일정한 수로 내의 해저에서, 해저를 포함하는 수로 수직 단면 내에 생기는 전류장의 모식도

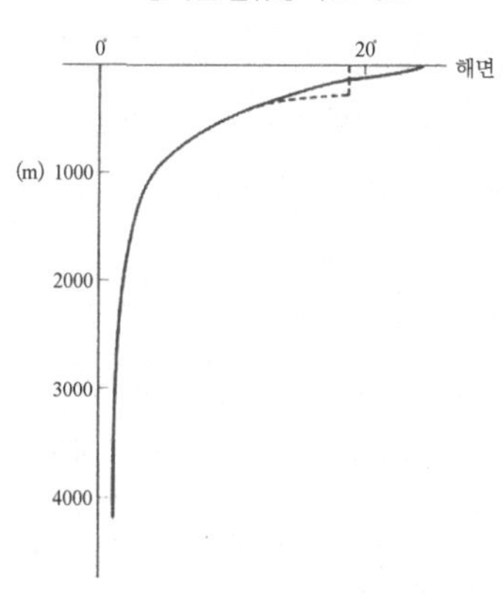

그림 7.17 중·저위도 해역에 있어서 수온 수직 분포의 모식도

해류가 일정한 수로 내의 흐름이라고 보아서, 기전력과 전류장의 관계를 모식적으로 나타낸 것이 그림 7.16이다. 이 전류장에 기인하여 수로의 양안 간에는 전위차가 일어나게 된다. 그 크기는 수로의 유량, 즉 수로 단면을 매초 통과하는 해수 용적에 비례하는 것임을 쉽게 유도할 수 있다. 이것에 의해 전위차를 시간적으로 연속해서 측정하면, 유량의 시간 변화를 알 수가 있다. 유량과 같은 적분량은 예를 들면 해류가 사행 유로를 취할까, 또는 육지 연안에 따른 유로를

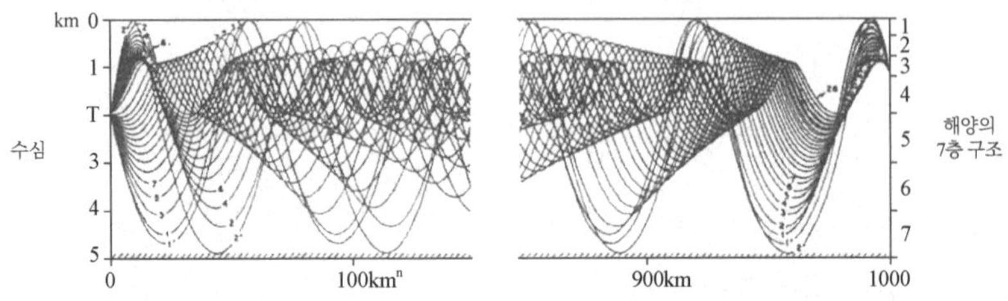

그림 7.18 중·저위도 해역의 중·심층에 있어서 음선전파의 수치 실험 (J. Clark에 의함)

취할 것인가 등 해류 전체로서의 특성을 아는 데에 중요하다.

그리고 이 측정에는 해류를 횡단하여 설치되는 해저 케이블이 필요한데, 케이블 선은 중계기(증폭기) 등으로 절단되지 않는 직류 전기적으로 연속인 것이 필요하다. 이와 같은 조건을 만족시키는 케이블이 얻어진다면, 대양을 횡단 또는 종단해서 측정하는 것도 가능하므로 유력한 대양 규모로의 측정 수법 중 하나라고 할 수 있다.

다음으로 음파를 이용한 대규모 측정에 대해서 살펴보자. 수백 Hz 또는 그 이하의 저주파 음파는 해중을 꽤 멀리까지 전달한다. 특히 해양의 중·저위도에서는 수온의 수직 분포가 그림 7.17과 같아서 수온은 일반적으로 상층에서 높고 수심이 깊을수록 내려간다. 수백~1,000m 층에서 수온이 급변하는 층을 주수온 약층이라고 부른다. 0~200m의 표층에서는 겨울에 강풍에 의해 수직 혼합이 일어나 그림에서 점선으로 나타낸 것처럼 등온층이 형성되는 것이 일반적이다.

이와 같은 수온 구조를 따라 500~3,500m 층 내에서 방사된 음파는 가령 경사지게 상방향으로 진행한 경우에도, 경사지게 하방향으로 진행한 경우에도, 음선이 그림 7.18에 나타낸 것처럼 각각 하방 및 상방으로 굴절하여 그다지 손실 없이 이 층 내에서 머물기 때문에 수평 방향으로 장거리에 걸쳐 전파한다. 이와 같이 굴절하는 것은 음속이 주로 수온 및 수압에 의존하여, 수온이 높은 표층에서는 수압보다도 수온 변화의 영향을 크게 받고 수온이 낮은 심층에서는 수온보다도 수압 변화의 영향을 강하게 받기 때문이다. 즉 해양 중층의 어느 수심으로부터 방사된 음은 그것이 경사지게 상방향으로 진행하는 경우에는 상층 수온이 높으므로 상층으로 갈수록 음속이 커져 음선이 하방으로 굴절을 하게 되고, 역으로 경사지게 하방으로 향한 음은 수압이 하층일수록 커지므로 하층으로 갈수록 음속이 커져 음선이 상방으로 굴절한다.

이와 같이 도파관과 같은 역할을 하는 중심층을 음향 채널이라고 부른다. 그리고 그림 7.18의 음원 T로부터 각 방향으로 방사된 음선 중 T로부터 가령 1,000km 떨어진 점에 있는 수신기 R을 통과하는 데에는 약 1다스 정도가 존재한다. 이들 R에로의 도달 시각은 모두 다르다. T, R간의 해양 구조가 결정되면, T를 나와 R에 바로 도달하는 음파의 경로가 몇 개인가에 의해 결정되고, 또한 각각의 경로에 따른 전파 시간도 결정된다. R에서 이들 음을 수신하면 도달 시각의 시계열이 얻어진다.

전술한 것처럼 이 시계열의 배열 구조는 해양 구조에 의존하는데, 역으로 배열 구조가 주어지면 그것에 맞는 해양 구조가 결정된다. 약 1,000km 평방의 해역에 그림 7.19에서 나타난 것처럼 음원(송수신기) T_1, T_2, T_3, … T_N과, 수신기(송수신기) R_1, R_2, R_3, … R_M을 배치해서 신호가 섞

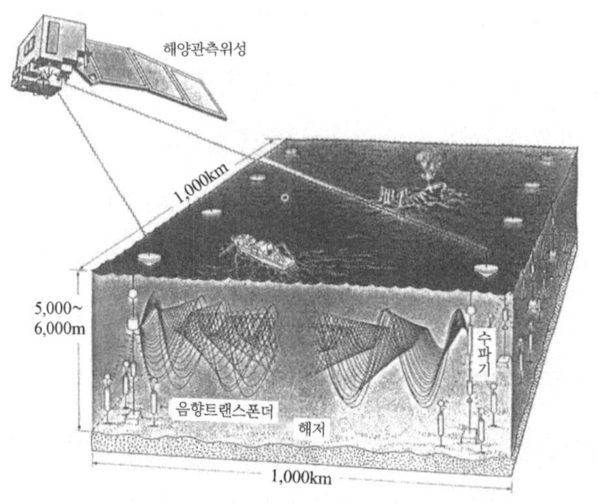

그림 7.19 해양의 음향 단층 진단 (일본 해양 과학 기술센터자료에 의함)

이지 않도록 적당한 간격을 두어 T_1, T_2, T_3, … T_N으로부터 순차로 음파를 발신하여 R_1, R_2, R_3, … R_M으로 수신하고, 이어서 R_1, R_2, R_3, … R_M으로부터 발신하여 T_1, T_2, T_3, … T_N으로 수신하면 이 해역은 음선망으로 둘러싸여 각 송수신점에 있어서 각 발신체에 대한 수신음 도달 시각의 시계열이 얻어진다.

이들 계열군 해석에 의해 해역의 해양 구조, 특히 수온 구조가 얻어진다. 이 방법을 해양의 음향 단층 진단이라고 부른다. 이것 또한 선박에 의지하지 않는 해양 광역 관측의 방법이다. 어느 시간 간격으로 계속해서 관측하는 것이 가능함은 두말할 것 없다.

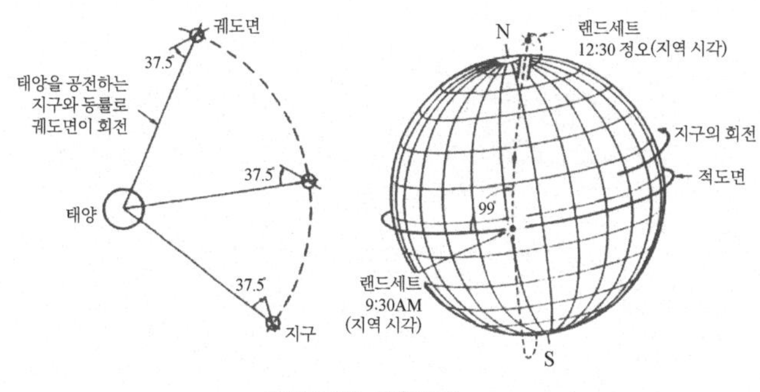

그림 7.20 태양 동기

7.4 우주로부터의 해표면 관측

7.4.1 인공위성에 의한 리모트 센싱

기후 변동을 포함하는 지구 환경 변동의 연구에 있어서 가장 크게 요망되는 것은 지구 규모로 계속해서 해양을 관측하는 것이다. 이것은 말하기는 쉬우나 실시하는 것은 어렵다. 그러나 인공위성이 이용될 수 있게 되어 거의 만족할 만한 형태로 그와 같은 관측을 실현하는 방법이 대체로 확립됐다고 할 수 있다. 그러나 기술은 완성되어 있으면서도 주로 경제적인 이유 때문에 해양 관측 위성을 계획적으로 쏘아 올리기에는 아직 이르지 못했다. 기후 변동 또는 보다 광범위한 지구 환경 변동 관측의 중요성이 사회적으로 강하게 인식되게 된 지금 그 실현은 필요하다.

지구 관측에 유용한 인공위성으로서는 정지궤도 위성과 극궤도 위성의 2가지가 있다. 전자는 지구의 적도 면상을 지구 자전 주기와 같은 주기로 주회하는 위성이고, 후자는 적도면과 어느 각도를 이루는 면 내에서 위성 고도에 따른 주기로 지구를 주회하는 위성이다. 전자의 고도는 똑같이

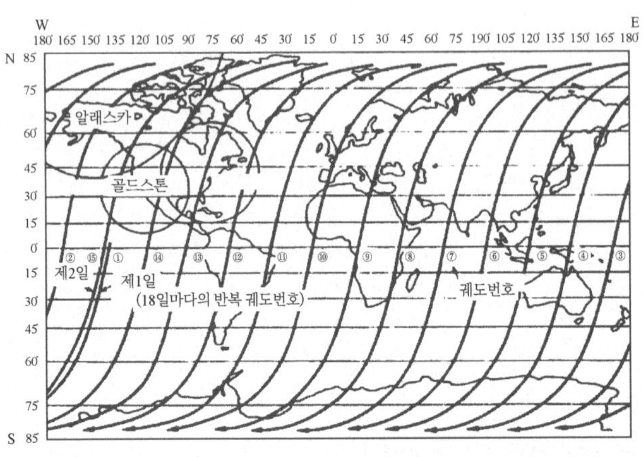

그림 7.21 극궤도 위성으로부터 지표면에 투영된 궤적의 한 예 (랜드세트)

약 36,000km이지만 후자는 그것의 목적에 따라 다르다. 지구의 중력과 지오이드 등의 연구를 목적으로 하는 것으로는 지표상 100km보다 낮은 것도 있다. 이 경우 지구 관측의 분해 능력은 좋으나 관측역이 좁아지고 또한 주변 대기의 저항 때문에 위성 고도가 점차로 낮아지는 불편이 있다.

일반적으로 1,000km 전후로 선택되는 것이 많고 그 경우의 일주 주기는 1.5시간 정도이다. 극궤도 위성에 의한 관측에서는 지구상의 각 점에서 매일 같은 지역 시각에 실시되는 것이 필요한 경우가 있다. 이것을 실현시키는 데에는 궤도면을 지구의 공전각 속도로 회전시키는 것이 좋다 (그림 7.20). 이것을 태양 동기라고 부른다. 그림 7.21에 태양 동기 극궤도 위성 랜드세트(LANDSAT)로부터 지표면에 투영된 궤도를 나타냈다.

리모트 센싱에는 크게 2종류가 있다. 해양이 대상인 경우 어느 것도 해양으로부터의 전자파를 수신하고 그 신호에 포함된 정보에 따라 해양의

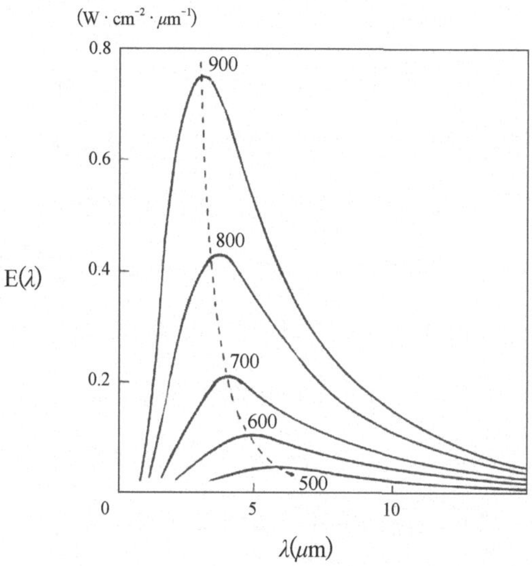

그림 7.22 태양(표면 온도 약 5900°K)을 흑체로 간주하여 그린 스펙트럼 방사 능력

상태와 성질을 알려고 하는 점에서는 변함이 없다. 그중 제1종류는, 해양 자신이 발하는 전자파를 받는 것이다. 이 전자파에는 태양으로부터 발해져 해양에서 반사되는 것도 포함된다. 이와 같은 센싱을 수동 센싱이라고 부른다. 이에 대해 제2의 종류는 센서 자체가 전자파의 송수신기를 이루고 있어 그것으로부터 전자파를 해양으로 향해서 방사하고, 해양으로부터 반사되어 온 전자파를 받는 것이다. 이것을 능동 센싱이라고 한다.

수동 센싱에서는 상술한 것처럼 해양으로부터 방사되는 전자파를 얻는다. 여기에서 먼저 기본이 되는 물체의 열반사에 대해서 간단히 살펴보자. 물체는 일반적으로 입사한 전자파의 일부를 투과시키고 나머지 부분을 흡수한다. 입사한 전자파 에너지에 대한 반사 에너지, 투과 에너지, 흡수 에너지의 비를 각각 반사율, 투과율 및 흡수율이라고 한다. 흡수율 1, 즉 입사한 전자파 에너지를 모두 흡수하는 물체를 흑체라고 부른다. 흑체든 일반 물체든 흡수 에너지가 축적되기만 한다면 그 온도는 상승을 계속하게 될 것이다. 물체가 열적 평형 상태에 있다면 흡수한 에너지에 등량의 에너지를 방사하게 될 것이다. 이 방사는 물체의 온도에 의존한다. 이것이 열방사라고 불리우는 까닭이다. 독일의 물리학자 플랑크(Plank)는 흑체의 방사를 이론적으로 잘 설명하는 데에 성공했다. 그에 의하면 온도 T°K(켈빈온도, 섭씨온도 + 273) 흑체의 표면으로부터 단위 시간에 단위 면적당 방사되는 $\lambda + d\lambda$간의 파장대에 있어서의 에너지는

$$e(\lambda)d\lambda = 2\pi hc^2 d\lambda/\lambda^5(e^{hc/kT} - 1)W \cdot cm^{-2} \cdot \mu m^{-1}$$

이다. 여기에서 c는 광속, h는 플랑크 상수($6.6 \times 10^{-34}J \cdot s$), k는 볼츠만 상수($1.38 \times 10^{-23}J \cdot K^{-1}$), $e(\lambda)$를 스펙트럼 방사 능력 또는 분광 방사 발산도라고 부른다. 태양의 표면 온도는 약 5,900°K이다. 태양을 흑체로 생각하여 그린 $e(\lambda)$의 그래프를 그림 7.22에 나타냈다.

여기에서 가시역, 적외역 및 마이크로파역에 있어서 태양으로부터 방사되어 지구에 입사한 전자파의 반사에 의한 스펙트럼 에너지 밀도와, 지표(온도를 예를 들면 27℃ = 300°K로 한다)로부터 방사 에너지 밀도를 비교하여 수동 센싱의 가능성을 조사해 보자(平井에 의함).

(1) 가시역

예를 들어 청록색의 $\lambda = 0.5$에 대해서 생각해 보자.

태양으로부터의 입사 에너지 밀도

$e_i(0.5\mu m) \sim 2.0 \times 10^3 Wm^{-2}\mu m^{-1}$

의 중에서 10%가 지표에서 반사된다고 하면, 반사광의 스펙트럼 에너지 밀도는

$e_r(0.5\mu m) \sim 2.0 \times 10^2 Wm^{-2}\mu m^{-1}$

한편, 지구를 흑체라고 가정 하면 그 파장에 있어서 열방사 에너지 밀도는

$e(0.5\mu m) \sim 4.5 \times 10^{-34} Wm^{-2}\mu m^{-1}$

말할 필요도 없이

$e(0.5\mu m) \ll e_r(0.5\mu m)$

이 파장에서는 태양광의 반사를 리모트 센싱에 이용하는 것이 유용하다고 알려졌다.

(2) 적외역

이 대역의 예로써 $\lambda = 10\mu m$를 취하자.

$e_i(10\mu m) \sim 3.0 \times 10^{-1} Wm^{-2}\mu m^{-1}$

이것에 대해

$e(10\mu m) \sim 3.0 \times 10 Wm^{-2}\mu m^{-1}$

즉

$e(10\mu m) \gg e_i(10\mu m) > e_r(10\mu m)$

이것으로부터 적외역의 리모트 센싱에 있어서는 지표로부터의 열방사를 이용하는 것이 유용하다고 알려졌다.

(3) 마이크로파역

이 대역의 예로써 MOS-1 탑재의 마이크로파 방사계에 사용되고 있는 γ = 23.8GHz, 31.4GHz를 취하면

e_i(23.8GHz)~1.3×10^{-13} $Wm^{-2}\mu m^{-1}$

e_i(31.4GHz)~4.0×10^{-13} $Wm^{-2}\mu m^{-1}$

이것에 대해 지표로부터의 열방사 에너지 밀도는

e(23.8GHz)~3.1×10^{10}($Wm^{-2}\mu m^{-1}$)

e(31.4GHz)~9.3×10^{10}($Wm^{-2}\mu m^{-1}$)

즉

$e \gg e_i > e_r$

그러므로 이 대역에 있어서도 지표로부터의 열방사를 이용하는 것이 유용하다고 알려졌다.

7.4.2 바다색의 리모트 센싱

적조, 청조 또는 해양으로 석유 등의 유출과 같이 해양 환경 악화의 관측에서도, 그리고 또 수산 자원량 측정을 위해 가장 기본적인 양인 식물 플랑크톤의 엽록소량 관측에서도 바다색 리모트 센싱은 극히 유용하다. 산호초 해역의 휘도 스펙트럼에서는 0.7에서 반드시 피크가 있다고 한다(그림 7.23). 하라시마(原島)에 의하면 이것은 산호 자신의 조직 또는 그것에 공생하는 조류로부터의 형광에 의한 것 같다고 한다. 어떻든 저위도 해역의 환경에 깊이 관계하는 산호초 소장 분포 정도의 지표로서 이용할 수 있

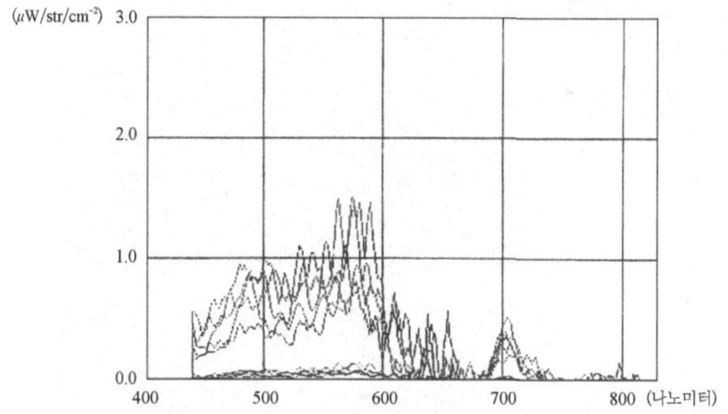

그림 7.23 산호초의 화려한 스펙트럼에 있어서 0.7μm 부근의 피크(原島에 의함)

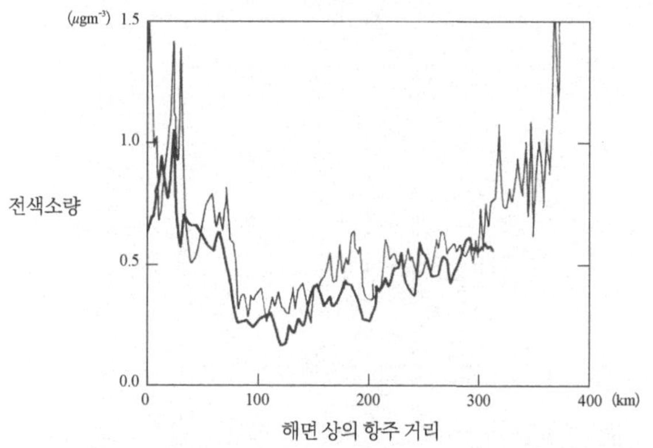

그림 7.24 클로로필의 CZCS에 의한 측정과 선박으로부터의 채수에 기인한 측정의 비교

을 것 같다. 여기에서 휘도라는 것은 범위를 갖는 표면 광원의 강도이다.

다음으로 클로로필 양의 측정에 대해서 살펴보자. 미국의 위성 님버스 7에는 CZCS(Coastal Zone Color Scanner)라는 광학 센서가 탑재되어 세계의 해양을 관측했다. 이것은 6개의 채널을 갖는데, 그중 1, 2, 3 채널에 의한 측정 정보로부터 클로로필 농도가 결정되었다. 클로로필 농도에 의

그림 7.25 세계 해양의 클로로필 농도 분포 (NASA에 의함)

존하지 않은 채널3에서의 측정치와 그것에 의존하는 채널1(클로로필 농도 < 1.5μg/ℓ) 또는 채널2(클로로필 농도 > 1.5μg/ℓ)에서의 측정치비의 대수가 클로로필 농도의 대수와 선형 관계에 있다고 하는 경험적 사실을 이용하는 방법이 이용되었다.

그림 7.24에 CZCS에 의한 측정과 위성 궤도 직하 코스에 따른 선박으로부터의 채수에 기인한 측정의 비교를 나타냈다. 또 그림 7.25에는 세계 해양의 클로로필 농도 분포를 나타냈다. 일반적으로 열대·아열대역에서 낮고 한대·아한대역에서 높으며, 또 외양에서 낮고 연안에서 높은 것이 알려져 있다.

태평양 적도역 동부와 남·북미의 태평양 연안과 같은 용승역에서는 주변보다 높은 것을 알 수 있다. CZCS보다도 고성능인 SEAWIFS(Sea Wild Field Sensor, 미국)와 OCTS(Ocean Color Temperature Sensors, 일본)를 탑재한 위성도 계획되고 있다.

7.4.3 해면 수온의 리모트 센싱

바다색과 함께 센싱에 의해 가장 널리 관측되어 온 것이 해면 수온이다. 전술한 것처럼 이것은 해면으로부터의 열반사를 측정함에 의해 온도를 구하려고 하는 것이다. 적외역을 이용하는 방법과 마이크로파역을 이용하는 방법이 있다. 전자는 보다 짧은 파장대를 이용하므로 공간적 분해 능력이 좋지만(궤도 고도가 약 1,000km의 경우 분해 능력은 1.1km 정도), 구름이 있으면 측정이 불가능하다. 이것에 비해 후자는 보다 긴 파장대(약

1~5cm)를 이용하므로 분해 능력은 낮지만(수십 km^2 정도), 구름의 영향을 덜 받아 언제나 이용될 수 있다. 측정 정밀도는 전자에서 0.3~0.5℃, 후자에서 1℃ 정도이다. 그러면 전자에 대해서 조금 더 자세히 살펴보기로 하자.

해면의 스펙트럼 방사 능력 e(λ)를 측정할 수 있으면 플랑크의 열방사식으로부터 해면 온도를

$$T(°K) = hc/k\lambda \cdot 1n(\text{분수} + 1)$$

로서 구할 수 있다. e(λ)를 측정함에 있어서는 기준으로 사용되는 흑체와 그 온도를 측정하기 위한 백금 온도계가 위성에 탑재된다. 또 측온 센서로 이용되는 광량자 검지기는 GeHg와 CdHgTe 등의 반도체를 이용한 것인데 이들 작동 온도는 각각 액체헬륨 온도(35°K) 및 액체질소 온도(77°K)이므로 냉각의 필요가 있다. e(λ)를 구하기 위한 구체적 방법에 대해서는 여기에서는 생략한다.

전술한 것처럼 적외역에 있어서 e(λ)를 측정하면 해면 온도 T(°K)를 추산할 수 있을 것이다. 그러나 현실적으로 측정 결과에는 대기의 영향 등이 포함되므로 이것을 보정하지 않으면 안된다. 여기에는 라디오존데로 에어로졸 등을 포함하는 대기 성분의 수직 분포 관측이 필요하다. 그런데 1971년 안딩(Anding)과 카우스(Kauth)는 어느 2개 채널에서의 e(λ) 측정치 사이에, 해면 온도를 파라메터로 하는 선형 관계가 성립함을 실험적으로 보여줬다. 그림 7.26에 그 한 예를 나타냈다.

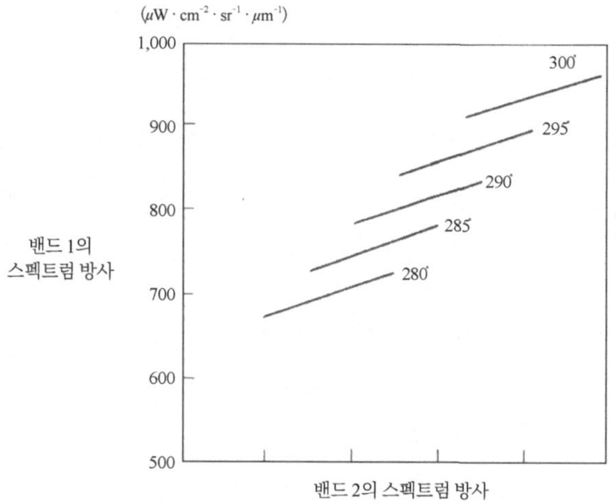

그림 7.26 서로 다른 2채널에 의한 열방사 관측간의 관계

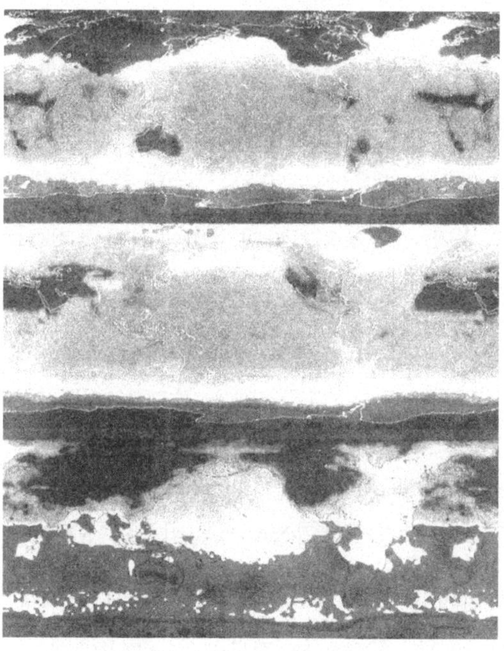

그림 7.27 세계의 지구 표면 온도 분포

이 관계를 이용하여 미국의 NESDIS(National Environmental Satellite Data and Information Service)에서는 NOAA 위성의 센서 AVHRR(Advanced Very High Resolution Radiometer)의 3, 4, 5 채널, 즉 λ = 3.7μm, 11μm, 12μm의 3개 채널에서의 e(λ) 측정에 의해 상술한 플랑크의 역함수를 이용하여 구한 온도 $T_{3.7}$, T_{11}, T_{12}로부터 실제 해면 수온을 추산하는 식을 다음과 같이 3개 준비하여 실용에서 쓰고 있다.

$$T(3/4/5) = T_{11} + 0.97(T_{3.7} - T_{12}) + 0.64$$

$$T(3/4) = T_{11} + 1.49(T_{3.7} - T_{11}) + 1.34$$

$$T(4/5) = T_{11} + 2.49(T_{11} - T_{12}) + 0.32$$

그림 7.27에 전 세계의 지표면 온도 분포를 나타냈다. 이렇게 해서 구해진 온도는 해양의 경우 해표면에서의 극히 얇은 막의 온도를 나타낸다. 해양이 성층하고 있는 경우에는 선박으로부터 측정한 해면 온도와 일치하지 않은 경우가 있다. 이것은 각각의 방법에 의한 측정층이 다르기 때문이다. 즉 배로부터의 측정에서는 위성으로부터의 측정과 마찬가지로 라디오메터(방사계)를 이용하지 않는 경우, 일반적으로 해면 하 어느 층의 온도를 측정하는 경우가 많다.

1992년 현재 해면 수온 측정을 목적으로 하는 3종류의 센서, 즉 VTIR, AVHRR 및 ATSR이 각각 일본의 NASDA, 미국의 NOAA 및 유럽의 ESA에서 운용되고 있다. 이들의 측정 정밀도는 조건에 따라 다르지만 평균해서 대체로 0.5℃, 0.3℃, 0.2~0.3℃ 정도이다. ATSR에서는 상술한 기준용

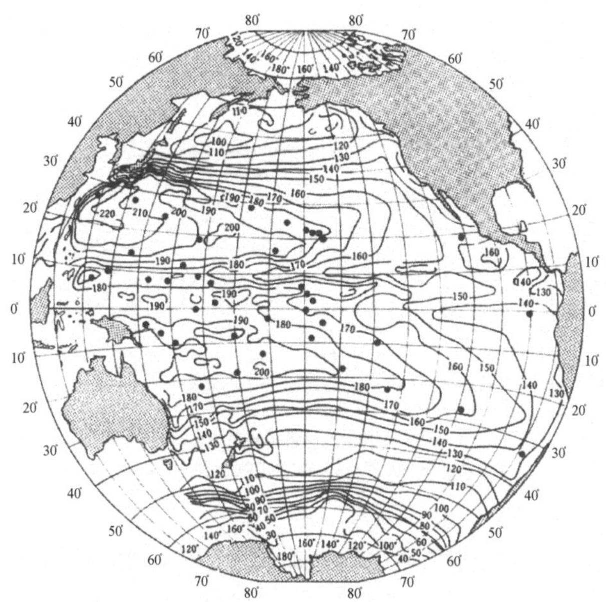

그림 7.28 태평양의 대순환에 따른 해면 고도 분포 (Wyrtki에 의함)

흑체를 2개 탑재하고 있다고 한다.

해면 수온이 해양과 대기간 열수지 등의 추산을 비롯하여 기후 변동을 조사하는 데 있어서 극히 중요한 양인 것임은 말할 필요가 없다.

7.4.4 해면 고도의 리모트 센싱

해양 대순환과 같은 시·공간 규모가 큰(예를 들면, 시간 스케일에 있어서는 관성 주기보다도 크다) 현상에서는 일반적으로 적도상(코리올리 인자가 0)을 제외하면, 지구 자전에 따른 코리올리의 힘(그 크기는 흐름의 속도 v의 크기에 비례하고, 그 방향은 북반구에서는 v에 대해 오른쪽 직각

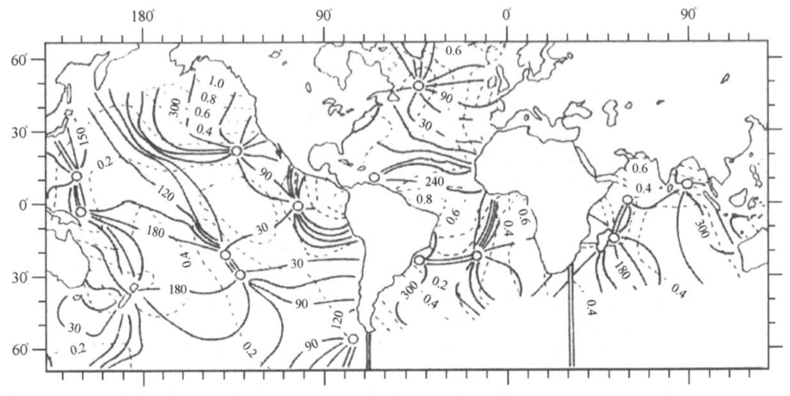

그림 7.29 SEASAT에 의한 해면 고도 측정으로부터 구해진
M2 분조의 동시조선도 (IOS/NERC, 1985에 의함)

방향)과 압력 경도력(압력의 공간 변화에 기인하는 힘)이 중요하게 작용하고, 그 외의 힘, 예를 들면 마찰력과 관성력 등은 무시할 수 있다. 이와 같은 흐름은 지형 평형에 있다고 한다.

지형류의 경우 순압성(등압면이 등밀도면에 평행) 또는 경압성(등압면이 등밀도면과 교차)의 여하에 불구하고, 등압면이 하나인 해표면은 수평면 또는 지오이드면(등중력 퍼텐셜면)에 대해 흐름을 가로지르는 방향으로 기울고, 그 기울기는 유속에 비례한다. 이것에 따라 해면 고도의 등고선이 지형류의 유선과 일치하는 것도 알려졌다. 이렇게 해서 해면 고도의 분포가 알려지면 해표면에서의 유속 분포가 구해진다. 태평양의 대순환에 따른 해면 고도 분포의 한 예를 그림 7.28에 나타냈다.

이것은 해양 내부의 수온과 염분 분포를 해양 관측을 통해서 압력의 함수로 측정하여, 각 점에서 각 압력에 대한 해수 밀도를 계산하고 거기에서

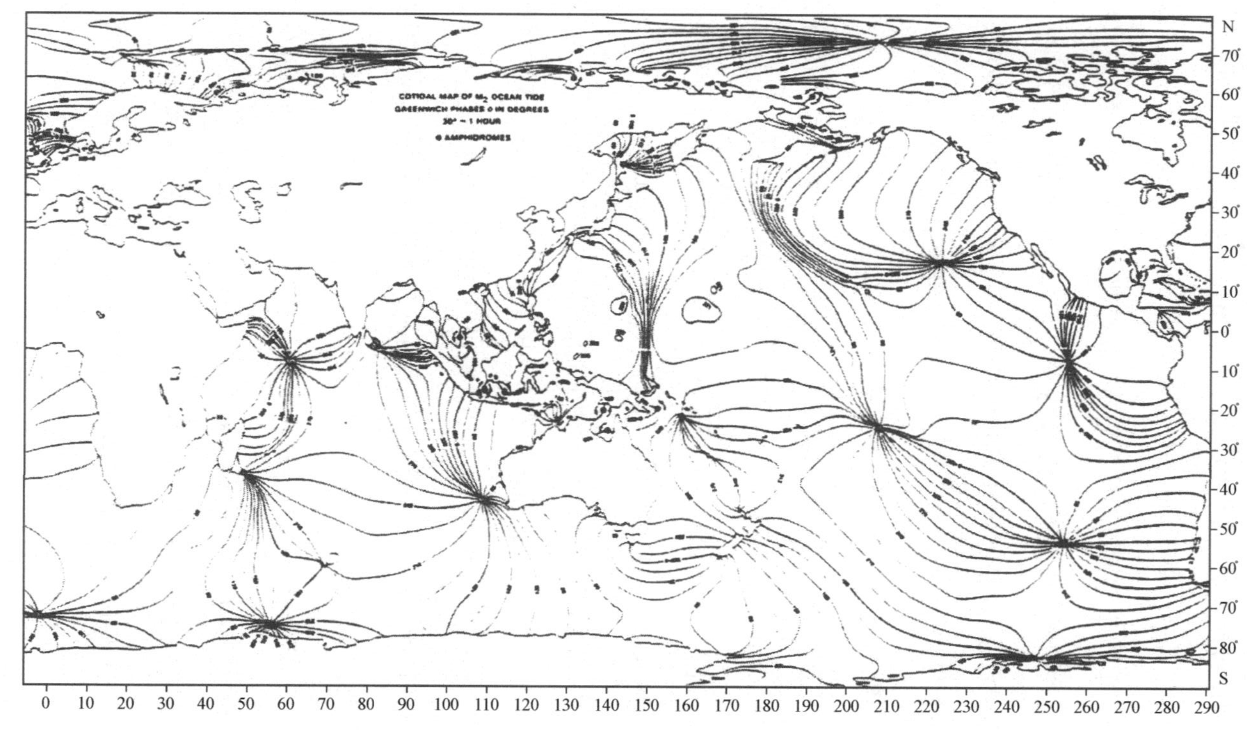

그림 7.30 수치 시뮬레이션에 의해 구한 M_2 분조의 동시조선도 (Schwiderski에 의함)

어느 근접하는 2개의 압력층간 간격 Δz를 $\Delta z = \Delta p/\rho g$에 의해 구하는데, 1000db 압력층은 수평이라고 가정 하여(여기에서는 흐름이 없다고 가정하기로 한다) 그 층으로부터 해면까지의 간격을 $\Sigma\Delta z$로서 구한 것이다. 이 그림은 과거 약 40년에 걸친 해양 관측 자료의 집적 결과 얻어진 것인데, 인공위성으로부터 해면 고도의 리모트 센싱인 경우 1개의 위성으로라도 약 2주간 정도의 시간 간격으로 세계 해양을 나타내어 이 정도의 상세한 해면 고도 분포를 보여주고 있다.

그림 7.29에는 1978년에 쏘아올린 인공위성 SEASAT로 구해진 세계 해양의 M_2 조석에 의한 해면 고도 분포도(등조고선도)를 나타내고 있다. 비교를 위해 그림 7.30에 수치 시뮬레이션(경계 조건으로 대양 중에서 중요한 섬에서의 실측 조위를 주고 있다)의 결과를 나타냈다.

해양 대순환에 따라 실제로 일어나는 해면 고도의 변화는 1.5~2.0m 정도를 넘지 않는다. 또 해양 조석의 주요 분조에 따른 해면 고도의 변화도 국지적인 공진을 일으키는 것 같은 특별한 해역을 제외하면 수십 cm 정도를 넘지 않는다. 따라서 이들을 관측하기 위해서는 적어도 수 cm 정도의 정밀도가 필요하다.

이 측정의 기본은 안테나로부터 방사된 마이크로파(SEASAT에서는 기본 주파수가 13.5GHz, 펄스폭 3.2μs)가 해면에서 반사되어 안테나로 돌아올 때까지의 전파 시간을 재어 그것으로부터 해면과 위성간 거리를 구하고, 위성의 고도는 정밀하므로 그것을 기준으로 해면 고도를 구하는 것이다. 현실적으로는 해면 고도의 계산에 관계하는 1다스 정도의 각종 요소량의 정밀도가 문제되지만, 여기에서는 그것을 논하지 않고 이들을 종합한 정밀도가 10cm 이내로 될 정도로 기술이 향상되어 있는 것만 밝혀 둔다.

7.4.5 해상풍의 리모트 센싱

해양 연구와 기상 연구 및 항행 안전과 같은 실용면으로부터도 해상풍의 분포를 세계 규모로 아는 것이 중요한 것임은 새삼스럽게 이야기할 필요가 없다. 정지 위성의 화상에서 구름의 운동으로부터 풍향, 풍속이 구해지고 있는 것은 잘 알려져 있다. 여기에서 말하는 해상풍이라는 것은 구름이 있는 고도에서의 바람이 아니라 해면 직상의 바람을 가리킨다. 그 리모트 센싱에 의한 직접 측정은 곤란하므로 실제로는 해면의 파도 모양, 특히 시·공간 규모가 작은 '잔물결'의 상태가 해상풍에 의존하는 것을 이용하여, 해면에서 마이크로파의 산란 정보로부터 풍속, 풍향을 구한다. 두말할 필요도 없이 이 방법은 해면 고도 측정과 마찬가지로 능동 센싱에 속한다.

해상풍을 측정하기 위한 마이크로파 산란계는 잔물결의 파장역과 같은 정도인 3cm 전후 파장(주파수로 환산하면 14GHz 전후)의 마이크로파를 이용하여, 해면에서 산란되어 안테나로 돌아오는 반사 전력을 정밀하게 측정하는 레이더이다. 이 전력과 산란면에 방사된 전력의 비는 레이더 방정식을 이용하여 산란 단면적 σ°(시그마 노트라고 부른다)로 변환한다. σ°는 해면에서 산란된 마이크로파 에너지가 어느 방향으로 존재하는가 하

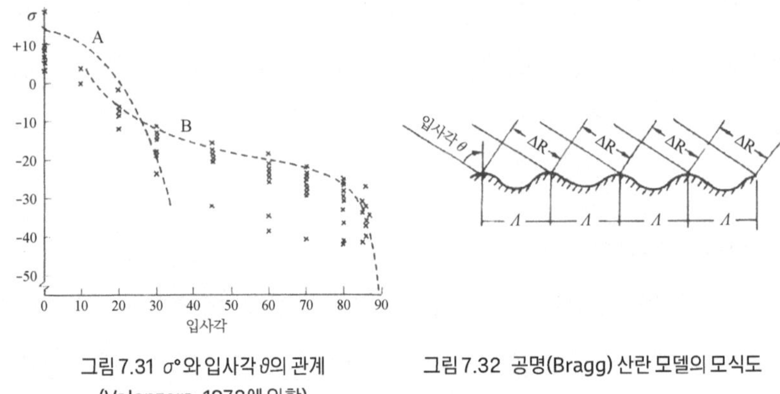

그림 7.31 $\sigma°$와 입사각 θ의 관계 (Valenzera, 1978에 의함)

그림 7.32 공명(Bragg) 산란 모델의 모식도

는 확률로 정의되고, 해면을 구성하는 무수한 작은 면 중 그 방향으로 반사에 기여하는 것의 존재 확률과 같다. 이 $\sigma°$가 아래에 서술하는 것처럼 풍속 U 및 상대 풍향 ϕ에 의존하는 것을 이용하여 $\sigma°$로부터 U, ϕ를 구한다.

파도가 일어나는 해면에서의 전자파 산란 메커니즘은 해면의 곡률 반지름과 전자파 파장의 상대적 관계에 따라 2개의 범주로 나눠진다.

(1) 경점 산란 모델

(산란면의 곡률 변경) > (전자파의 파장)인 경우에는 곡면에서의 산란이 곡면상 각 점에서 그 접면을 경면으로 하는 평면경에 의한 반사라고 생각할 수 있다. 이 경우 $\sigma°$는 입사각 θ와 그 방향으로의 반사에 기여하는 경면의 존재 확률에 의존한다. 현실적으로 θ가 20°를 넘으면 $\sigma°$는 극히 작게 된다(그림 7.31). 이것은 파도에 의한 해면의 수평면에 대한 기울기가 20°에 달하는 것이 거의 없는 것에서 기인한다.

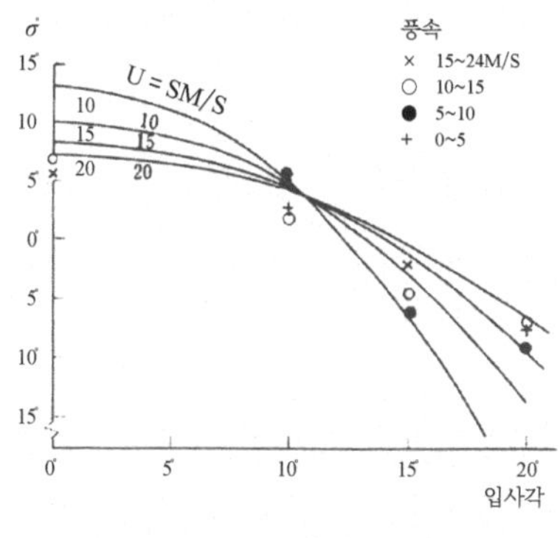

그림 7.33 경점 산란 모델의 경우 σ°와 풍속 U의 관계 (Valenzuela, 1978에 의함)

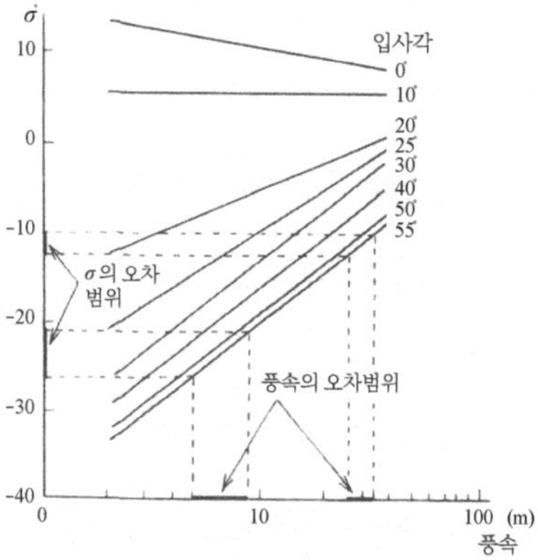

그림 7.34 복합 산란 모델의 경우에 있어서 σ°와 풍속 U의 관계 (Grantham et al., 1975)

(2) 공명 산란 모델

실제로 σ°를 측정하면 θ가 25°를 넘어도 그 값이 극단적으로 작게 되는 것이 아니라 그 상태는 90° 가까이까지 계속된다. 이것은 서로 다른 산란기작에 의한 것이라고 생각된다. 즉 전자파 파장에 가까운 파장을 갖는(해면의 곡률 반지름도 같은 정도) 잔물결(표면 장력파)에 의한 해면에서의 공명 산란에 따른 것이다. X선 결정 격자에 의한 회절(Bragg, 산란)에 유사한 기구, 즉 그림 7.32에 나타낸 것처럼 파장 λ의 전자파가 파장 Λ를 갖는 바다의 파도면에 입사각 θ로 입사할 때 $2\Lambda\sin\theta = n\lambda$(n는 자연수)의 관계가 성립한다면, 후방으로 산란된 전자파는 동위상이 되어 공명과 유사한 기구가 작용한다고 생각되었다.

실제로 바다에서 잔물결은 곡률 반지름이 보다 큰 풍파(중력파) 등의,

특히 그 전면에 중첩되어 있는 경우가 대부분이다. 그 효과를 채용한 개량 모델을 복합 산란 모델이라고 한다.

경점 산란 모델에 따른 경우에서의 σ°와 풍속 U의 관계를 그림 7.33에 나타냈다. 또 복합 산란 모델의 경우에 있어서 σ°와 U의 관계를 그림 7.34에 나타냈다.

다음에는 σ°의 풍향 의존성에 대해서 살펴보자. 공명 산란의 경우 σ°는 파도의 2차원 스펙트럼에 의존한다고 생각된다. 같은 스펙트럼을 갖는 파도라도 σ°값은 전자파 빔의 방향과 그것에 공명하는 파장을 갖는 해파의 진행 방향(풍하 방향과 같다고 생각됨) 사이의 각도 ϕ의 차이에 따라 다르다고 생각된다. 이것은 항공기 실험을 통해서 확인되었다.

σ°의 θ, ϕ에의 의존성은

$$\sigma^\circ(\theta, \phi) = \Sigma A(\theta)\cos i\phi \quad (i = 0, 1, 2, \cdots)$$

처럼 프리에 급수로 나타내진다. 이것으로부터도 추측되듯이 하나의 σ°의 값에 대해서 ϕ가 하나로 결정되지 않고 4개의 답이 나오게 되므로 4방향으로의 측정이 필요하게 된다.

또한 경점 산란의 경우에는 풍향을 결정하는 것이 불가능하므로 σ°의 측정으로부터 풍속만이 결정된다.

다음으로 SEASAT에 탑재된 SASS를 예로 들어, 마이크로파 산란계 시스템에 대해서 간단히 서술하기로 하자. 4개의 안테나로부터 차례로 방사된 4개의 빔이 그림 7.35처럼 지상을 X형으로 조사한다. 지표로부터 돌아온 전파의 주파수는 위성과 지표 각 점의 상대 속도에 따라 도플러 효과

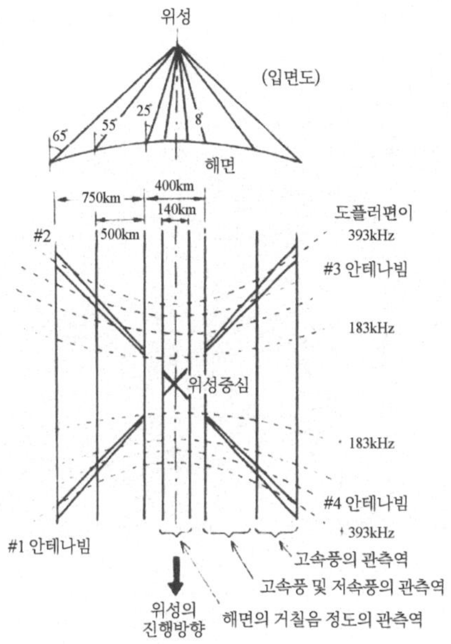

그림 7.35 SASS 해상풍 측정 시스템에 의한 측정 구역

를 일으키고, 그것은 점과 위성의 상대 위치에 의해 0~393kHz에 이른다.

등효과선은 그림에서처럼 쌍곡선으로 각 안테나의 조사 지역(푸트프린트라고 부름)을 가로지르고 있다. 시프트 주파수 별로 나눔으로써 조사점의 위치를 특정지을 수 있다. 실제로는 시프트 주파수역을 필터에 의해 15개로 분할하고 있어서 푸트프린트가 15개의 셀로 분해되고 있다. 중요한 측정 구역은 그림에서처럼 위성 전후, 좌우의 전파 입사각 25°~65°의 범위이다. 즉 위성의 비상에 따라 직하 궤도의 좌우 각각, 그리고 푸트프린트가 지나가는 약 750km에 걸친다. 그중 외측의 250km에 대해서는 강풍시에만 유효하다. 또 위성 궤도 직하의 140km역에 대해서는 풍속만이

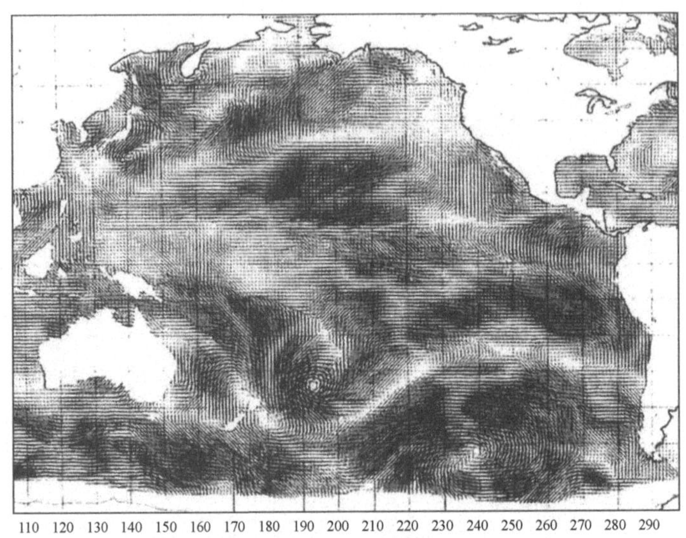

그림 7.36 SASS에 의한 태평양의 바람 스펙트럼 분포 측정 (Woiceshyn et. al., 1984에 의함)

경점 산란 모델에 의해 얻어진다. 각 셀의 크기는(16~20)km × (50~70)km이고, 각 셀에서의 평균적 바람 벡터가 얻어진다. 풍속에 대해서의 측정 범위는 4~48ms^{-1}, 그 정밀도는 ±2ms^{-1} 또는 측정치의 10%, 풍향 측정의 정밀도는 ±5°이다.

그림 7.36에는 SEASAT의 SASS에서 얻어진 태평양상의 바람 스펙트럼 분포의 예를 나타냈다. 이것은 1978년 9월 6일, 7일 이틀 동안 측정한 것이다. 그림 7.36에 나타난 북태평양상의 풍응력 분포는 약 20년에 걸쳐 선박으로부터 보고된 결과이다. 이 그림에서는 풍응력 벡터가 5° × 2°(약 500km × 200km) 눈금 중의 평균으로서 구해지고 있다. 20년이라는 장기간에 걸친 자료 수집에 의한 것이지만 눈금 중에는 자료수가 100개에도

못 미치는 것이 있다. 선박 항행의 밀도가 지리적 분포면에서 한쪽으로 크게 치우쳐 있기 때문이다. 이것에 비해 위성으로부터의 측정이 얼마나 세밀하게 이루어지는가를 알 수 있고, 그 유용성도 쉽게 이해될 수 있다.

참고문헌

제1장 지구 규모의 해수 유동

1) Baumgartner, A. and E. Reichel: 『The World Water Balance』 Amsterdam, Elsevier, p.179 & 31figs (1975).
2) Ebbesmeyer, C. C. and W. J. Ingraham, Jr.: 『Shoe spill in the North Pacific』 EOS, p.73, pp.361-365 (1992).
3) Gordon, A. L.: 『Deep Antarctic convection west of Maud Rise』 J. Phys. Oceanogr., p.8, pp.600-612 (1978).
4) Gordon, A. L.: 『Interocean exchange of thermocline water』 J. Geophys. Res., p.91, pp.5037-5046 (1986).
5) Hastenrath, S.: 『On meridional heat transports in the world ocean』 J. Phys. Oceanogr., p.12, pp.922-927 (1982).
6) Kenyon, K. E.: 『Sections along 35°N in the Pacific』 Deep-Sea Res., p.30, pp.349-369 (1983).
7) Killworth, P. D.: 『Deep convection in the world ocean』 Rev. Geophys. Space Phys., p.21, pp.1-2 (1983).
8) Kuo, H. H. and G. Veronis: 『Distribution of tracers in the deep oceans of the world』 Deep-Sea Res., p.17, pp.29-46 (1970).
9) McLellan, H. J.: 『Elements of Physical Oceanography』 Pergamon, p.150 (1965).
10) McNally, G. J., W. C. Patzert, A. D. Kirwan, Jr., and A. C. Vastano: 『The near-surface circulation of the North Pacific using satellite tracked drifting buoys』 J. Geophys. Res., p.88, pp.7507-7518 (1983).
11) Niiler, P. P.: 「The observational basis for large scale circulation」 In: H. D. I. Abarbanel and W. R. Young(eds.), 『General Circulation of the Ocean』 Spring-Verlag, pp.1-54 (1986).
12) Philander, S. G.: 『El Niño, La Niña, and the Southern Oscillation』 International Geophysics Series, p.46, Academic Press, p.289 (1990).

13) Pickard, G. L. and W. J. Emery: 『Descriptive Physical Oceanography, 5th enlarged ed』 Pergamon Press, p.320 (1990).

14) 堀部純男(編): 『海洋環境の科學』 高野健三: 第1章「海水の大循環」, 東京大學出版會, pp.1-48 (1977).

15) 友田好文·高野健三: 『海洋(地球科學講座 4)』 高野健三: 第11章「中規模渦」, 共立出版, pp.181-193 (1983).

16) Yoshida, J., H. Sudo, M. Matsuyama, Y. Kurita and Y. Mine: 『Japan-equator XBT sections in late November 1989 and in early December 1991』 J. Oceanogr., p.49, pp.121-129 (1993).

제2장 물의 순환과 물질 수송

1) Berner, E. and R. A. Berner 『The Global Water Cycle, Geochemistry and Environment』 Prentice-Hall, Inc., Englewood Cliffs, New Jersey, p.397 (1987).

2) Chester, R. 『Marine Geochemistry』 Unwin Hyman Ltd., London, p.698 (1990).

3) Open University Course Team 『Seawater: Its Composition, Properties and Behaviour』 Pergamon Press, Headington Hill Hall, Oxford, p.165 (1989).

4) Schlesinger, W. H. 『Biogeochemistry, an analysis of global change』 Academic Press Inc., San Diego, California, p.443 (1991).

5) Bruland, K. W. 「Trace Elements in Seawater」 In: 『Chemical Oceanography』 J. P. Riley and R. Chester(eds) p.8, Academic Press, London, pp.271-337 (1983).

6) Meybeck, M. 「C, N, P and S in Rivers: From Sources to Global Inputs」 In: 『Interactions of C, N, P and S Biogeochemical Cycles and Global Change』 R. Wollast, F. T. Mackenzie and L. Chou(eds), Springer-Verlag, Heiderberg, pp.163-193 (1993).

7) Milliman, J. D. 「River Discharge of Water and Sediment to the Oceans; Variations in Space and Time」 In: 『Facets of Modern Biogeochemistry』 V. Ittekkot, S. Kemper, W. Michaelis and A. Spitzy(eds), pp.83-90, Springer-Verlag, Berlin Heidelberg (1990).

8) Milliman, J. D. 「Flux and Fate of Fluvial Sediment and Water in Coastal Seas」 In: 『Ocean Margin Processes in Global Change』 R. F. C. Mantoura, J. M. Mrchin and R. Wollast(eds), pp.69-88, John Willey & Sons Ltd (1991).

9) Thompson, G.「Hydrothermal Fluxes in the Ocean」In:『Chemical Oceanography』J. P. Riley and R. Chester(eds) p.8, pp.271-337, Academic Press, London (1983).

제3장 해양환경과 생물활동

1) 村上彰男·平野敏行·山田久:『海を死なせるな』讀賣科學選書32, p.228 (1990).
2) 日本海洋學會論:『海と地球環境』東京大學出版會, p.409 (1991).
3) 關文威·小池勳夫編:『海に何が起こっているか』岩波ジュニア新書195, p.212 (1991).
4) 「特集:海が氣候を決める?」,『科學62卷10号』, 岩波書店, pp.601-674 (1992).

제4장 지구 규모로 본 어장환경과 그 변동

1) Arntz. W. E. and J. Tarazona:「Effects of El Niño 1982-83 on benthos, fish and fisheries off the South American Pacific coast」In: P. W. Glynn(ed.),『Global ecology consequences of the 1982-83 El Niño-Southern Oscillation』,『Elsevier Oceanogr. Ser. 52』, pp.323-360 (1990).
2) Bakun, A.:「Global climatic change and intensification of coastal ocean upwelling」『Science 247』, pp.198-201 (1990).
3) Barnett, T. P.:「Long-term trends in surface temperature over the oceans」『Mon. Weather Rev., 112』, pp.303-312 (1984).
4) Chikuni, S.:「The fish resources of the northwest Pacific」『FAO Fish Tech. Paper 266』, p.190 (1985).
5) Cushing, D. H. (川崎健譯):『氣候と漁業-氣候の變化が水産資源におよぼす影響』, 恒星社厚生閣, 東京, p.378 (1986).
6) Cushing, D. H.:「The northerly wind」水産海洋研究會編『21世紀の漁業と水産海洋研究』, 恒星社厚生閣, 東京, 2-21, (1988); (本多仁·川崎健譯)「北風」『水産海洋研究會報52』, pp.169-175 (1988).
7) Dickson, R. R., H. H. Lamb, S. A. Malmberg and J. M. Colebrook:「Climate reversal in northern North Atlantic」『Nature 256』, pp.479-482 (1975).

8) Dickson, R. R., P. M. Kelly, J. M. Colebrook, W. S. Wooster and D. H. Cushing: 「North winds and production in the eastern North Atlantic」『J. Plankton Res. 10』, pp.151-169(1988).

9) Emanuel, K. A.: 「The dependence of hurricane intensity on climate」『Nature 326』, pp.483-485(1987).

10) Folland, C. K., D. E. Parker and F. E. Kates: 「World-wide marine temperature fluctuations 1856-1981」『Nature 310』, pp.670-673(1984).

11) 淵秀隆: 「異常冷水」 和達清夫編 『津浪·高潮·海洋災害』 共立出版, 東京, pp.331-347 (1970).

12) Gilliland, R.: 「Solar, volcanic and CO_2 forcing of recent climatic changes」『Climatic Change, 4』, pp.111-131(1982).

13) Gloersen, P. and W. J. Campbell: 「Recent variations in Arctic and Antarctic sea-ice covers」『Nature 352』, pp.33-36(1991).

14) Hansen, J., I. Fung, A. Lacis, D. Rind, S. Lebedeff, R. Ruedy, G. Russell and P. Stone: 「Global climate changes as forecast by Goddard Institute for Space Studies threedimensional model」『J. Geophys. Res., 93』, pp.9341-9364(1988).

15) 平本紀久雄: 『私はイワシの豫報官』 草思社, 東京, p.277(1991).

16) Horel, J. D. and J. M. Wallace: 「Planetary-scale atmospheric phenomena associated with the Southern Oscillation」『Mon. Weather Rev., 109』, pp.813-829(1981).

17) 伊東祐方: 「日本近海におけるマイワシの漁業生物學的研究」 『日水研報9』, pp.1-227 (1961).

18) 伊東祐方: 「浮魚資源の變動とその要因—主としてマイワシ資源を例として」 『水産振興 174』, pp.1-48(1982).

19) Jones, P. D.: 「Global temperature variations since 1861」 In: Kawasaki, T. *et al.*(ed.), 『Longterm variability of pelagic fish populations and their environment』, Pergamon Press, pp.1-17(1991).

20) 河井智康: 『イワシと逢えなくなる日』 情報センター出版局, 東京, p.237(1988).

21) 川崎 健: 『浮魚資源』(新水産學全集9), 恒星社厚生閣, 東京, p.327(1982).

22) Kawasaki, T.: 「Long-term variability of pelagic fish populations」 In: Kawasaki, T. *et al.*(ed.), 『Long-term variability of pelagic fish populations and their environment』, Pergamon Press, pp.47-60(1991).

23) 氣象廳:『全國海況旬報589』, 昭和38年2月中旬(1963).

24) 氣象廳:『異常氣象レポート'89 近海における世界の異常氣象と氣候變動—その實態と見通し-(IV)』大藏省印刷局, p.433(1989).

25) 近藤正人:「西日本海域における今冬(1963年)の異常海況による魚類のへい死現象について」『西水研報29』, pp.97-107(1963).

26) Krueger, A. F.:「Seasonal climate summary. The climate of autumn 1982-With a discussion of the major tropical Pacific anomaly」『Mon. Weather Rev., 111』, pp.1103-1118(1983).

27) 黒田一紀:「マイワシの長期變動」『海と空66』, pp.291-308(1991).

28) Maddock, L. and C. Swann:「A statistical analysis of some trends in sea temperature and climate in the Plymouth area in the last 70years」『J. Mar. biol. Ass. U. K. 57』, pp.317-338(1977).

29) Mikolajewicz, U., B. D. Santer and E. Maier-Reimer:「Ocean response to greenhouse warming」『Nature 345』, pp.589-593(1990).

30) 奈須敬二:「世界の海洋環境と資源生物」(水産研究叢書 27), 日本水產資源保護協會, p.145(1975).

31) Quiroz, R. S.:「Seasonal climate summary. The climate of the "El Niño" winter of 1982-83. A season of extraordinary climatic anomalies」『Mon. Weather Rev., 111』, pp.1685-1706(1983).

32) Reid, G. C.:「Influence of solar variability on global sea surface temperature」『Nature 329』, pp.142-143(1987).

33) Schneider, S. H.:「Climate modeling」『Scientific American 256(5)』, pp.72-80(1987).

34) Servain, J., M. Séva and P. Rual:「Climatology comparison and long-term variations of sea surface temperature over the Tropical Atlantic Ocean」『J. Geophys. Res. 95』, pp.9421-9431(1990).

35) Sharp, G. D.:「Climate and Fisheries-Cause and effect-A system review」In: Kawasaki, T. *et al.*(ed.), 『Long-term variability of pelagic fish populations and their environment』, Pergamon Press, pp.239-258(1991).

36) Sharp, G. D.:「Fishery catch records, El Niño/Southern Oscillation, and longer-term climate change as inferred from fish remains in marine sediments」In: Diaz, H. F. and V. Markgraf(eds.), 『El Niño Historical and paleoclimatic aspects of the Sourthern Os-

cillation』Cambridge Univ. Press, pp.379-417 (1992).
37) 嶋津靖彦:「氣象變動と漁業·養殖業生産」『水産の研究 11』, pp.46-57 (1992).
38) Siegenthaler, U. and H. Oeschger:「Biospheric CO_2 emissions during the last 200 years reconstructed by the deconvolution of ice core data」『Tellus 398』, pp.140-154 (1987).
39) Soutar, A. and J. D. Isaacs:「Abundance of pelagic fish during the 19th and 20th centuries as recorded in anaerobic sediments off California」『Fish. Bull., 72』, pp.257-275 (1974).
40) Southward, A. J.:「On changes of sea temperature in the English Channel」『J. mar. biol. Ass. U. K. 39』,pp. 449-458 (1960).
41) Strong, A. E.:「Greater global warming revealed by satellite-derived sea-surface-temperature trends」『Nature 338』, pp.642-645 (1989).
42) 友定彰:「水温の長期變動とマイワシ漁獲量の長期變動」『東海水研報 126』, pp.1-9 (1988).
43) 坪井守夫:「本州·四國·九州を一周したマイワシ主産卵場」『さかな』p.38, pp.2-18:39, pp.7-24, (1987); p.40, pp.37-49 (1988).
44) 辻田時美:「異常低溫海況が漁業生物に及ぼす影響について」『東北水研報 26』, pp.1-8 (1966).
45) Uda, M.:「Cyclic, correlated occurrence of world-wide anomalous oceanographic phenomena and fisheries conditions」『J. Oceanogr. Soc. Japan, 20th Ann. Vol』pp.368-376 (1962).
46) 宇田道雄:「魚の豊漁·不漁の歴史」『氣象』22(3), 5126-5128 (1978).
47) 宇佐見修造:『サバの生態と資源』(水産研究叢書 18), 日本水産資源保護協會 (1968).
48) 渡部泰輔:「多獲性魚類の再生産からみた魚種交替について」『水産海洋研究 56』, pp.505-514 (1992).

제5장 지구적 규모의 해양 오염

1) Clark, R. B.:『Marine Pollution』Clarendon Press, p.172 (1992).
2) 大槻晃:『環境情報科學』14巻, pp.25-32 (1985).
3) 立川涼:『環境情報科學』13巻, pp.21-28 (1984).

4) 立川涼:『可視化情報』10巻, pp.189-195(1990).
5) Tatsukawa, R., *et al*.,:「Chapter 10 in D. A. Kurtz, Ed」,『"Long Range Transport of Pesticides"』, Lewis Publishers, pp.127-141(1990).
6) 半田暢彦, 坪田博行:『化學と工業』44巻, pp.1836-1840(1990).

제6장 해저의 지학

1) 有田正史:「時間の複合」, 地質ニュース, p.268(1976).
2) アンデル, T. H. V.『さまよえる大陸と海の系譜』(卯田强譯)築地書館, p.326(1987).
3) Cronan, D. S.『Underwater minerals』Academic press, p.362(1980).
4) 本座榮一:「日本列島と海の底-海溝とその周邊」, 地質ニュース, p.320(1981).
5) 科學技術廳資源調査會:『海底熱水鑛床』大成出版社, p.365(1984).
6) Mero, J. L.:『The mineral resources of the sea』Elsevier Publishing Company, p.312(1965).
7) 佐藤任弘:『海底地形學』ラテイス刊, p.191(1969).
8) サイボルト, バーガー, 新妻信明:『海洋地質學入門』シュプリンガーフェアラーク社, p.296(1986).
9) 島誠:『海のマンガン團塊』イルカブックス, p.125(1976).
10) 須藤談話會編:『土をみつめる』三共出版, p.220(1987).
11) 平朝彦:『日本列島の誕生』岩波書店, p.226(1990).
12) 湯淺眞人:「海底熱水鑛床について」, 地質ニュース, p.345-346(1983).
13) Hamilton, E. L.『Sunken islands of the mid-Pacific mountains』the Geological Society of America, p.97(1964).
14) 加賀美英雄. 奈須紀幸:『古久慈川』日高教授還暦記念論文集, pp.538-549(1964).
15) マクドナルド, K. C.: ルーウエンダイク, J. D.:『東太平洋海膨の熱水噴出』(1980, 中村. 藤岡譯)サイエンス10, 日經新聞社(1980).
16) 中尾征三:『海底鑛物資源の成因·探査技術開發の將來展望』地質ニュース, p.393(1987).
17) 奈須紀幸編:『海洋地質』東京大學出版會, p.215(1976).
18) 小林和男:『深海底で何が起こっているか』ブルーバックス, p.232(1980).